NX 多轴加工 实战宝典

朱建民 著

清华大学出版社

北京

内 容 简 介

本书详细讲解NX 10数控编程模块中的多轴铣加工技术，主要阐述使用NX 10进行多轴铣削数控编程的应用方法，以简明扼要、通俗易懂的语言详述了每个功能的应用范围，并结合实际生产中的工艺要求说明了每个参数的具体释意以及参数设定的原因。书中还在需要着重注意的地方，进行了强调与注释说明，并在理论讲解之后，结合贴切的PRT进行实例操练，得以将理论知识融入实际应用之中，使读者能更透彻地理解相关概念。

全书共20章，主要内容包括NX多轴加工概述、格式转换、NX多轴孔加工、定轴加工、NX多轴铣加工基础知识、刀轴概念详解、NX四轴铣加工、侧倾刀轴、深度加工五轴铣、可变流线铣、NX外形轮廓铣、NX多轴曲线驱动加工、NX侧刃铣、一般运动、NX叶轮加工模块、NX CAM新功能说明、NX多轴铣综合练习、工序模型的创建、刀轨虚拟仿真验证、Sinumerik优化控制输出及NX多轴加工辅助功能。

本书是NX CAM的高阶辅导教材，适合希望深入学习NX CAM技术的NX读者使用，同时也是企业相关岗位工作人员的学习与参考书，还适合作为数字化制造类院校相关专业的教材。

本书相关素材获取方法：登录清华大学出版社网站（http://www.tup.com.cn），搜索到本书页面后按提示下载。

图书在版编目(CIP)数据

NX多轴加工实战宝典 / 朱建民著. —北京：清华大学出版社，2017（2024.9重印）
ISBN 978-7-302-45654-4

Ⅰ.①N…　Ⅱ.①朱…　Ⅲ.①数控机床—加工—计算机辅助设计—应用软件　Ⅳ.①TG659-39

中国版本图书馆 CIP 数据核字(2016)第 283715 号

责任编辑：杨如林
封面设计：杨玉兰
责任校对：徐俊伟
责任印制：沈　露

出版发行：清华大学出版社
　　　　网　　　址：https://www.tup.com.cn, https://www.wqxuetang.com
　　　　地　　　址：北京清华大学学研大厦 A 座　　　　邮　　编：100084
　　　　社 总 机：010-83470000　　　　　　　　　　邮　　购：010-62786544
　　　　投稿与读者服务：010-62776969，c-service@tup.tsinghua.edu.cn
　　　　质 量 反 馈：010-62772015，zhiliang@tup.tsinghua.edu.cn
印 装 者：三河市龙大印装有限公司
经　　销：全国新华书店
开　　本：185mm×260mm　　　印　　张：22.5　　　字　　数：509 千字
版　　次：2017 年 1 月第 1 版　　印　　次：2024 年 9 月第 5 次印刷
定　　价：59.80 元

产品编号：065855-02

　　多轴数控机床加工在我国逐渐有普及的态势，无论是教育部、人保部，还是有高端冷加工制造技术需求的企业，以及相关院校都给予了高度重视。由于多轴CAM应用技术的短板，导致了我国的多轴机床利用率普遍不高，造成了不必要的功能闲置和浪费。

　　本书主要介绍的是NX的CAM（计算机辅助制造）数控编程模块中的高级功能，即多轴铣加工功能。

　　由于本书为NX多轴铣数控编程教程，所以作者希望本书的读者在阅读本书前最好具备熟练的NX二轴半到三轴联动数控编程技能和全面的NX建模技能（本书凡是涉及到二轴半到三轴铣以及相关参数方面的内容，均一带而过）。当然，读者对相应的工艺知识最好也要有所了解。

　　本书的教学资料以及课件模型除作者本人搜集和制作以外，很多来自西门子工业软件金牌代理公司北京天极力达，在此感谢他们的大力支持。

　　本书由朱建民编著，另外参与本书编写的专家还包括：

序号	所属单位和姓名
1	北京航空航天大学　杨伟群
2	新乡职业技术学院　许允
3	贵港职业教育中心　陆梓务
4	湖南省石油化工技工学校　孙文奎
5	北京现代职业技术学院　李霞
6	安徽电子信息职业技术学院　金敦水
7	鄂尔多斯生态环境职业学院　祁欣
8	北京天极力达技术开发有限责任公司　杜培培
9	北京天极力达技术开发有限责任公司　华姝薆

　　注：排名不分先后，在此向他们表示诚挚的感谢

　　本书主要基于西门子工业软件的英文版NX10（个别章节基于NX9）编写。由于此软件基于英文环境开发，在英文界面下进行大规模运算更加稳定，因此编写时选用了英文版。为了便于读者辨识，本书采用了中英文混排和标注的方法编写。本书编写用时经历了两年多，作者使用的NX版本经历NX9.0.3.4MP2（NX9最高补丁版）和NX10未打补丁、补丁1、补丁2、补丁3和MP2补丁等多个版本，所以在本书中，存在同一命令对话框可能在不同章节中样式不同的情况。

　　从NX9开始，NX相关模块的功能升级不再像以往那样以大版本为主，而改为在每

个升级补丁中升级，如NX10 CAM功能从未升级大版本，直到升级至补丁3以及对应的MP，而在每个升级补丁上功能都有所改进或增强。

如果说数字化制造技术是场战争的话，那么CAM就是最前线，下面，让我们开赴前线吧。

朱建民

目　录

第17章 工序模型的创建··295

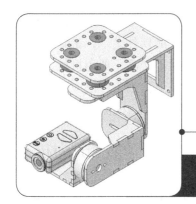

第0章
NX多轴加工概述

NX就是曾经的UG，其标志如图0-1所示。

图0-1　NX的标志图案

0.1　NX概述

2007年，德国西门子工业自动化部门收购了原隶属于美国UGS公司的UG系统之后，将其正式更名为NX，原UGS PLM也随之更名为Siemens Industry Software。图0-2为NX系统的启动画面。

图0-2　NX系统启动画面

NX是西门子新一代数字化产品开发系统，它可以通过过程变更来驱动产品革新。它是当今应用最广泛、最具竞争力的CAE/CAD/CAM大型集成软件之一，是知识驱动自动化技术领域的领先者，在汽车与交通、航空航天、日用消费品、通用机械、电子工业及其他高科技领域的机械设计和模具加工自动化等领域上得到了广泛应用，其功能包括产品设计、工件装配、模具设计、NC加工、工程图设计、模流分析和机构仿真等。

与同类产品相比，对于从概念设计到制造一体化的NX而言，它在CAD/CAM/CAE方面的主要竞争对手如下（作者个人观点）。

➢ CAD产品设计方面，主要竞争对手是美国PTC公司的CERO和法国达索公司的CATIA。相对于CATIA，NX的优势是实体设计与编辑，劣势是曲面设计。

➢ 注塑模具设计方面，主要竞争对手是美国PTC公司的CERO。相对于CERO，NX的优势是与强势的NX CAM集成。

➢ 汽车冲压模具设计方面，主要竞争对手是法国达索公司的CATIA。

➢ CAM数控加工方面，主要竞争对手是英国达尔康公司的PowerMILL。相对于PowerMILL，NX的优势是与强势的NX CAD、模具设计、电极设计集成，不但可以通过WAVE创建关联工序模型，而且善于处理复杂体的精加工；劣势是针对大型复杂几何体的刀轨计算速度相对较慢。图0-3所示为NX加工模型优化前处理。

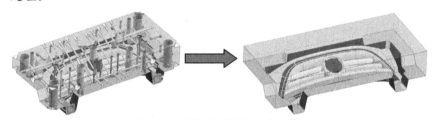

图0-3　NX加工模型优化前处理

➢ CAE有限元分析领域，主要竞争对手除了师出同门的MSC Nastran外，还有ABQUS和Ansys。

0.2　NX CAM概述

NX CAM作为一个全面集成的加工解决方案，除了提供各种切削工序的创建方式外，还提供了下列功能：支持NURBS代码、在加工环境下的全装配仿真、基于特征的加工自动化、车间文档输出、用于NC编程的CAD模型、机床仿真和开放的后处理构建工具（本书会有选择地，描述除五轴编程之外的其他相关功能）。

由于现在NX隶属于西门子工业公司，因此在NX CAM环境中，提供了针对SINUMERIK（西门子数控系统）的诸多优化控制输出功能。

NX CAM集CAD/CAM功能于一体，具有以下一些优点。

➢ 单一的用户界面和数据源，消除了数据转换和交流障碍。

- 避免在转换过程中造成数据破损，继而导致的数据修补及重建等重复性劳动。
- 直接对几何模型进行优化处理或构建辅助几何体。
- 针对开放曲面区域进行修补。
- 支持并行协同作业，加速产品上市时间。
- 可作为模型几何质量分析工具。

0.3 五轴加工的优点

五轴加工具有以下优点。

- 简化了制造流程，减少了工件装夹次数及装夹误差，提高了机床利用率。
- 减少了对EDM及手工抛光的需要。
- 使用较短的刀具，改善了切削条件，降低了偏差，能获得更高的表面质量和加工精度。
- 延长了刀具的使用寿命，减少了对其他加工设备的使用，如减少电加工设备的使用可减少电极数量。
- 使加工任意复杂程度的工件成为可能。

0.4 NX CAM加工解决方案流程图：从产品设计到制造

该流程图如图0-4所示。

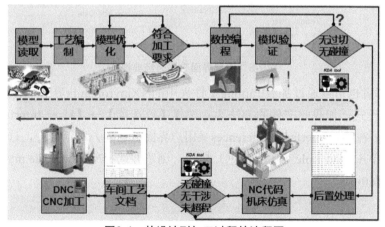

图0-4 从设计到加工过程的流程图

0.5 NX五轴CAM模块所需计算机配置

建议使用工作站级的计算机，如联想、戴尔和惠普的专业级工作站计算机（这种计算机针对大型工业软件系统做了很多优化），同时最好配备三维球，以提高工作效率。

用于NX五轴编程的计算机硬件配置最低要求为：英特尔I3级别或以上的处理器、独立显卡（最好是通过西门子工业软件认证过的专业显卡）、8GB或以上内存。操作系统方面的要求为：Windows 7 64位专业版操作系统或NX要求的其他（如Linux、MAC）64位操作系统（NX自NX9就停止了对32位操作系统的支持）。

0.6 NX 10经典界面模式的转换

NX 10软件界面与以往版本有了质的变化，但由于作者习惯于经典的NX界面，因此，本书涉及的相关界面和路径均按"经典工具条（传统界面）"模式设置。

将NX 10默认界面转换至经典界面的方法有以下两种。

（1）选择【文件】→【实用工具】→【Customer Defaults（用户默认设置）】，在展开的对话框中，单击Gateway（基本环境）选项，选择User Interface（用户界面）；在Layout（布局）选项卡中选择Classic Toolbars Only（仅经典工具条）单选按钮，如图0-5所示。单击确定并重启NX后，界面将改变为经典模式。

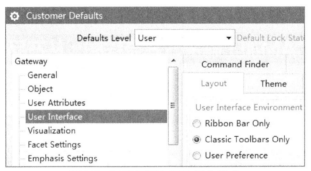

图0-5 设置界面布局为经典模式

（2）读者也可以通过加载training文件夹中的NXmyrole.mtx界面文件，将NX界面设置为经典模式。加载此文件的方法为：选择【首选项】→【User Interface（用户界面）】，随后在User Interface Preferences（用户界面首选项）对话框中，选择Roles（角色）选项，单击Load Role（加载角色）按钮，浏览并选择NX10myrole.mtx角色文件后即可，参见图0-6。

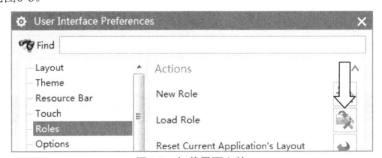

图0-6 加载界面文件

0.7　本书所需背景知识的要求

　　由于本书为NX CAM中最高级别的多轴铣加工学习教材，因此，请读者在阅读本书前，最好具备熟练的NX二轴半到三轴铣编程技能和熟练的NX CAD知识（本书中涉及到此类背景知识的内容，均为简单叙述或直接略过）。

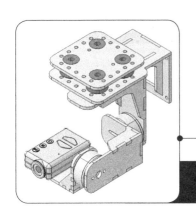

第1章

格式转换

在现代化的生产制造过程中，人们已经越来越高度依赖使用计算机来进行数据管理（PDM）、产品设计（CAD）、产品分析（CAE）和数控制造（CAM）了。这类软件有很多产品，因此在实际的生产过程中，需要交换数据的上下游企业、院校等也许使用着不同的PLM（产品全生命周期管理）系统或软件，因此就涉及到了不同数据格式的转换。

就产品制造而言，目前市场里有很多种软件，其中有些系统只有产品设计功能，有些只有有限元功能，还有一些只有数控制造功能。而同时具有产品设计、有限元分析、模具设计和数控制造且功能完善的系统并不多。

NX具有完备的产品设计、模型前处理、模具设计和数控制造功能，这使得它成为该领域市场占有率中的领先者。因此，如果需要，可以把由其他工业软件生成的模型导入到NX中进行编辑修改、模具设计、模型前处理或数控制造。

1.1 NX可打开或输入的数据格式

在NX中，可以直接打开或输入的主流原格式文件如下（有些需要专用数据接口的支持）。

- ➢ NX原格式；
- ➢ Solid Edge的原格式部件模型文件、装配模型文件、钣金文件和焊接文件；
- ➢ DEAS的原格式文件；
- ➢ PROE的原格式部件模型文件、装配模型文件；
- ➢ SolidWorks的原格式部件模型文件、装配模型文件；
- ➢ CATIA v4的原格式部件模型文件；
- ➢ CATIA v5的原格式部件模型文件、装配模型文件；
- ➢ AutoCAD的原格式部件模型文件；

> Imageware的原格式部件模型文件。

NX可以直接打开或输入的中间格式文件如下。

> JT轻量化文件格式；
> IGES（IGE,IGES）曲面格式；
> STEP（213，214）曲面格式；
> PARASOLID实体格式（对于装配体，打开和输入效果并不一样）；
> CGM计算机元格式；
> STL三维扫描数据格式。

1.2　NX可输出的数据格式

NX可以输出的原版格式和中间格式如下。

> NX原格式；
> PARASOLID实体格式（向其他系统输出时注意版本）；
> IGES（IGE，IGES）曲面格式；
> STEP（213，214）曲面格式；
> AutoCAD的原格式部件模型文件；
> CATIA v5的原格式；
> CATIA v4的原格式；
> JT轻量化文件格式。

1.3　NX支持的其他数据格式

除了上述这些格式外，NX还支持打开、输入和输出一些其他小众的格式，如图1-1所示。

可打开的格式

可输入的格式　　可输出的格式

图1-1　NX支持的转换格式

1.4　小结

通过前面的内容可以看出，NX支持几乎所有主流CAD/CAM系统的原生格式，同时也全面支持各种通用的中间格式。

由于上下游用户使用的CAD/CAM系统可能不尽相同，又由于某些原因在数据流转过程中无法得到原生格式而不得不通过中间格式进行转换时，应尽量使用PARASOLID格式（后缀名为.X_T）进行转换。这是因为NX的开发内核为PARASOLID，同时很多主流的CAD/CAM系统也使用NX PARASOLID内核开发，因此，无论将数据从NX高版本转换到NX低版本，还是在各种CAD/CAM/CAE系统之间进行数据转换，使用该格式几乎不会出现模型破损问题。

另外需要注意的是，由于PARASOLID内核为NX所有，因此NX的PARASOLID版本为所有制造系统中的最高版本。所以当数据从NX中以这种格式转换到其他CAD/CAM/CAE系统时，一定要注意版本（其他制造系统支持不了较高的版本）。比如要将NX数据以PARASOLID格式转换到CAXA制造工程师2013时，在NX中指定PARASOLID输出版本为11即可。

由于个别软件对PARASOLID的支持不够完善，如CATIA V5，因此，当NX与CAITA V5之间的数据转换无法通过原生格式进行时，推荐使用STEP格式，以减少模型破损带来的后期再编辑成本。

第2章

NX多轴孔加工

NX多轴孔加工与二轴半孔加工在工序创建上的主要区别在于刀轴的控制。如图2-1所示。要在工件上加工一个斜孔，则在加工此孔时，刀轴也必须进行相应地倾斜。

本章主要通过6个案例对NX多轴孔加工中涉及到的一些关键参数进行说明和讲解。第1个案例主要介绍顶面为平面的孔在多轴孔加工编程中需要注意的一些关键参数。第2个案例和第3个案例主要介绍孔所在顶面为曲面的情况下，确定刀具轴向的方法。

图2-1　多轴孔加工刀轨

在实际的生产过程中，并不是所有的孔特征都需要通过钻头来进行加工，因此在第4个案例中，主要强调如何使用端铣刀通过铣削的方法来加工诸如沉头或其他不便用钻头来加工的孔特征。

因为本章主要介绍NX多轴孔特征数控编程技术，所以希望本书的读者在阅读前最好具备熟练的NX二轴半孔加工编程技能和全面的NX建模技能，当然，相应的工艺知识最好也要有所了解。

2.1　顶面为平面的孔特征加工

01> 打开training\2\millturn_demo_design.prt文件，选择【启动】→【加工】，进入数控加工模块，参见图2-2。

图2-2　平面孔加工工件

02> 在随后出现的Machining Environment（加工环境）对话框中选择CAM Setup to Create（要创建的CAM设置）栏中的drill（打孔）选项，单击OK按钮，参见图2-3。

03> 选择【插入】→【工序】，在Create Operation（创建工序）对话框中选择钻孔工序，并根据具体情况对Program（程序）、Tool（刀具）、Geometry（几何体）、Method（方法）以及Name（名称）进行设置，参见图2-4，单击OK按钮后，进入Drilling（钻孔工序）对话框，如图2-5所示。

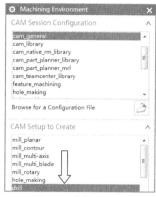

图2-3　孔加工工序

图2-4　选择钻孔工序图

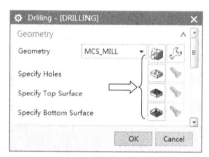

2-5　钻孔工序对话框

04> 在钻孔工序对话框中，单击Specify Holes（指定孔）按钮，在随后出现的Point（点到点几何体）对话框中单击Select（选择）按钮，如图2-6所示。然后单击实体孔的边缘即可选中该孔（图2-7中高亮平面中间的那个孔），再逐级确定回到钻孔工序对话框。此时"指定孔"按钮右侧的手电筒状按钮将高亮显示，表示已经选择过相关对象。

图2-6　选择孔

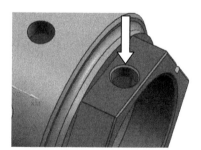

图2-7　平面孔特征选择

注　选择实体孔时，单击其顶部边缘的弧线即可。

05> 在钻孔工序对话框中单击Specify Top Surface（指定顶面）按钮，在随后出现的Top Surface Option（顶部曲面）对话框中选择Face（面）选项（也就是将选择过滤指定为实体表面），然后选择图2-7中的高亮平面，以此面作为该孔的加工顶面，参见图2-8。

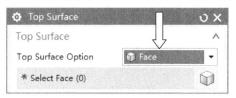

图2-8　选择孔加工顶面

06> 在钻孔工序对话框中单击Specify Bottom Surface（指定底面）按钮，用同样的方法选择图2-7中的高亮内圆柱面，以此面作为该孔的加工底面。

07> 在钻孔工序对话框的工具一栏中新建一个钻头，用于钻孔加工。在New TooL（新建刀具）对话框中，为即将创建的钻头取一个易于识别的名字，以备后期再用，如图2-9所示。然后设置好各项钻头参数以及Tool Number（刀具号T值）和Adjust Register（补偿寄存器号H值）（这2个参数用于自动换刀），参见图2-10。

图2-9　选择钻头　　　　图2-10　设置钻头参数

注 按照加工工艺，应该先创建用于创建定位孔工序使用的中心钻头，但由于定位也工序的创建方法和孔加工工艺相似，所以该步骤略过。

08> 在钻孔工序对话框的Axis（刀轴）一栏中选择Specify Vector（指定矢量）选项，用于确定此次孔加工工序的刀轴矢量，如图2-11所示，在随后出现的Vector（矢量）对话框中设置其为Inferred Vector（自动判断的矢量）选项，参见图2-12，然后选择图2-7中的高亮平面，即以此平面的法向为刀具轴的轴向。当然，用"面/平面法向"方式来确定刀轴矢量也具有相同的效果。

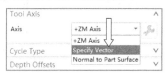

图2-11　指定刀轴矢量　　　　图2-12　刀轴的指定

09> 确定所做设置后回到钻孔工序对话框中，在刀轨设置栏中选择"避让"按钮，选择Clearance Plane-None（安全高度）选项以为此工序指定一个安全高度。在随后的安全平面对话框中以指定和自动判断的方式选择图2-7中的高亮平面，并定义50mm向上方向为安全高度。然后逐级确定，直到回到钻孔工序对话框中，参见图2-13。

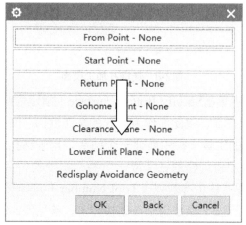

图2-13　指定安全高度

10> 在钻孔工序对话框中单击"进给率和速度"按钮，为此工序按照加工工艺要求指定合理的刀具转速和进给率，如图2-14所示。

注 有些值使用默认设置即可。当OK（确定）按钮为灰显时，NX界面的右下角会出现如图2-15所示的警告信息，表明进给率与转速未运算，这时单击Spindle Speed（主轴速度）复选框后面计算器按钮即可解决此类问题（表面速度和每齿进给量将会自动填写）。

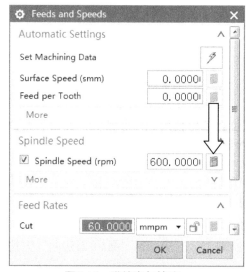

图2-14　进给率与转速

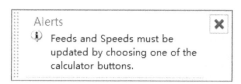

图2-15　进给率与转速未运算报警

11> 至此，定轴孔加工工序所需要的加工参数都已设置完毕。选择钻孔工序对话框底部左下角的Generate（生成）按钮生成孔加工刀轨，如图2-16所示，最终生成的刀轨结果如图2-17所示。

图2-16　生成工序

图2-17　钻孔刀轨

以下是经过后处理的此次孔加工G代码（其中包含有A值）。

```
N4 G91 G28 X0.0 Y0.0
N5 G90 G53 G00 A0.0
:6 T0 M06
N7 G97 G90 G54
N8 A-120.
N9 G43 H00 S0 M03 M08
N10 G94 G90 X66.675 Y0.0 Z65.275
N11 G99 G81 X66.675 Y0.0 Z31.341 F250. R44.275
```

2.2　顶面为曲面的孔特征加工1

本例具体工序流程与2.1节中实例基本相同，只在对刀轴的控制上有所区别。

01 > 按照2.1节中实例的工序流程单击"指定孔"按钮，在随后出现的点到点几何体对话框中先单击 "选择"按钮，然后单击All Holes on Face（面上所有孔）按钮设定这种选择方式，单击孔所在的外柱面来批量选取此面上的所有孔（这些孔的直径、深度相同），参见图2-18和图2-19。

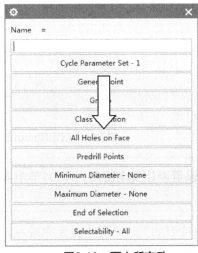

图2-18　面上所有孔

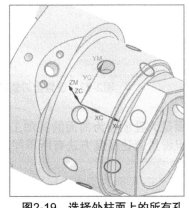

图2-19　选择外柱面上的所有孔

02> 按照2.1节中实例的工序流程指定顶面为图2-20中高亮显示的这些孔所在的外柱面，指定底面为图2-21所示的能确定这些孔加工深度的中心柱面（小径面）。

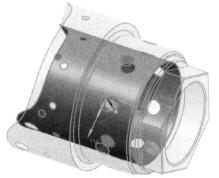

图2-20　选择孔顶曲面　　　　　　图2-21　选择孔底曲面

03> 按照2.1节中实例的工序流程选择尺寸合适的钻头后，指定Axis（刀轴）为Normal to Part Surface（垂直于部件表面）选项，参见图2-22。

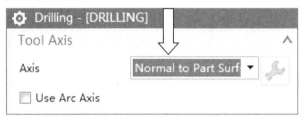

图2-22　设置刀轴垂直于部件

注 选择刀轴选项为垂直于部件表面时，系统会自动识别孔轴，并指定孔轴为刀轴。

04> 按照2.1节中实例的工序流程对话框的Cycle Type（循环类型）栏中选择Edit Parameters（编辑参数）（以扳手图标标识）按钮，如图2-23所示），指定下列相关参数。

> 当指定参数组时直接确定默认设置即可（即无需指定参数组）；
> 在Cycle（循环）参数对话框中，指定RTRCTO – NONE选项；
> 设置Rtrcto（偏置）距离为20mm（跨越高度），参见图2-24。

图2-23　设置全刀轨避让　　　　图2-24　指定Rtrcto值

注 此步骤是为孔顶面为曲面的孔加工工序设置避让安全高度，与2.1节中实例顶面为平面的工况设置避让高度方法有所不同。

05> 按照2.1节中实例的工序流程将其他参数按照加工工艺要求设置完成后，单击"生成"按钮，生成带避让跨越的刀轨，参见图2-25。

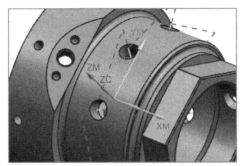

图2-25　柱面孔刀轨

06> 此外，也可以只编制一个孔的工序程序，然后在操作导航器中选择这个工序后，通过右键菜单，选择【对象】→【变换】，对其进行圆周阵列操作（使用方法和在建模中的变换方法类似），参见图2-26。

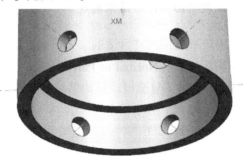

图2-26　刀轨阵列

注 由于阵列打孔编程方法各个刀轨之间无跨越连接，因此在实际生产中，在将阵列后的所有刀轨一起进行后处理时，跨越运动将完全依赖后处理中的相关定义。

2.3　顶面为曲面的孔特征加工2

本例的工序流程与2.1节中实例基本相同，只在对刀轴的控制上有所区别。

01> 打开training\2\1_drill.prt文件，曲面孔加工工件，如图2-27所示。

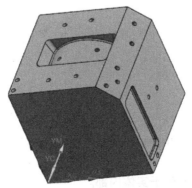

图2-27　曲面孔加工工件

02▷ 按照前述的方法和工序流程选择此工件顶部弧面上的两个孔作为欲加工的孔，并指定顶面为弧面，底面不指定，参见图2-28。

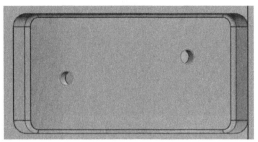

图2-28　指定孔

注 在本案例中，工件底面为多重解（两孔不等深），因此无法通过指定底面来确定孔的加工深度。孔的加工深度将由其他参数来确定。

03▷ 按照前述的方法和工序流程选择尺寸合适的加工钻头。

04▷ 在Axis（刀轴）下拉列表中选择Normal to Part Surface（垂直于部件表面）选项，并选中Use Arc Axis（用圆弧的轴）复选框。这样系统就会自动识别孔轴，并指定孔轴为刀轴，参见图2-29。

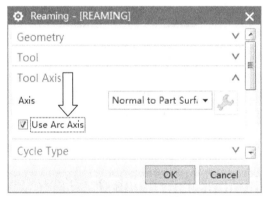

图2-29　曲面孔加工刀轴的确定

05▷ 按照前述的方法和工序流程将其他参数按照加工工艺要求设置完成后，选择"生成"按钮，生成刀轨。此时可以看到由于最小安全距离设置不足，导致刀轨与部件跨越干涉，如图2-30所示。

图2-30　刀轨跨越干涉（干涉刀轨隐藏于实体内）

注 此时的跨越干涉刀轨基本位于实体内部。

06 > 图2-30所示的刀轨跨越干涉的解决方法如下。

（1）单击"指定孔"按钮，在点到点几何体对话框中，单击Avoid（避让）按钮（参见图2-6）。

（2）依次选择两个孔的圆心处（由于并无捕捉提示，所以大致选中即可）。

（3）选择随后出现的对话框中的"距离"选项（用安全平面也可以）。

（4）输入一个较为合理的跨越高度距离值（此处输入20），然后依次确定直到回到钻孔工序对话框中。

07 > 按照工艺要求将其他参数设置完成后，重新生成刀轨，此时刀轨如图2-31所示。

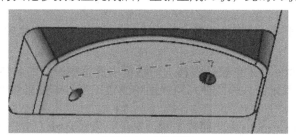

图2-31　刀轨避让

> **注** 此时孔加工深度为系统自动判断。当系统自动判断得不准确时，可在对话框循环类型栏中选择编辑参数按钮，在随后出现的指定参数组对话框中直接选择确定按钮，在Cycle（循环）参数对话框中，选择"DEPTH-模型深度"选项，在随后出现的对话框中选择"模型深度"选项即可。

2.4　铣削孔加工

某些孔，如沉头孔，在通常情况下是采用铣削的方式来加工的。在NX中，铣削孔刀轨示意图如图2-32所示。

01 > 打开training\2\mill_hole.prt文件（参见图2-33），选择【启动】→【加工】，进入数控加工模块。

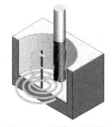

图2-32　铣削孔刀轨

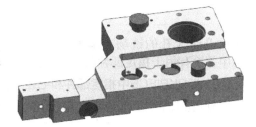

图2-33　铣削孔工序工件

02 > 在进行多轴铣削孔加工工序前，先将WCS坐标系（工作坐标系）放在合适的位置上（注意各个轴向），选择【插入】→【几何体】，将MCS坐标系参考WCS坐标系放置，参见图2-34和图2-35。

图2-34 指定坐标系MCS

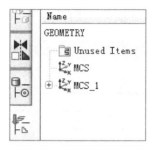

图2-35 设置坐标系MCS

> **注** 在Create Geometry（创建几何体）对话框中要留意设置的名称，因为后期可能会再次用到。如果没有记住，那么在几何视图中通过工序导航器来查看。

03> 在Create Geometry（创建几何体）对话框中，设置Type（类型）为drill（打孔），Geometry Subtype（几何体子类型）为WORKPIECE；在Location（位置）栏中指定Geometry（几何体）为上一步创建的MCS（名称）（此处选择MCS_1）；在Name（名称）栏中使用默认的坐标系WORKPIECE，参见图2-36。

图2-36 设置WORKPIECE

> **注** 此工件上的几个大孔的铣削在本案例中准备使用铣削孔（多轴）工序加工，但在铣削孔工序中并没有用于指定部件的选项，因此可能会发生干涉问题。为此建立一个WORKPIECE（在WORKPIECE中指定部件和毛坯），并使WORKPIECE成为铣削孔工序的父参数。由于铣削孔工序继承了父参数中的部件，所以系统会自动遏制干涉的产生。

04> 确定所做设置后，在工件对话框中指定部件为图2-33中的实体，指定毛坯为Bounding Block（包容块），参见图2-37。然后逐级确定，直到工件对话框关闭。这时在几何体视图中通过工序导航器可以看到在MCS_1项下有一个WORKPIECE选项，表示此时的MCS_1参数成为WORKPIECE的父参数，参见图2-38。

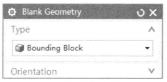

图2-37　创建包容块毛坯

图2-38　创建WORKPIECE

注　在建模环境中创建可编辑的包容块的方法是，在搜索框中输入关键字creat box（中文界面下则输入"创建方块"，或在定制中的小平面建模中提取）。

05> 选择【插入】→【工序】，打开Create Operation（创建工序）对话框，设置Type（类型）为hole-making，Operation Subtype（工序子类型）为"铣削孔"，Geometry（几何体）为上一步创建的WORKPIECE。如果需要，将其他参数设置完整，确定所做设置后，即可打开Hole Milling（铣削孔）对话框，参见图2-39和图2-40。

图2-39　创建孔铣削工序

图2-40　指定加工特征

06> 在铣削孔对话框中，按下述步骤指定相关几何体。

（1）单击Specify Feature Geometry（指定特征几何）按钮，参见图2-40。

（2）在Feature Geometry（特征几何）对话框中，在In Process Workpiece（处理中的工件）下拉列表中选择Local（局部），并依次选择图2-41中4个较大的孔（选择孔的柱侧面即可）。

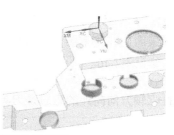

图2-41　选择4个盲孔加工特征

（3）在Depth Limit（深度限制）下拉列表框中选择 Blind（盲孔）选项。

07> 确定所做设置后回到铣削孔工序对话框中，此时指定特征几何按钮后面的"手电筒"按钮高亮显示，表示已经选择过相关对象。

08> 按照前述方法新建一把尺寸合适的端面铣刀，并按照实际加工工艺要求依次设置其他参数。参数设置完成后，选择"生成"按钮，生成多轴铣削孔刀轨，参见图2-42。

09> 对于本例中涉及的凸台特征，可在第5步中，设置Operation Subtype（工序子类型）为Boss Milling，这样就会生成与铣削孔一样的凸台螺旋刀轨，如图2-43所示。螺旋刀轨也可用于铣削螺纹加工，参见图2-44。

图2-42　刀轨生成

图2-43　铣削凸台

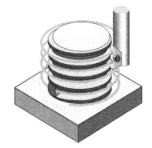

图2-44　铣削螺纹

2.5　曲面铣削孔加工

01> 打开一个有柱面孔特征的工件，参见图2-26。

02> 将坐标系调整到与机床一致后，进入铣削孔工序对话框中，参见图2-45。

图2-45　创建曲面铣削孔工序

注 由于作者所用NX打补丁的原因，导致个别版本中的同一对话框样式有所差别。

03> 通过按下Specify Feature Geometry（指定特征几何体）按钮启用相应的功能来选择孔。选择的方法是：选择孔的柱侧面，此时会显示一个坐标系，注意坐标系的+Z轴方向要向外（如果向内，则需要选择反向按钮来进行调整），同时将深度限制选项设置为"通孔"，参见图2-46。

注 坐标系的+Z轴方向向外的意思是刀具夹持器在工件外侧。

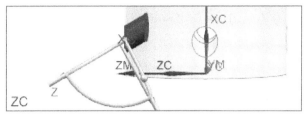

图2-46　确定孔加工方向

04> 按顺序依次选取需要加工的孔，进入非切削移动对话框，指定如下避让参数，参见图2-47。

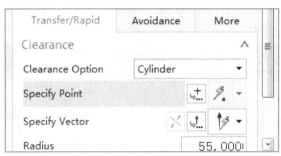

图2-47　设置圆柱跨越

> 在Transfer/Rapid（转移/快速）选项卡中，指定Clearance Option（安全设置）为Cylinder（圆柱）；

> 指定Specify Point（指定点）为坐标系原点（即柱端面圆心）；

> 指定Specify Vector（指定矢量）为XC轴；

> 指定Radius（半径）为55（此值必须大于工件半径）。

注 安全设置指定为圆柱的意思为，刀轨的跨越运动都将产生在这个半径为55的圆柱范围上。

05> 其他参数按照工艺要求设置后，生成刀轨，参见图2-48。

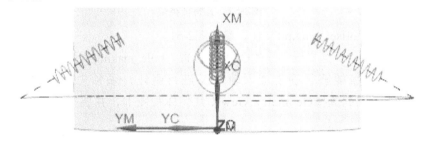

图2-48　曲面孔铣削刀轨

06> 此时发现刀轨的"R"值过大，通孔也仅是刚刚切透。从实际的加工角度来说，工艺不算最优，因此，在铣削孔工序对话框中单击Cutting Parameters（切削参数）按钮，在策略选项卡中，将Extend Path（延伸刀轨）栏中的两个Distance（偏置距离）值都改为1，即"R"值为1mm，通孔底部切透1mm，参见图2-49。

07> 再次生成刀轨，如图2-50所示。

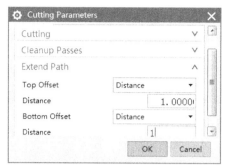

图2-49 设置切入切出

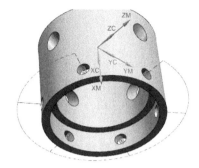

图2-50 最终生成的曲面孔铣削刀轨

2.6 孔特征钻孔应用

在前文所述的孔加工（drill）工序中，对于非切削移动，只能生成如图2-25所示的样式。为了在打孔工序中实现如图2-50所示的高效的非切削移动，可利用hole_making类型生成孔加工刀轨，如图2-51所示。

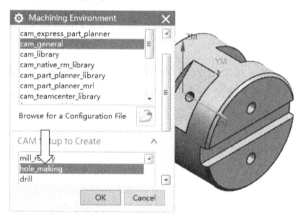

图2-51 孔特征类型

01〉打开training\2\offset_plug.prt文件，参见图2-51。

02〉进入加工模块中，选择要创建的CAM，设置为hole_making类型，参见图2-51。

03〉为了后期系统能够正确生成刀轨以及进行避让，须预先指定MCS坐标系和WORKPIECE。因此选择Geometry view（几何体视图），并展开工序导航器，如图2-52所示。

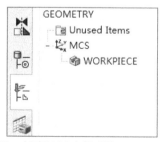

图2-52 创建MCS坐标系和WORKPIECE

04 双击MCS坐标系，将MCS坐标系与WCS坐标系对齐（+ZM轴指向工件轴心。假设加工机床为五轴），并创建WORKPIECE（部件为图2-51中的实体，毛坯为包容圆柱体），如图2-53所示。

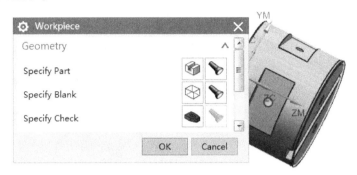

图2-53　WORKPIECE的设置

05 打开Create Operation（创建工序）对话框，指定Type（类型）为hole_making，Operation Subtype（工序子类型）为"Drill（钻孔）"，并确定Geometry（几何体）下拉列表中选择的是上步创建的WORKPIECE，参见图2-54。

图2-54　设置孔特征钻孔工序

06 确定所做设置，在Drilling（钻孔）工序对话框中，单击Specify Feature Geometry（指定特征几何体）按钮，如图2-55所示。

图2-55　指定特征几何体

23

07〉 在Feature Geometry（特征几何体）对话框中，选择欲加工的孔对象，参见图2-56。注意指定方位和深度限制的设置，其他设置参见前述。

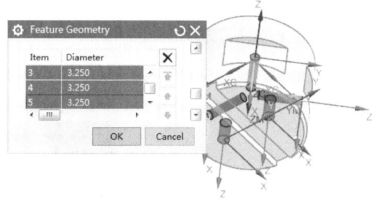

图2-56　加工几何体的选择

08〉 在钻孔工序对话框中，选择Non Cutting Moves（非切削移动）选项，并按图2-47所示的方法指定圆柱跨跃避让。同时指定Transfer Type（转移类型）为Lowest Safe Z Type（Z向最低安全距离）选项，参见图2-57。

09〉 其他参数按照工艺要求进行设置后，生成刀轨，如图2-58所示。

图2-57　指定非切削移动

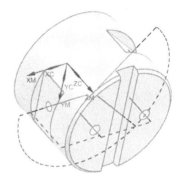

图2-58　高效避让钻孔刀轨

2.7　多轴孔加工综合练习

　　通过对本章内容的学习，想必读者已经了解并掌握了NX多轴孔特征加工的编程方法。接下来请读者试着将图2-59所示模型中的孔加工工序制作出来。当然，如果在工作或学习中能够找到其他多轴孔加工文件，也可以用来练习。

　　文件training\2\trun_mill_drill.prt中的工件如图2-59所示。

图2-59　练习用的工件

2.8 小结

本章内容涉及常用的孔加工技巧，虽然并未涉及诸如镗孔、铰孔等的加工工序创建方法，但在NX中，这些工艺工序的创建方法和孔加工几乎是一样的，区别只是在于工艺参数和刀具的选择。

熟读并且掌握了本章所谈到的孔加工工艺工序的创建方法和技巧后，如果读者是在校学生，可以试着在机床上加工一些不同特征的孔，如果是企业数控加工方面的工作人员，可以直接在工作中应用这些技巧。当然，在实际上机床加工之前，一定要确保后处理是正确的。

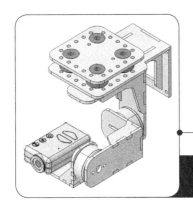

在用于实际生产的多轴数控工序创建过程中，定轴加工永远是优先使用的工序。

在学习定轴工序编制应用方法前，首先得了解一个概念：什么是定轴加工？定轴加工在多轴加工工序中可以分为3+1和3+2两种模式，其中3+1模式可以理解为三轴联动加一个用于将工件定位的轴；3+2模式可以理解为三轴联动加二个定位轴，即在多轴数控加工切削开始前，A轴（B轴）或C轴或此两轴联动（五轴加工机床）旋转将工件定位至一定的位置和角度后，保持此状态固定不动，并在此基础上，其他轴运动，开始切削加工。

虽然多轴机床加工性能更加优越，但由于其结构复杂，精密程度较高，因此导致多轴机床的刚度相对较低，积累误差相对较高，加工成本高昂。在实际加工时，尤其是开粗加工时，从加工工艺上讲，要尽可能地采取定轴的方式来进行。另外，从编程的角度讲，定轴加工一般都是使用二轴半或者三轴编程工序，从成熟度和可靠性上讲，也要更好一些。总之，只有在必须的情况下，才使用多轴机床进行多轴联动加工。

NX 3+2模式的定轴加工与二轴半到三轴加工在工序使用方法上的主要区别在于对刀轴的控制。因此，读者在阅读本章前最好具备熟练的NX二轴半到三轴加工编程技能和全面的NX建模技能，当然，相应的工艺知识最好也要有所了解。

本章主要通过7个实例来讲述多轴定轴铣加工工序的创建，分别应用于四轴铣机床上的定轴平面铣、定轴曲面铣（也可以称之为3+1模式）和应用于五轴铣机床上的定轴平面铣，定轴曲面铣（也可以称之为3+2模式）。

首先通过图3-1让读者对定轴加工有一个初步的认识。在图3-1中，刀轴矢量指定为切削平面的法向方向（在切削过程中保持不变），该切削方式是一个简单的二轴半运动。

接下来通过对维纳斯模型的粗加工过程让读者对定轴加工进一步地了解。

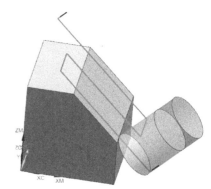

图3-1 平面定轴铣

01 > 维纳斯原始加工模型，其中半透明圆柱几何体为加工毛坯，如图3-2所示。

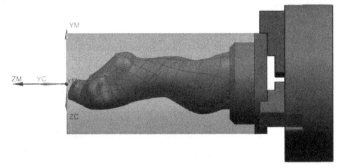

图3-2　维纳斯加工模型工装和毛坯

02 > 使用四轴定轴铣的方法粗加工维纳斯身体正面。由于维纳斯模型有很多区域属于倒扣区域，因此使用四轴定轴加工的方法来对维纳斯模型进行粗加工处理。四轴定轴切削开始前，B轴先旋转至使维纳斯模型正面垂直于刀具轴的轴向，这时B轴锁定，然后使用三轴曲面粗加工（如型腔铣）的方法对其进行粗加工，直至完成。再用同样的方法，完成对维纳斯模型背面的粗加工，参见图3-3。

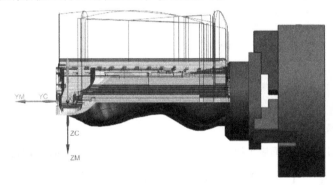

图3-3　维纳斯模型正面定轴粗加工

03 > 后处理得到的维纳斯定轴加工G代码（B值只出现在加工开始时）。

```
N7 G43 H26 S8000 M03 M08
N8 G00 B-90.
N9 G90 G01 X141.252 Y24.258 Z13.446 F8000.
N10 X74. F4800.
N11 Y23.626 Z2.406 F3600.
N12 Y23.506 Z1.578
N13 Y23.244 Z.784
```

这个加工过程是一个典型的定轴3+1模式，即在加工过程中，除了X、Y、Z轴在运动外，还有一个B轴，在这里B轴起到了定向（位）的作用。倘若有两个轴起到了定向（位）的作用，如A轴和C轴，即可理解为3+2模式。

下面通过7个实例，让读者具体地学习一下NX定轴铣加工工序的创建方法和使用技巧。

3.1 四轴定轴平面铣（3+1模式）实例

本例通过一个简单、典型工件的加工来介绍创建定轴平面铣削工序的方法。

01> 打开training\3\millturn_demo_design.prt文件，参见图3-4。

工艺分析：这是一个需要车铣复合才能加工完成的工件，本例假定该工件的车削加工工作已经完成，只需要进行铣削加工。

02> 选择【启动】→【加工】，进入数控加工模块，在Machining Environment（加工环境）对话框中，选择CAM Setup to Create（要创建的CAM设置）栏中的mill_planar（平面加工）选项，并确定设置，参见图3-5。

图3-4　四轴定轴平面铣工件

图3-5　平面铣工序选择

03> 选择【插入】→【工序】，在Create Operation（创建工序）对话框中单击"边界面铣削"按钮，并根据具体情况对Program（程序）、Tool（刀具）、Geometry（几何体）、Method（方法）以及Name（名称）选项进行必要的设置，参见图3-6。单击OK按钮确定后，进入Face Milling（使用边界面铣削）工序对话框，参见图3-7。

图3-6　边界面铣削工序选择

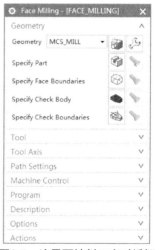

图3-7　边界面铣削工序对话框

04> 在边界面铣削工序对话框中，指定下列相关几何体。

> 指定Specify Part（指定部件）为图3-4中的实体。

> 指定Specify Face Boundaries（面边界）为图3-8中所指的平面。

05> 在边界面铣削工序对话框的工具栏中新建一个端铣刀，用于加工实体平面。在这个对话框里，最好给即将创建的端铣刀起一个易于识别的名字，以备后期选用。单击OK按钮后设置好端铣刀各项参数以及刀具的T值、长补偿寄存器号H值、补偿寄存器号D值（这3个参数用于自动换刀），参见图3-9。

图3-8 指定边界

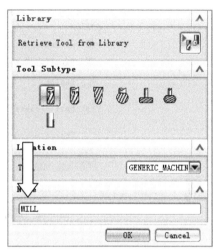

图3-9 设置平面铣刀具

06> 在Axis（刀轴）下拉列表中选择Specify Vector（指定矢量）选项，并选择以"Inferred Vector（自动判断的矢量）"方式单击图3-8中所指的平面，即以此平面的法向为刀具轴的轴向。当然，使用"Face/plane Normal（面/平面法向）"方式选择此平面来确定刀轴矢量也有同样的效果，参见图3-10。

图3-10 设置四轴平面铣轴向

07> 将其他参数按照加工工艺要求设置完成后，单击"生成"按钮，生成刀轨，参见图3-11。

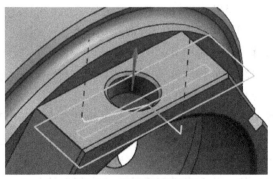

图3-11 四轴平面铣刀轨

08> 由于周边均匀分布同样的6个面，因此对它们的加工只须将生成的刀轨进行圆形阵列操作即可。进行阵列操作的方法是：在工序导航器中右击此工序名，选择【Object（对象）】→【Transform（变换）】，创建6个定轴平面铣工序，参见图3-12。

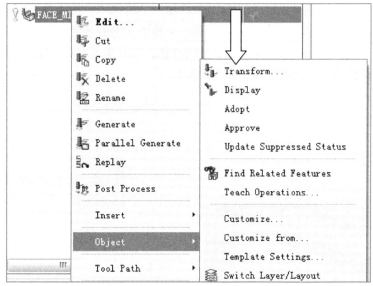

图3-12　四轴平面铣刀轨阵列命令

3.2　定轴平面铣综合练习

在本例中，读者可通过典型的定轴铣削工件加工来完成对定轴平面铣削工序的综合练习。

01> 打开training\3\ 5axis_plannr_drill.prt文件，并进入加工模块，参见图3-13。

02> 在mill_planar类型下拉列表中，选择"使用边界面铣削"类型，并在其设置界面中指定如下相关参数，如图3-13所示。

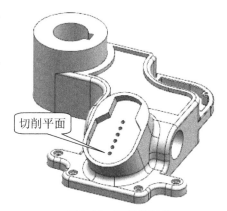

切削平面

> 指定部件为图3-13中的实体；
> 指定面边界为图3-13中所指的平面；
> 设置刀轴为图3-13中所指平面的法向（以自动判断模式选择该平面即可）；
> 切削模式选择"跟随部件"选项；
> 毛坯距离设置为12.6mm（腔深）；

图3-13　定轴铣工件

> 其他参数按照工艺要求进行设置，生成粗加工工序，如图3-14所示。

03> 在工序导航器中复制上一步完成的粗加工工序，粘贴后对其进行如下编辑。

> 切削模式由"跟随部件"改为"轮廓加工"选项；
> 其他参数也同时按工艺要求进行更改，生成侧壁精加工工序，参见图3-15。

04> 使用与上一步相同的方法复制、粘贴、编辑工序，生成底面精加工工序刀轨，参见图3-16。

  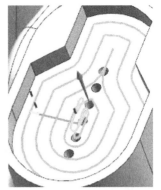

图3-14 定轴粗加工刀轨   图3-15 定轴精加工侧壁刀轨   图3-16 定轴精加工底面刀轨

3.3 定轴曲面铣实例

本例介绍典型定轴铣削工件的定轴曲面铣削工序方法创建。

打开training\3\sim_final.prt文件，参见图3-17。

工艺分析：此为典型的定轴铣加工工件，圆柱侧面特征适于用3+1模式（四轴定轴）加工，而顶面凹腔特征则适于用3+2模式（五轴定轴）加工。

适于用3+2模式加工

图3-17 定轴曲面铣工件

3.3.1 毛坯的预处理以及定轴粗加工

01> 在建模环境中，将以底面边缘拉伸而成的与此工件等长等直径的包容圆柱体作为毛坯。注意调整工作坐标系WCS，以适用于四轴加工工况，参见图3-18。

图3-18 定轴曲面铣工件毛坯

02> 为了避免因毛坯原因造成多余刀轨的产生，对毛坯模型进行编辑：使用图3-17中工件顶部的曲面对圆柱毛坯体进行修剪操作，生成如图3-19所示的局部毛坯。

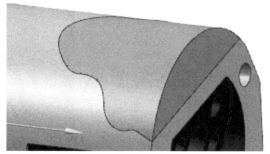

图3-19　定轴曲面铣工件毛坯修剪

03> 进入数控加工模块。在随后出现的加工环境对话框中，将CAM设置为mill_contour（曲面铣），单击OK按钮，参见图3-20。通过创建几何体功能调整MCS与WCS坐标系完全一致（关于坐标系的调整，请参阅2.4节）。

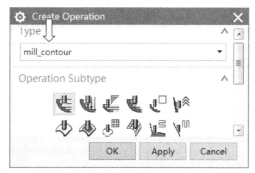

图3-20　定轴曲面铣工序

04> 根据图3-19中所示的部件和毛坯体创建型腔铣粗加工工序（注意在型腔铣工序中要指定刀轴。在本例中，指定的刀轴轴向大约为粗加工部分的法向），最终生成的刀轨如图3-21所示。

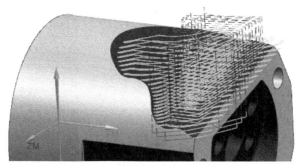

图3-21　定轴曲面粗加工刀轨

3.3.2　曲面精加工

01> 粗加工完成后，在创建工序对话框中的工序子类型下拉列表中选择"区域轮廓铣"（参见图3-20），并根据具体情况对程序、刀具、几何体、方法以及名称进行必要的设置，单击OK按钮确定后，进入Contour Area（区域轮廓铣）工序对话框，参见图3-22。

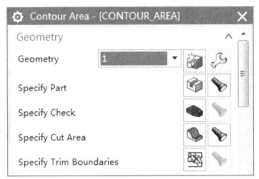

图3-22 创建定轴曲面精加工工序

02 在图3-22所示对话框里，指定如下相关参数。

➢ 指定Specify Part（指定部件）为工件实体；

➢ 指定Specify Cut Area（指定切削区域）为图3-23所示的顶部曲面区域（高亮显示面）；

➢ 刀轴指定为-XC轴和-XM轴（对于图3-23中的坐标系而言，选择-X轴最合理），如图3-23所示。

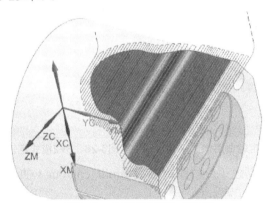

图3-23 定轴曲面精加工刀轨

03 将其他参数按照加工工艺要求设置完成后，单击"生成"按钮，生成四轴定轴曲面铣刀轨，如图3-23所示。

3.4 五轴定轴平面铣（3+2模式）

本例通过一个定轴铣削工件来初步学习3+2模式定轴曲面铣削工序的创建方法。

工艺分析：本例加工部分的刀轨实际上是一个五轴的定轴铣，需要在五轴机床才能加工，即在正式切削开始前，A轴（B轴）或C轴先进行定位，然后开始定轴切削。

01 再次打开training\3\millturn_demo_design.prt文件，参见图3-24。

02 按照3.1节中实例介绍的工序编制方法，继续使用边界面铣削工序制作出图3-24所示的刀轨（由于工序编制过程与3.1节中实例相同，此处不再赘述）。

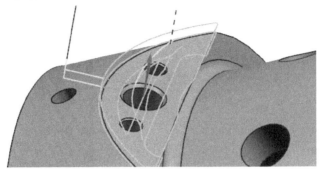

图3-24　3+2模式平面铣刀轨

3.5　定轴曲面粗加工

01 > 打开training\3\1.prt文件，并进入建模模块，参见图3-25。

工艺分析：此工件上存在倒扣部分，需要多轴定轴铣削才能加工到位。

02 > 首先为侧壁凹坑（倒扣）制作一个大小合适的毛坯，以便对此处进行粗加工处理：绘制一个草图，再将草图拉伸成为实体，参见图3-26。

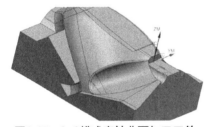

图3-25　3+2模式定轴曲面加工工件

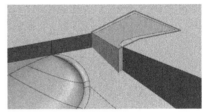

图3-26　3+2模式定轴曲面粗加工毛坯

03 > 进入加工模块，在创建工序对话框中选择mill_contour（曲面铣）类型，设置工序子类型为"型腔铣"，参见图3-27。

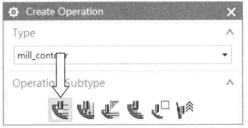

图3-27　创建3+2模式定轴曲面粗加工工序

04 > 确定后进入Cavity Mill（型腔铣）对话框，指定下列相关参数。

➤ 指定部件为型芯实体；

➤ 毛坯选择在上一步中拉伸出来的实体；

➤ 指定Specify Vector（刀轴指定）为毛坯顶平面法向（指定方法参见前述内容），如图3-28所示。

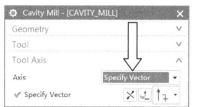

图3-28　设置3+2模式定轴曲面加工刀轴

05> 将其他参数按照加工工艺要求设置完成后，单击"生成"按钮，生成局部粗加工刀轨，参见图3-29左图。

06> 选用mill_contour选项中的精加工工序（如深度轮廓加工和固定轮廓铣等），得到精加工刀轨，参见图3-29右图。

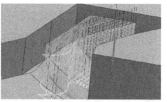

图3-29　3+2模式定轴曲面粗、精加工刀轨

3.6　定轴曲面铣（3+2模式）

　　针对该工件上的倒扣曲面进行3+2模式的曲面固定轮廓精加工。工序的创建步骤如下。

01> 首先进入建模模块，构建一条自定义的刀轴矢量辅助直线（后期以此直线作为刀轴矢量方向）。构建这条矢量直线时，首先在需要加工的曲面上确定一个点（这个点要"贴"在曲面上），然后通过这个点做一条过此点的曲面法向直线，参见图3-30。

说明 法向辅助直线的创建方法如下。

选用基本曲线中的直线功能。直线的第1点选择已经"贴"在曲面上的现有点，选择第2点前，首先在基本曲线对话框的点方法选项中选择"选择面"选项，然后单击图3-30中直线的第1点（现有点）所在的曲面即可。

本例所绘制的辅助直线用于精确确定刀轴的工况。如果只是要求刀轴倾斜至避让程度，选用Dynamic（动态刀轴）选项并进行调整即可，参见图3-31（关于动态刀轴的详细说明参见第4、5章）。

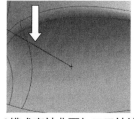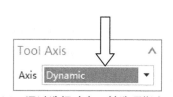

图3-30　3+2模式定轴曲面加工刀轴辅助线　　图3-31　通过选择动态刀轴选项指定刀轴

02> 进入加工模块，在创建工序对话框中，选择类型为mill_contour（曲面铣），工序子类型为"区域轮廓铣"。

03> 确定后进入区域轮廓铣主界面，指定下列相关几何体和参数。

> 指定部件为工件实体；
> 指定切削区域为图3-30所示目测可能会有倒扣的区域（高亮显示面）；
> 刀轴指定矢量方向为步骤1中所绘制的辅助直线，参见图3-32。

注 在NX中有很多方法可以测量、分析出工件上的某些部分或整体相对于某个矢量而言是否存在倒扣现象。如在建模环境中，可选择【分析】→【分析腔】或使用模具部件验证功能来检查区域。在加工环境中，可选择【分析】→【NC助理】等来分析是否存在倒扣特征。

04> 将其他参数按照加工工艺要求设置完成后，单击"生成"按钮，生成3+2模式倒扣曲面定轴精加工刀轨，参见图3-33。

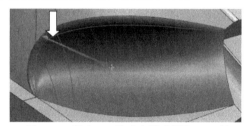 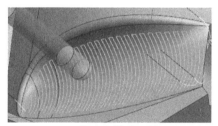

图3-32　指定3+2模式定轴曲面加工刀轴　　　图3-33　3+2模式定轴曲面精加工刀轨

3.7　辅助几何体——定轴综合加工案例

本例通过编辑和创建辅助加工几何体，为高质量刀轨的生成提供便利。

01> 打开生成自SOLIDWORKS软件的课件文件（此模型来自某企业，由于没有征得企业许可，因此作者未提供此课件），参见图3-34。

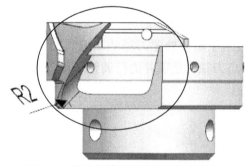

图3-34　需创建辅助几何体加工的工件

02> 在图3-34中，圆圈处的豁口特征为需要创建定轴加工工序的部分。其中倒圆角半径为2，与圆角相接的两面均为平面。由于此处为豁口，据此模型创建的刀轨将无法加工至理想状态，因此需创建辅助几何体协助加工。

03> 使用同步建模功能中的删除面功能删除圆角特征。

04> 创建辅助体（此几何体的相关表面与工件相关表面共面），如图3-35所示。

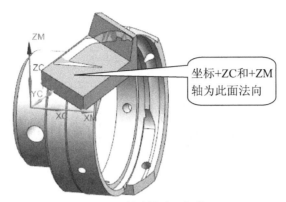

坐标+ZC和+ZM轴为此面法向

图3-35 创建辅助几何体

05> 根据机床类型创建WCS与MCS坐标系，并保持+ZC和+ZM轴向为图3-35中指定平面的法向。

06> 以深度轮廓方式创建工序，生成的最终刀轨如图3-36所示。

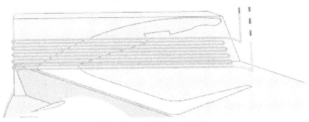

图3-36 定轴加工刀轨

注 部件为辅助几何体，刀具选择直径为4mm的球刀，以与图3-34中所示的圆角相匹配。

3.8 小结

本章主要介绍了定轴加工的相关内容。在实际的需多轴机床才能加工的工件加工工况中，大多数情况下使用定轴方式即可完成加工。因此，定轴加工是最常用的一种多轴加工工艺，它有诸多的优点，如工况稳定、CAM相关功能成熟、计算速度快等。除了粗加工外，精加工也应尽量优先选用定轴加工方式。

通过本章的学习，想必读者已经了解并掌握了NX 3+1模式和3+2模式定轴加工的编程方法了。如果读者朋友在工作或学习中还有其他可用的定轴加工模型文件，那么就使用NX CAM试着编程。

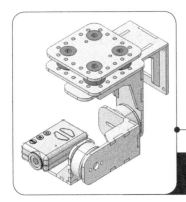

第4章

NX多轴铣加工基础知识

如图4-1所示，由于加工某些工件要求机床必须具备更多的自由度才能完成，所以在传统的X、Y、Z这3个线性运动轴的基础上，又增加了旋转轴，即A、B和C轴3个旋转轴。

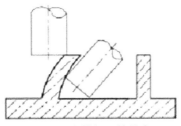

图4-1　多轴加工的优点

NX多轴加工主要包括定轴加工、NX四轴加工、NX五轴加工、NX车铣复合加工4部分（本书不介绍车削加工部分）。何谓四轴，何谓五轴？在加工工序中又如何区别四轴和五轴？在此，先通过图4-2对"多轴"的概念作一个初步的了解。

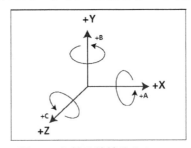

图4-2　多轴旋转轴的定义

四轴机床一般是指除了X、Y、Z这3个轴之外，还配有一个旋转轴，即A旋转轴或B旋转轴（绕X轴旋转的称为A轴，绕Y轴旋转的称为B轴）。而五轴机床一般是指除了X、Y、Z这3个轴之外，还配有2个旋转轴，即A或B这个第四轴和C轴（绕Z轴旋转），它们之间的关系符合右手规则，参见图4-2。机床结构如图4-3（四轴）、图4-4（摇篮五轴）所示。

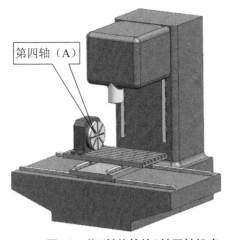

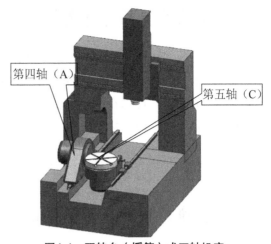

图4-3　绕X轴旋转的A轴四轴机床　　　图4-4　双转台（摇篮）式五轴机床

　　当然，四轴机床或五轴机床并不仅局限于以上两种，比如四轴机床也存在以C轴为旋转轴的型号，而五轴机床除了图4-4所示的摇篮式以外，还有双转台五轴机床、双转头五轴机床、斜转台五轴机床、转台和转头五轴机床等。

　　在五轴机床中，主动轴可以理解为是第四轴，从动轴可以理解为是第五轴。

　　判断一个工件是否需要多轴加工，也就是判断加工它的时候是否需要旋转轴的参与。如果只需一个旋转轴参与，即可判断为使用四轴机床加工即可。如果需要两个旋转轴参与，即可判断为必须使用五轴机床才能将其加工完成。

　　为了让多轴机床能够正确地运行，就需要使用多轴CAM软件生成相应的G代码来对它们加以驱动，因此，CAM软件也被称为数控机床的"大脑"。多轴机床能否正确运行，除了多轴CAM软件是重要的一环以外，还有其他控制因素，如相应的后置处理是否能准确地反映刀轨的运动，机床本身相关参数的设置因素等等。

　　在NX多轴加工工序中，多轴刀轨主要通过刀轴矢量方向、刀位点投影矢量、驱动方法以及其他加工工艺参数来综合作用生成。因此，在学习如何使用NX的mill_multi-axis（多轴铣）工序这个"大脑"之前，读者必须熟练掌握NX多轴加工工序的必要的基础知识，如驱动面、投影矢量、刀轴（和三轴加工工序的主要区别也于在这3项）等。

　　下面是一些专有名词的解释，读者在学习NX的mill_multi-axis（多轴铣）之前应先了解并掌握相关的概念。

4.1　驱动几何体

4.1.1　驱动几何体是什么

　　是用于产生刀位点的辅助几何体。

4.1.2 驱动几何体有什么作用

驱动几何体一般以辅助几何体的形式出现，通常情况下，就是绘制驱动曲线和驱动曲面（如果工件本身的几何具备一定的条件，也可以作为驱动几何体）。在加工复杂曲面工件的时候，可以在简单的驱动面上创建刀位点，然后将这些刀位点按指定方向投影到复杂工件表面，这样就可以得到理想的刀轨。因此驱动面的主要作用就是便于编制更高质量的刀轨，起到了化繁为简，化不可能为可能的作用。在很多多轴工序的创建过程中，驱动几何体是必须用到的，它为多轴加工提供了强大而有效的加工手段。

4.1.3 驱动几何体在哪里指定

01> 在NX界面中，选择【启动】→【加工】，进入数控加工模块，在Machining Environment（加工环境）对话框的CAM Setup to Create（要创建的CAM设置）列表框中选择mill_multi-axis（多轴铣）类型，参见图4-5，单击OK按钮。

02> 选择【插入】→【工序】，在Create Operation（创建工序）对话框的Operation Subtype（工序子类型）栏中选择"可变轮廓铣"类型，参见图4-6，位置栏中的程序、刀具、几何体、方法以及名称等选项全部使用默认值。单击OK按钮后，进入Variable Contour（可变轮廓铣）工序对话框，在Drive Method（驱动方法）栏中选择Surface Area（曲面）

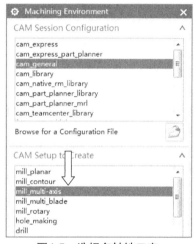

图4-5 选择多轴铣工序

选项（虽然此处和mill_contour工序中的曲面区域轮廓铣类似，但驱动几何体对于多轴加工而言，意义重大），参见图4-7。

03> 在随后出现的警示对话框中单击OK按钮，进入Surface Area Drive Method（指定驱动几何体）对话框。这时，可根据需要选择辅助驱动几何体，参见图4-8。

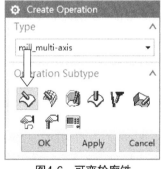

图4-6 可变轮廓铣

图4-7 曲面驱动方法

图4-8 驱动几何体的选择

注 如果需要制作辅助性的驱动几何体，那么这个几何体要尽可能地简单。

4.1.4 驱动几何体作用实例

对于加工图4-9所示的蜗杆工件，如果想生成和蜗杆表面"流向"相一致的刀轨（这样的刀轨加工出来的蜗杆无疑能达到很高的加工质量，而在单纯依靠CAM功能无法做到的情况下，可通过NX CAD功能来建立相应的驱动面。也就是从CAD的方面来控制CAM，从而生成高质量的刀轨，参见图4-9。

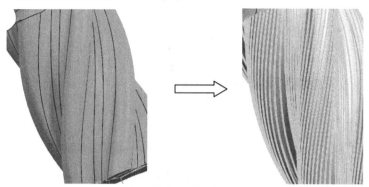

图4-9 与工件表面纹理相一致的刀轨

大力神杯一刀成形的实例也是用通过驱动面来控制刀轨（从CAD方面来控制CAM），使复杂问题简单化（如何运用驱动几何体后续内容将会详细说明），参见图4-10。

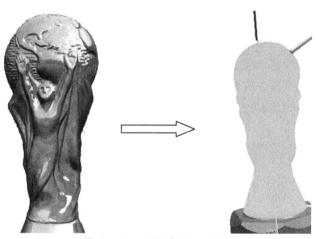

图4-10 借助驱动几何体辅助加工复杂形体

4.2 投影矢量

4.2.1 投影矢量是什么

投影矢量是指产生在驱动面上的刀位点按照什么方向向工件表面进行投影从而得

到的切削坐标点（也就是刀具与工件相接触的位置）。可以将刀轨理解为由一个个切削坐标点拼接而成的线。默认情况下，刀轨是刀具底面圆心点在走刀切削时所经过的路径（对于球刀，是球头尖点的轨迹）。

在二轴半或三轴铣削中，系统通过后台运算，将刀位点向工件表面投影从而产生切削点，而在很多多轴工序中，由于存在驱动面投影问题和刀轴多重解，所以投影方向需由工序创建者确认，参见图4-11。

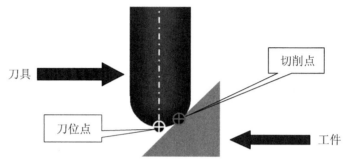

图4-11　刀位点与接触点（切削点）

4.2.2　指定投影矢量

01 > 首先进入数控加工模块，在加工环境对话框中要创建的CAM设置栏中选择mill_multi-axis（多轴铣）选项，单击OK按钮。

02 > 选择【插入】→【工序】，在创建工序对话框中的工序子类型栏中选择"可变轮廓铣"工序，其他参数均使用默认值。单击OK按钮确定后，进入Variable Contour（可变轮廓铣）工序对话框，在Projection Vector（投影矢量）栏的Vector（矢量）下拉列表框中进行选择，参见图4-12。

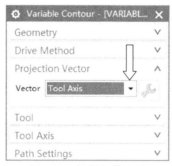

图4-12　投影矢量设置

注 投影矢量选项会随工序和驱动方法的不同而有差别。

4.2.3　投影矢量选项

各投影矢量选项说明如下。

- ➢ Specify Vector（指定矢量）：指定刀位点向工件表面投影的矢量方向。
- ➢ Tool Axis（刀轴）：刀位点沿着刀具轴向向工件表面投影。
- ➢ Tool Axis Up（刀轴向上）：沿刀轴向上投射。适用于刀具需要从下向上切削的工况，如用T型刀切削倒扣时。
- ➢ Away form Point（远离点）：刀背指向某个指定点，参见图4-13。
- ➢ Toward Point（朝向点）：刀尖指向某个指定点，参见图4-14。

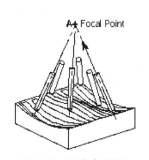
图4-13　远离点投影

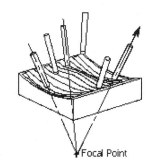
图4-14　朝向点投影

- ➢ Away form Line（远离直线）：刀背指向某条指定直线，参见图4-15。
- ➢ Toward Line（朝向直线）：刀尖指向某条指定的直线，参见图4-16。

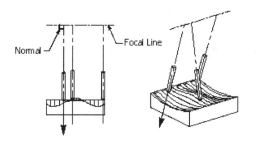
图4-15　远离直线投影

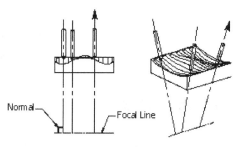
图4-16　朝向直线投影

- ➢ Normal to Drive（垂直于驱动体）：投影矢量垂直于驱动面，即驱动曲面的法向就是投影方向，参见图4-17。
- ➢ Toward Drive（朝向驱动体）：与垂直于驱动体投影方式类似。可以简单地理解为刀位点产生于驱动面上，刀位点沿最近的路径向部件表面进行投影，参见图4-18。

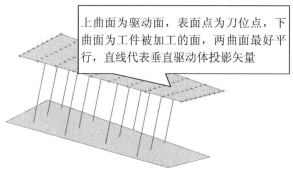
上曲面为驱动面，表面点为刀位点，下曲面为工件被加工的面，两曲面最好平行，直线代表垂直驱动体投影矢量

图4-17　垂直于驱动体投影

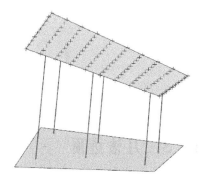
图4-18　朝向驱动体投影

4.3　刀轴

4.3.1　什么是刀轴

刀轴就是指刀具的中轴线，也就是从刀尖（或端面圆心）指向刀柄的矢量线。

在NX多轴加工工艺中，刀轴是指在多轴铣加工中，按照什么规律进行矢量变换的过程，即如何控制刀轴的变化。在定轴铣削中，刀轴是固定不变的，而在多轴铣削中，由于加工需要，会希望刀轴按指定的规律进行变化。从图4-19中可以看出，刀轴看似"杂乱无章"，实际上，它是遵循着一定的规律在变化。

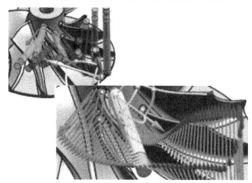

图4-19　按规律变化的刀轴

4.3.2　指定刀轴

指定刀轴的方法是，在可变轮廓铣工序对话框中，在Tool Axis（刀轴）栏的Axis（轴）下拉列表框中进行选择（刀轴选项会随着驱动方法和工序的不同而有所差别），参见图4-20。

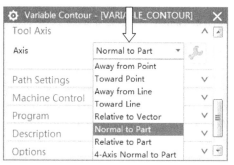

图4-20　指定刀轴

4.3.3　刀轴选项

各刀轴选项的说明如下。

➢ Away from Point（远离点）：刀尖指向某个指定点，参见图4-14。

➢ Toward Point（朝向点）：刀背指向某个指定点，参见图4-13。

➢ Away from Line（远离直线）：刀尖指向某条指定直线（一般用于四轴铣），参见图4-16。

➢ Toward Line（朝向直线）：刀背指向某条指定直线（一般用于四轴铣），参见图4-15。

➢ Relative to Vector（相对于矢量）：刀轴相对于某个指定矢量前后左右倾斜多少度。其中前倾角是指刀具在沿着刀轨切削的过程中，相对于切削方向，刀具与刀轨间的前后夹角，取正值时为刀具沿刀轨方向向前倾摆，取负值时为刀具沿刀轨方向向后倾摆。同理，侧倾角是指刀具与刀轨间的左右夹角，取正值时为刀具向右倾斜，取负值时为刀具向左倾斜，参见图4-21。

在有些切削环境中，设置额外的前倾角与侧倾角，可避免球形刀具刀尖与工件的静摩擦，提高切削效果，减少刀具的磨耗，参见图4-22。

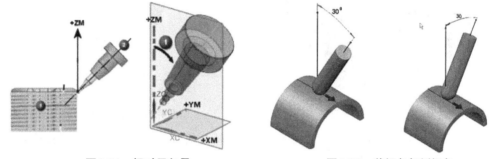

图4-21　相对于矢量　　　　　　图4-22　前倾角与侧倾角

➢ Normal to Part（垂直于部件）：刀轴与部件表面垂直。

➢ Relative to Part（相对于部件）：刀轴相对于部件前后左右倾斜多少度（参见"相对于矢量"概念）。

➢ 4-Axis Normal to Part（4轴，垂直于部件）：概念同"垂直于部件"，但仅限于四轴加工。

➢ 4-Axis Relative to Part（4轴，相对于部件）：概念同"相对于部件"，但仅限于四轴加工。

➢ Dual 4-Axis on Part（双4轴，相对于部件）：与"4轴，相对于部件"概念类似，需要指定一个4轴旋转角，一个前倾角和一个侧倾角。设置4轴旋转角后，加工时将有效地绕一个轴旋转工件，就像工件在带有单个旋转台的机床上旋转。选择此选项后，可以分别为单向运动和回转运动定义这些参数。"双4轴，相对于部件"选项仅在个别切削类型中可用，如往复切削类型。

➢ Interpolate Vector（插补矢量）：解决刀轴问题的终极答案。其实质就是自定义矢量，可用以定义多个不同的刀轴矢量。定义过的每两个刀轴矢量间的刀轴运动会由系统自动顺接。当选用其他刀轴选项都达不到理想加工效果时，可以使用这个选项，如图图4-23所示。

➤ Interpolate Angle to Part（插补角度至部件）：相对于"插补矢量"而言，这是一种很"死板"的刀轴定义方式。系统默认情况下，只能修改刀轴的前倾角与侧倾角。此外，自定义刀轴的范围也相对较窄。

➤ Interpolate angle to Drive（插补角度至驱动）：基本上等同于"插补角度至部件"。只不过此选项的刀轴定义方式是相对于驱动体，而非部件。当驱动面为部件表面时，二者几无区别。

➤ Optimized to Drive（优化后驱动）：可以自动控制刀具轴方向以确保根据工件表面曲率以最优的方式去除材料，使刀具接触面最大化。它会不断改变刀具与坯料表面之间的夹角，从而做到始终保持以刀尖切削材料而不会干涉工件。"优化后驱动"能够用更少的切削次数去除更多的材料，比如在使用平铣刀侧刃加工曲面这种工况时，参见图4-24（切削方向为从右向左）。

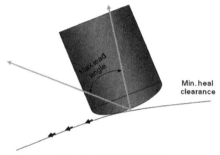

图4-23　插补矢量刀轴　　　　　　　图4-24　优化驱动刀轴

➤ Normal to Drive（垂直于驱动体）：刀轴与辅助驱动面垂直，即与驱动面法向一致，参见图4-25。

➤ Swarf Drive（侧刃驱动体）：适用于加工直纹面特征，或便于用刀具侧刃切削的工况，参见图4-26。

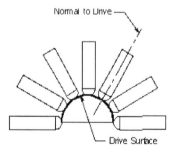
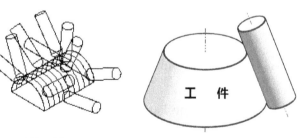

图4-25　垂直于驱动体刀轴　　　　　图4-26　侧刃驱动体刀轴

➤ Relative to Drive（相对于驱动体）：刀轴相对于驱动面前后左右倾斜的度数（参见"相对于矢量"概念）。

➤ Grid or Trim（栅格或修剪）：允许刀轴矢量在直壁的边上进行插补，即刀轴与工件边缘（竖边）对齐，适用于边缘为直边的工件，参见图4-27。

➤ Base UV（基本UV）：定位初始刀轴矢量到面的UV等参线，适用于使用刀具侧刃切削的工况。刀轴与曲面U向或V向对齐。图4-17中，叶片上的线条即是构成曲面纹理的U向或V向，参见图4-28。

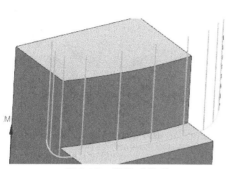

图4-27　栅格或修剪　　　　　　　　　　图4-28　基本UV

说明 如何理解曲面UV向。

对于平面几何（欧几里得几何）而言，一个平面的坐标方向可以用X和Y坐标来说明。但对于曲面几何（非欧几何）而言，其坐标方向为U和V，可以简单理解为一个表示曲面横向，另一个表示曲面纵向。

> Dynamic（动态）：就像动态调整坐标系一样自定义刀轴矢量。但与"插补矢量"不同的是，"插补"可以定义多个，而"动态"只能定义一个。

> Away From Part（远离部件）：刀尖指向部件。可简单理解为刀柄、刀具夹持器不要干涉到工件（具体离工件多远和其他相关参数有关）。

> Fan Distance（风扇距离）：刀具在碰撞前最大的侧倾避让距离。当夹持器碰撞时，系统会根据此值对刀轨进行平顺地变更。

> Away From Curve（远离曲线）：在切削过程中，刀尖始终指向指定曲线，类似于刀轴中的远离直线概念，参见图4-29。

图4-29　远离曲线刀轴

> Toward Curve（朝向曲线）：在切削过程中，刀背始终指向指定曲线，类似于刀轴中的朝向直线概念，参见图4-30。

> Custom tool Axis（自定义刀轴）：在切削某些工件的时候，刀轴的变化不仅是无章可寻，而且也不需要像插补矢量刀轴那样需要光顺的刀轴变化。在这种情况下，需要工序操作者来自定义切削时刀具的轴向，参见图4-31。

47

图4-30　朝向曲线刀轴

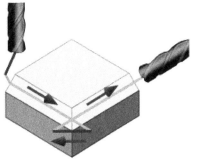

图4-31　自定义刀轴

4.4　多轴加工工序中加工坐标系（MCS）的定义

在五轴加工工序的编制中，由于最新的五轴机床基本上都支持RTCP技术，所以对MCS坐标系的定义通常是没特殊要求的。当然，为老式机床编制工序时，还是需要根据机床的实际情况来确定合乎工况的MCS。

在创建多轴加工工序时，MCS坐标系的定义通常要与机床保持一致，如机床为A轴类型，那么在工序编制时，就让MCS坐标系的X轴与工件轴心重合；如机床为B轴类型，那么就让MCS坐标系的Y轴与工件轴心重合（具体释意参见本章开头部分）。实际应用参见图4-32（此图所表现的工况为：加工此工件的机床为四轴A轴机床）。

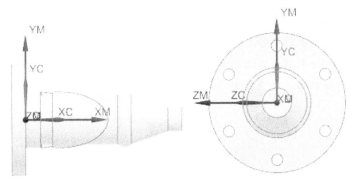

图4-32　WCS坐标系与MCS坐标系重合

注　通常情况下，WCS坐标系与MCS坐标系重合，且坐标系通过四轴旋转的轴心。

4.5　综合实例说明

一个多轴刀轨，通常是多个参数综合作用下的结果。在使用如投影矢量、刀轴、驱动面等参数时，一定要充分理解它们的概念和相互关系，注意不要矛盾，否则就会产生报错或畸形刀轨等结果。对于本章所述的概念，读者一定要熟练掌握，以便后面继续学习。

图4-33是一个简单的多轴刀轨，通过这个刀轨，读者可以大致地了解驱动面、投影矢量、刀轴参数的关系和作用：圆弧面为驱动面（刀位点产生在这个面上），平面为部件（刀位点最终投影的目标对象），投影矢量为垂直于驱动面（即驱动面的法向，也就是两条斜线方向），刀轴为+Z轴。

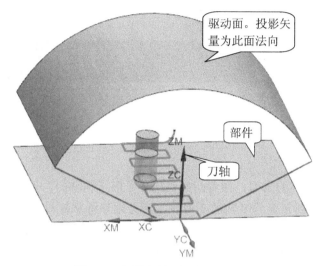

图4-33　投影矢量为垂直于驱动面

4.6　小结

通过对本章内容的学习，读者想必已经了解了驱动面的作用以及投影矢量和刀轴的概念。只有掌握了这些必备的基础知识，才能为后面的多轴加工学习奠定良好的基础。当然，如果有些概念暂时无法理解，也没有关系，相信结合后续的实例练习，再参照本章相关内容的解释，就可以融会贯通。

作者建议，读者在熟读本章这些概念之后，再继续后面的学习。

第5章

刀轴概念详解

通过对第4章内容的学习，读者想必已简单了解了驱动面、投影矢量以及刀轴的概念，但如果想要得到完美的多轴加工刀轨，还必须熟练掌握投影矢量和刀轴应用的相关知识。本章就"刀轴"这个概念来做一些案例练习，通过这些练习，使读者更加深入地了解和掌握各种刀轴在不同工序环境中的应用。

基于刀轴练习的需要，本章课件文件中均已事先设定好了驱动方法、投影矢量等参数。因为本章只强调和刀轴有关的概念，所以非相关参数的具体释意以及加工工艺的合理性暂不做讨论。当然，在后面的章节中，会详细地介绍这些参数的具体使用方法和应用环境。

5.1 远离点

作用：在多轴工序操作过程中，如果希望刀尖（轴）在加工过程中始终指向某个指定点，可使用这种刀轴控制方法。该刀轴控制方法的特点是，"点"通常在刀轨之下。

01> 打开training\5\ away form point\6-4.prt文件，参见图5-1。

02> 在工序导航器中右击唯一的工序名称，选择【编辑】，对其刀轴参数进行如下修改（参见图5-2）。

> ➤ 在主界面中将Axis（刀轴）选项更改为Away from Point（远离点）；
> ➤ 设置Specify Point（指定点）为图5-1中的现有点。

图5-1 "远离点"刀轴练习工件

图5-2 设置"远离点"刀轴

03> 其他参数采用默认值，单击"生成"按钮，重新生成刀轨，如图5-3所示。

04> 通过模拟发现，在整个切削过程中，刀尖（轴）始终指向指定的现有点，如图5-4所示。

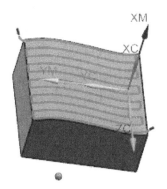 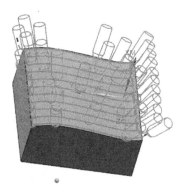

图5-3 "远离点"刀轴刀轨　　　　　图5-4 "远离点"刀轴刀轨仿真

5.2 朝向点

作用：在多轴工序操作过程中，如果希望刀背（轴）在加工过程中始终指向某个指定点，可使用这种刀轴控制方法。该刀轴控制方法的特点是，情况"点"通常在刀轨之上。

01> 打开training\5\ toward point\6-1.prt文件，参见图5-5。

02> 在工序导航器中右击唯一的工序名称，选择【编辑】，对其刀轴参数进行如下修改，如图5-6。

> 将Axis（刀轴）选项更改为Toward Point（朝向点）；

> 设置Specify Point（指定点）为图5-5中的现有点，参见图5-6。

图5-5 "朝向点"刀轴练习工件

03> 其他参数采用默认值，单击"生成"按钮，重新生成刀轨。在切削仿真中可以看到，在整个切削过程中，刀背始终指向指定的现有点，如图5-7所示。

图5-6 设置"朝向点"刀轴

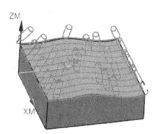

图5-7 "朝向点"刀轴刀轨仿真

5.3　远离直线

作用：在多轴工序操作过程中，如果希望刀尖（轴）在加工过程中始终指向某条指定直线（一般用于四轴铣加工），可使用这种刀轴控制方法。该刀轴控制方法的特点是，"线"通常在刀轨之下。

01 > 打开training\5\ away form line\6-4.prt文件，参见图5-8。

02 > 在工序导航器中右击唯一的工序名称，选择【编辑】，对其刀轴参数进行修改。将Axis（刀轴）选项更改为Away from Line（远离直线），如图5-9所示。

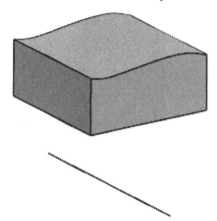

图5-8　"远离直线"刀轴练习工件　　　　图5-9　设置"远离直线"刀轴

03 > 在随后打开的远离直线对话框中，进行相关设置，如图5-10所示。

> 指定Specify Vector（指定矢量）为图5-8中的直线（以自动判断的矢量方式选择即可）；

> 指定Specify Point（指定点）为该线上的任意一点（通过此点来确定矢量向的位置）。

04 > 其他参数采用默认值，单击"生成"按钮，重新生成刀轨。在切削仿真中可以看到，在整个切削过程中，刀尖始终指向指定的现有直线，如图5-11所示。

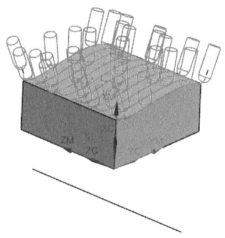

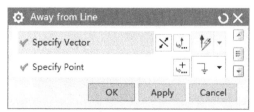

52　　　　图5-10　设置"远离"直线参数　　　图5-11　"远离直线"刀轴刀轨仿真

5.4 朝向直线

作用：在多轴工序操作过程中，如果希望刀背在加工过程中始终指向某条指定直线（一般用于四轴铣加工），可使用这种刀轴控制方法。该刀轴控制方法的特点是，"线"通常在刀轨之上。

01> 打开training\5\toward line\6-3.prt文件，参见图5-12。

02> 在工序导航器中右击唯一的工序名称，选择【编辑】，对其刀轴参数进行如下修改。

 ➢ 将Axis（刀轴）选项更改为Toward Line（朝向直线），如图5-13；
 ➢ 在随后打开的朝向直线对话框中（参见图5-14），以与设置"远离直线"相似的方式，选取图5-12中的现有直线，并指定相应的点。

03> 其他参数采用默认值，单击"生成"按钮，重新生成刀轨。在切削仿真中可以看到，在整个切削过程中，刀背始终指向指定的现有直线，如图5-15所示。

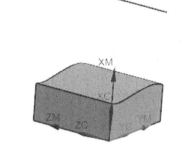

图5-12 "朝向直线"刀轴练习工件

图5-13 指定"朝向直线"刀轴

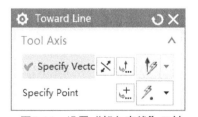

图5-14 设置"朝向直线"刀轴

图5-15 "朝向直线"刀轴刀轨仿真

5.5 相对于矢量

作用：在多轴工序操作过程中，如果希望刀轴相对于某个指定矢量向前后左右倾斜某个角度，可使用这种刀轴控制方法。

01 > 打开training\5\relative to vector\6-2.prt文件，参见图5-16。

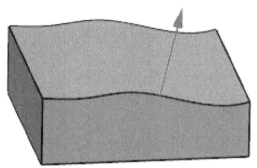

图5-16 "相对于矢量"刀轴练习工件

02 > 在工序导航器中右击唯一的工序名称，选择【编辑】，对其刀轴参数进行如下修改。

　　➤ 将Axis（刀轴）选项更改为Relative Vector（相对于矢量）（参见图5-17）；
　　➤ 在随后打开的Relative to Vector（相对于矢量）对话框（参见图5-18）中，以自动判断的矢量方式选择图5-16中的基准轴。

图5-17 指定"相对于矢量"刀轴

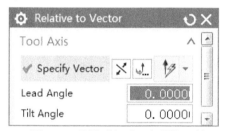

图5-18 设置"相对于矢量"刀轴

03 > 其他参数采用默认值，单击"生成"按钮，重新生成刀轨。在切削仿真中可以看到，在整个切削过程中，刀轴始终与指定基准轴平行，如图5-19所示。

04 > 单击图5-17中的编辑（扳手图标）按钮，再次进入相对于矢量对话框，指定Lead Angle（前倾角）为45°，参见图5-20。

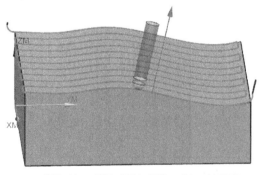

图5-19 "相对于矢量"刀轴刀轨仿真

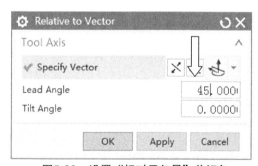

图5-20 设置"相对于矢量"前倾角

05 > 单击OK按钮确定后重新生成刀轨，在切削仿真中可以看到，在整个切削过程中，刀轴始终与指定基准轴向前呈45°倾斜状态，如图5-21所示。

06〉在图5-20所示的对话框中，以同样的方式修改Tilt Angle（侧倾角），则在切削仿真中可以看到，在整个切削过程中，刀轴始终与指定基准轴侧向呈一定角度，如图5-22所示。

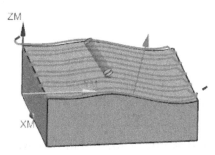

图5-21　"相对于矢量"刀轴刀轨仿真

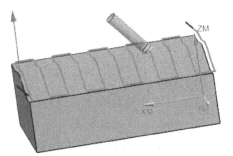

图5-22　"相对于矢量"刀轴侧倾角刀轨仿真

5.6　垂直于部件

作用：在多轴工序操作过程中，如果希望刀轴与部件表面垂直，可使用这种刀轴控制方法。

01〉打开training\5\relative to vector\6-2.prt文件，参见图5-16。

02〉在工序导航器中右击唯一的工序名称，选择【编辑】，对其刀轴参数进行如下修改，参见图5-23。

> ➤ 将Vector（投影矢量）选项更改为Toward Drive（朝向驱动）；
> ➤ 将Axis（刀轴）选项更改为Normal to Part（垂直于部件）。

03〉其他参数采用默认值，单击"生成"按钮，重新生成刀轨。在切削仿真中可以看到，在整个切削过程中，刀轴始终垂直于部件表面，如图5-24所示。

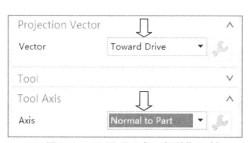

图5-23　设置"垂直于部件"刀轴

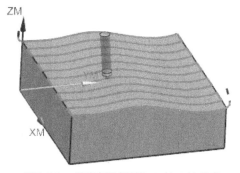

图5-24　"垂直于部件"刀轴刀轨仿真

5.7　相对于部件

作用：在多轴工序操作过程中，如果希望刀轴相对于部件向前后左右倾斜某个角度，可使用这种刀轴控制方法。四轴、五轴加工工序中均可使用此类刀轴控制方式。

01 > 打开training\5\ RELATIVE_TO_PART.prt文件，参见图5-25。

02 > 在工序导航器中右击唯一的工序名称，选择【编辑】，对其刀轴参数进行如下修改。

图5-25 "相对于部件"刀轴练习工件

> 将Axis（刀轴）选项更改为Relative to Part（相对于部件），参见图5-26；
> 在随后打开的相对于部件对话框中，指定Tilt Angle（侧倾角）为40°（此值优先）；
> 设置侧倾角的取值范围（Minimum Tilt Angle和 Maximun Tilt Angle）在0°～50°之间，参见图5-27。

图5-26 指定相对于部件刀轴

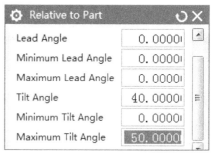

图5-27 设置相对于部件侧倾角

03 > 其他参数采用默认值，单击"生成"按钮，生成刀轨。在切削仿真中可以看到，在整个切削过程中，刀轴始终侧倾于部件表面40°，如图5-28所示。

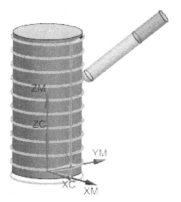

图5-28 "相对于部件"刀轴刀轨仿真

5.8 插补矢量

作用：在多轴工序操作过程中，如果使用系统自带的刀轴选项均不能满足刀轴控制要求时，可以选用插补矢量选项自定义刀轴矢量。插补刀轴矢量只定义在关键点处即可（默认情况下，系统也只会在关键点处生成插补刀轴矢量），在两个插补矢量之间未定义插补刀轴的切削区域，系统将自动顺接来生成此区域的刀轴矢量。

如图5-29所示，1、5处为定义的插补矢量，而2、3、4处为系统自动顺接产生的矢量。

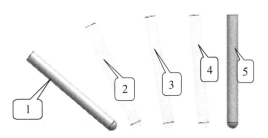

图5-29　刀轴顺接

01> 打开training\5\ insert too vector.prt文件，参见图5-30。

02> 在工序导航器中右击唯一的工序名称，选择【编辑】，对其刀轴参数进行修改。在对话框中将Axis（刀轴）选项更改为Interpolate Vector（插补矢量），参见图5-31。

图5-30　"插补矢量"刀轴练习工件

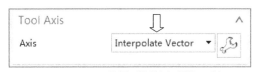

图5-31　设置"插补矢量"刀轴

03> 随后进入插补矢量对话框，在这个对话框中，单击List（列表）栏中序号为1的矢量，这样便激活了相应的刀轴矢量调整动态坐标系。通过这个坐标系，可将刀轴矢量1调整至合理的矢量方向。调整完1号刀轴矢量后，单击列表中序号为2的矢量，以相同的方法将刀轴矢量2调整至合理的矢量方向。以此类推，依次将所有刀轴矢量向调整至合理的矢量方向，参见图5-32。

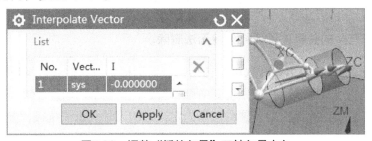

图5-32　调整"插补矢量"刀轴矢量方向

04> 在列表中选择某个刀轴矢量后，如果希望此刀轴矢量与现有矢量方向相同，可通过设置Specify Vector（指定矢量）选项来实现。如在列表中选择序号为1的矢量后，设置指定矢量为ZC，那么1号矢量便指向+ZC轴向，参见图5-33。

注 如果在列表中不便于选择某个想要选择的刀轴矢量，也可在模型上直接单击其矢量箭头来选择（参见图5-33）。

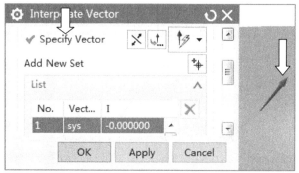

图5-33　指定"插补矢量"刀轴矢量方向

05> 在插补矢量对话框中，如果默认的刀轴矢量过多或过少，可以通过"Add New Set（添加新集）"按钮和"移除（区图标"形）按钮对刀轴矢量进行增减操作。

 ➢ 删除刀轴矢量：在列表中选择某个刀轴矢量后，单击移除按钮。

 ➢ 增加刀轴矢量：单击添加新集按钮后，点捕捉功能便被激活，此时点选处便由系统添加一个刀轴矢量，同时，列表中也出现这个新刀轴矢量的I，J，K值，参见图5-34。

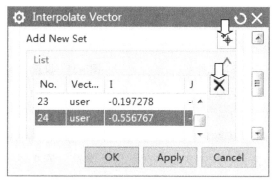

图5-34　增减插补矢量

注 个别系统产生的关键位置插补矢量无法删除。

06> 刀轴矢量调整好之后，单击OK按钮后回到对话框中。其他参数采用默认值，单击"生成"按钮，生成刀轨。在切削仿真中可以看到，在整个切削过程中，刀轨每走到定义过插补刀轴矢量的关键点处，便会按事先定义过的刀轴矢量来执行，参见图5-35。

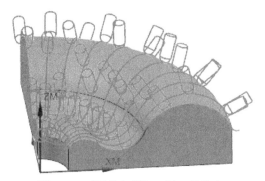

图5-35　"插补矢量"刀轴刀轨仿真

5.9 优化后驱动

作用：它可以自动控制刀轴方向，以确保根据工件表面曲率以最优的方式去除材料。因为有相应的参数设置，所以该刀轴控制方法可以保持在切削过程中不会干涉工件。在以端铣刀（平刀）切削曲面时适用此控制方法。

01 打开training\5\ OPTIMIZE DRIVE.prt文件，参见图5-36。

02 在工序导航器中右击唯一的工序，选择【编辑】，对其刀轴参数进行修改。在对话框中将Axis（刀轴）选项更改为Optimized to Drive（优化后驱动），参见图5-37。

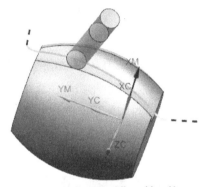

图5-36 "优化后驱动"刀轴刀轨

图5-37 指定"优化后驱动"刀轴

03 在优化后驱动对话框中，设置相关参数（这些参数的具体含义参见第4章），如图5-38所示。

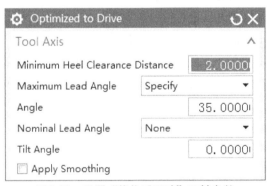

图5-38 设置"优化后驱动"刀轴参数

04 单击OK按钮确定后回到对话框中。其他参数采用默认值，单击"生成"按钮，生成刀轨。在切削仿真中可以看到，在整个切削过程中，刀具（平刀）始终以侧刃向前推进方式进行切削（切削方向为从左向右），参见图5-36。

5.10 垂直于驱动体

作用：在多轴工序操作过程中，如果希望刀轴与驱动面法向保持一致，可选用这种刀轴控制方法。

01〉打开training\5\ normal to drive.prt文件，参见图5-39。

02〉在工序导航器中右击唯一的工序，选择【编辑】，对其刀轴参数进行修改。在对话框中将Axis（刀轴）选项更改为Normal to Drive（垂直于驱动），参见图5-40。

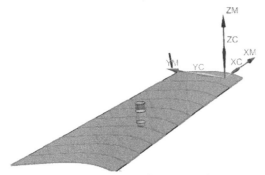

图5-39　"垂直于驱动体"刀轴刀轨

图5-40　指定"垂直于驱动体"刀轴

03〉其他参数采用默认值，单击"生成"按钮，重新生成刀轨。在切削仿真中可以看到，在整个切削过程中，刀轴始终垂直于驱动面（驱动面为图5-39中的片状实体），最终生成的刀轨如图5-39所示。

5.11　侧刃驱动体

　　作用：在多轴工序操作过程中，当需要加工直纹特征的时，如果希望以刀具侧刃切削，可选用这种刀轴控制方法。

01〉打开training\5\ swarf.prt文件，参见图5-41。

02〉在工序导航器中右击唯一的工序，选择【编辑】，对其刀轴参数进行修改。在对话框中将Axis（刀轴）选项更改为Swarf Drive（侧刃驱动），参见图5-42。

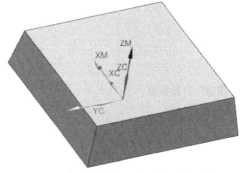

图5-41　"侧刃驱动体"刀轴练习工件

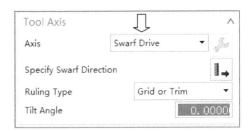

图5-42　指定"侧刃驱动体"刀轴

03〉设置Specify Swarf Direction（指定侧刃方向）为朝上的箭头方向（可以简单理解为夹持器所在的方向），参见图5-43。

04〉其他参数采用默认值，单击"生成"按钮，生成刀轨。在切削仿真中可以看到，在整个切削过程中，刀具始终以侧刃进行切削，参见图5-44。

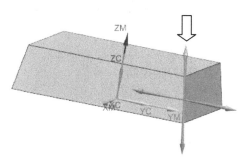

图5-43 指定"侧刃驱动体"刀轴方向

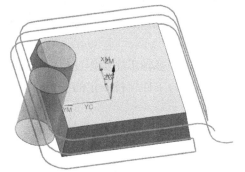

图5-44 "侧刃驱动体"刀轴刀轨

5.12 动态

作用：在多轴或定轴工序操作过程中，使用这种刀轴控制方式可以更灵活地确定刀轴矢量。

01> 打开training\5\ dynamic.prt文件，参见图5-39。

02> 在工序导航器中右击唯一的工序名称，选择【编辑】，对其刀轴参数进行如下修改，参见图5-45。

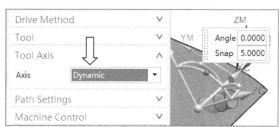

图5-45 指定"动态"刀轴

> 在对话框中将Axis（刀轴）选项更改为Dynamic（动态）；

> 通过拖动动态手柄将Z轴倾斜45°。

03> 其他参数采用默认值，单击"生成"按钮，生成刀轨。在切削仿真中可以看到，在整个切削过程中，刀具始终呈45°倾斜状，参见图5-46。

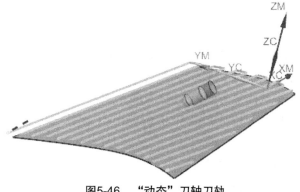

图5-46 "动态"刀轴刀轨

61

5.13 远离部件

作用：在多轴工序操作过程中，如果希望刀尖指向部件，且刀具夹持器与工件保持一定的安全距离时，可使用这种刀轴控制方法。

01> 打开training\5\ away from part.prt文件，参见图5-47。

02> 在工序导航器中右击唯一的工序名称，选择【编辑】，对其刀轴参数进行如下修改，参见图5-48。

> ➤ 将Tool Tilt Direction（刀轴侧倾方向）选项更改为Away from Part（远离部件）；

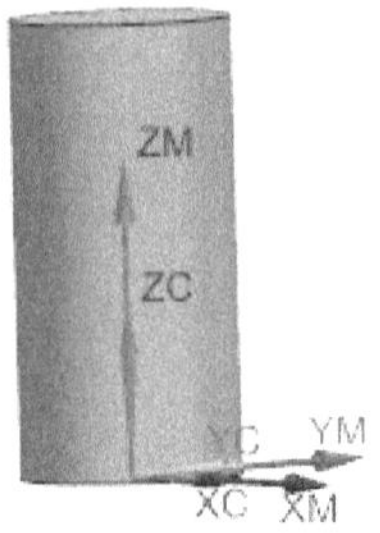

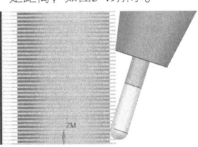

图5-47　"远离部件"
刀轴练习工件

> ➤ 设置Tilt Angle（侧倾角）选项为Automatic（自动）；

> ➤ 设置Maximum Wall Height（最大壁高度）为50。

03> 其他参数采用默认值，单击"生成"按钮，生成刀轨。在切削仿真中可以看到，在整个切削过程中，刀具夹持器始终和部件保持一定距离，如图5-49所示。

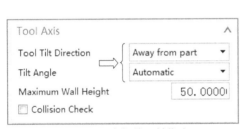

图5-48　远离部件刀轴指定

图5-49　"远离部件"刀轨刀轨

5.14 朝向曲线

作用：在多轴工序操作过程中，如果希望刀背始终指向某条指定曲线，可使用这种刀轴控制方法。

01> 打开training\5\ toward curve.prt文件，参见图5-50。

02> 在工序导航器中右击唯一的工序名称，选择【编辑】，对其刀轴参数进行如下修改，参见图5-51。

> ➤ 将Tool Tilt Direction（刀轴侧倾方向）选项更改为Toward Curve（朝向曲线）；

> ➤ 设置Select Curve（指定曲线）为图5-50中的圆；

图5-50　"朝向曲线"刀轴练习工件

> ➤ 设置Tilt Angle（侧倾角）选项为 Specify（指定）；

> ➤ 设置Degrees（角度）为35°；

> ➤ 设置Maximum Wall Height（最大壁高度）为60。

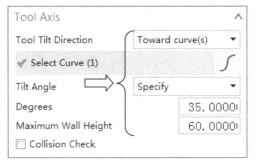

图5-51 指定"朝向曲线"刀轴参数

03> 其他参数采用默认值，单击"生成"按钮，生成刀轨。在切削仿真中可以看到，在整个切削过程中，刀背始终大致指向曲线方向，如图5-52所示。

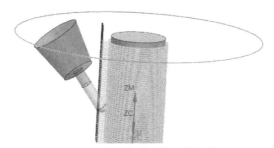

图5-52 "朝向曲线"刀轴刀轨

5.15 4轴，垂直于部件

作用：在四轴加工的情况下，令刀轴与部件保持垂直。这种刀轴控制方法只能加工相对简单的工件。

01> 打开training\5\ 4X_relative_part.prt文件，参见图5-53。

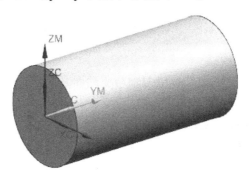

图5-53 "4轴，垂直于部件"刀轴练习工件

02> 在工序导航器中右击唯一的工序名称，选择【编辑】，对其刀轴参数进行如下修改。

> 在对话框中将Axis（刀轴）选项更改为4-Axis Normal to Part（4轴，垂直于部件），参见图5-54；

 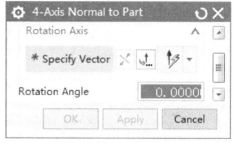

> 在随后打开的对话框中，设置Specify Vector（指定旋转轴）为YC，参见图 5-55。

图5-54 指定"4轴，垂直于部件"刀轴　　　图5-55 设置"4轴，垂直于部件"刀轴参数

03> 其他参数采用默认值，单击"生成"按钮，生成刀轨。在切削仿真中可以看到，在整个切削过程中，刀轴始终垂直于部件表面，并且以Y轴为旋转轴，如图5-56所示。

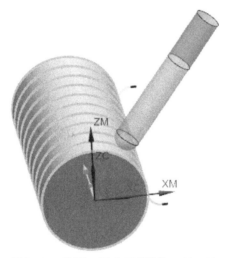

图5-56 "4轴，垂直于部件"刀轴刀轨

5.16 相对于驱动

作用：在加工过程中，如果希望刀轴与驱动面之间保持一定的角度（侧向或切削向），那么可使用这种刀轴控制方式。

01> 打开training\5\relative to vector\6-2.prt文件，参见图5-16。

02> 在工序导航器中右击唯一的工序名称，选择【编辑】，对其刀轴参数进行如下修改，参见图5-57。

> 将Axis（刀轴）选项更改为Relative to Drive（相对于驱动）；

> 根据工艺要求，设置Lead Angle（前倾角）与Tilt Angle（侧倾角）的角度。

03> 其他参数采用默认值，单击"生成"按钮，生成刀轨。在切削仿真中可以看到，在整个切削过程中，刀轴相对于驱动面（实体顶部曲面）始终存在一定的角度，参见图5-58。

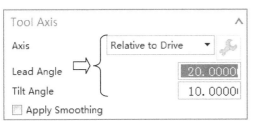

图5-57 设置"相对于驱动"刀轴参数

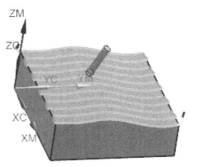

图5-58 "相对于驱动"刀轴刀轨

5.17 4轴，相对于驱动体

作用：在使用四轴机床加工工件过程中，如果使用的刀具为球刀或镶片刀，那么"4轴，相对于驱动体"是一种理想的刀轴控制方式：刀轴与驱动面之间保持一定倾斜角度，以避免让镶片刀无切削能力的圆心处切削工件或近乎无切削力的球刀的刀尖切削工件，如图5-59和图5-60所示。

图5-59 刀轴未侧倾

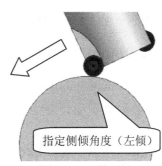

图5-60 刀轴侧倾

01〉再次打开training\5\ 4X_relative_part.prt文件。

02〉在工序导航器中右击唯一的工序名称，选择【编辑】，对其刀轴参数进行如下修改。

➤ 将Axis（刀轴）选项更改为4-Axis Relative to Drive（4轴，相对于驱动体），参见图5-61；

➤ 在随后打开的"4轴，相对于驱动体"对话框中，根据工艺要求设置Lead Angle（前倾角）和Tilt Angle（侧倾角），参见图5-62。

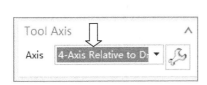

图5-61 指定"4轴，相对于驱动体"刀轴

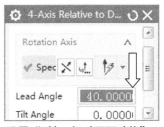

图5-62 设置"4轴，相对于驱动体"刀轴参数

03 单击OK按钮确定后重新生成刀轨，结果如图5-63所示。

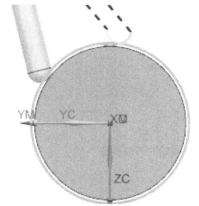

图5-63 "4轴，相对于驱动体"刀轴刀轨

5.18 双4轴，在驱动体上

作用：在往复切削工序中，可以分别设置来与回方向上刀轨的前倾角和侧倾角，也可以分别设置单向切削与回转切削的旋转轴。

> **注** 如果指定的单向切削与回转切削旋转轴不一致，则可能会生成五轴刀轨。

01 再次打开training\5\normal to drive.prt文件。

02 在工序导航器中右击唯一的工序名称，选择【编辑】，对其刀轴参数进行如下修改。

> ➢ 将Axis（刀轴）选项更改为Dual 4-Axis on Drive（双4轴，在驱动体上），参见图5-64；
> ➢ 在随后打开的"双4轴，相对于驱动体"对话框中，指定Zig Cut（单向切削）选项卡的Specify Vector（指定旋转轴）为XC；
> ➢ 设置Lead Angle（前倾角）为40°；
> ➢ 在Zag Cut（回转切削）选项卡中，指定Specify Vector（指定旋转轴）为XC，Lead Angle（前倾角）为40°，参见图5-65。

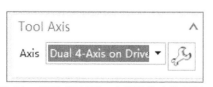

图5-64 指定"双4轴，在驱动体上"刀轴

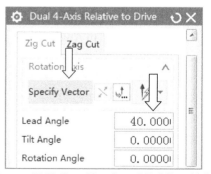

图5-65 设置"双4轴，在驱动体上"刀轴参数

03> 单击OK按钮确定后重新生成刀轨，结果如图5-66所示。可见来回方向的刀轨前倾角区别。

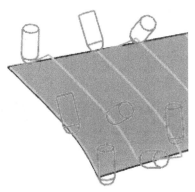

图5-66　"双4轴，在驱动体上"刀轴前倾角刀轨

04> 使用同样的方法，将单向切削与回转切削选项设置成同样的侧倾角度，生成的刀轨如图5-67所示。

图5-67　"双4轴，在驱动体上"刀轴侧倾角刀轨

> **注** 为了便于观察，图5-67中将单向切削与回转切削前倾角均改为0。

5.19　小结

　　如果想要运用好NX多轴加工技术，那么刀轴控制方式的运用是必须熟练精通的一项基本功：在什么情况下应该选用哪种刀轴控制方式，四轴加工可以使用什么刀轴控制方式，五轴加工可以使用什么刀轴控制方式；或者在拿到工件的时候，能够做到基本知道选用哪种刀轴矢量切削方案为最佳。

　　本章将常用的刀轴矢量控制方法提取出来，一共介绍了18个实例，希望读者利用这些实例，勤加练习，直至练到心中想要实现什么样的刀轴切削效果就可以随手编制出工序来为止（那些不切实际的效果除外）。

　　建议读者先熟练掌握好刀轴控制方式及相关工序的编制后再继续后面的学习。

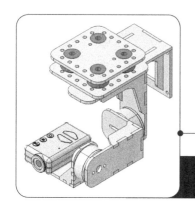

第6章

NX四轴铣加工

　　NX多轴加工（联动）部分要介绍的内容主要包括：NX四轴加工、NX五轴加工、NX车铣复合加工三大部分（本书不介绍车削加工部分）。四轴加工或五轴加工又分为定轴加工和联动加工两类，由于定轴加工前面章节中已有叙述，本章不再细述。

　　通过前面章节的介绍，想必读者对定轴铣加工已经有所了解。在接下来的课程里，本书将介绍多轴联动加工。所谓联动加工，对四轴加工而言，是在切削加工时，X、Y、Z三个轴和A轴（或B轴）同时进行同步的步进移动。同理，对五轴加工而言，就是在加工时五个轴同时进行同步步进。图6-1为一个锥蜗杆模型加工示例，在使用四轴机床对此工件进行加工切削时，机床的X、Y、Z、A四个轴必须进行同步联动，才能生成这样的刀轨。

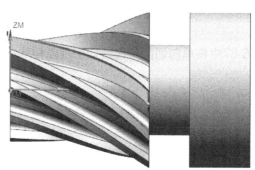

图6-1　四轴联动铣示意图

　　下面的坐标是后处理出来的此蜗杆工件的四轴联动加工G代码，从代码中可以看出，有四个轴同时参与了切削加工运动。

```
N314 X80.553 Z46.191 A715.625
N315 X80.925 Y-.011 Z46.19 A718.393
N317 X81.802 Y0.0 Z46.116 A721.488
N318 X83.471 Z46.023 A723.995
N319 X85. 725 Y.051 Z46. 29 A726.393
```

一般情况下，多轴联动铣加工只用在精加工工况下，工件的粗铣加工尽量由定轴加工来完成。所以在NX的多轴铣加工部分，除了叶轮模块有五轴联动粗加工工序之外，基本上没有针对性的多轴粗加工工序。但是，即便叶轮模块中有叶轮粗加工工序，在实际粗加工中，如果可以的话，还是尽量使用定轴方式来完成。

本章主要通过一些实例来讲述NX加工环境中mill_multi-axis（多轴铣）四轴加工工序，并对其中涉及到的一些关键参数进行详细地说明和讲解。在这些案例中强调了曲线/点驱动、边界驱动、定轴粗加工、曲面驱动的四轴粗加工，以及二次开粗加工、曲面驱动的四轴精加工等内容，基本上涵盖了四轴加工的大部分实际应用情况。

阅读本章需要读者最好具备熟练的NX二轴半到三轴的编程技能和全面的NX建模技能，当然，相应的工艺知识最好也要了解。

本章将通过13个具体的实例，让读者详细地了解NX四轴铣加工工序的应用方法和相关技巧。

6.1　四轴曲线/点驱动实例说明1

本例将介绍通过曲线与点的驱动方式来生成多轴加工刀轨的方法。

所谓曲线/点驱动即刀具沿着曲线或点（两点确定一条线）移动来生成相应的刀轨。

01> 打开training\6\curve_drive.prt文件，参见图6-2。

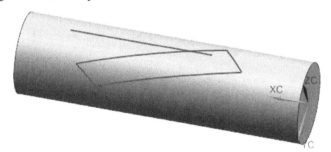

图6-2　曲线驱动刀轴加工工件

工艺分析：在实际生产中，有时需要在圆柱体表面进行铣槽刻字等工作。由于此类加工常常存在倒扣特征，因此必须使用多轴机床才能完成。图6-2所示的工件需要刀具沿柱体表面曲线并且以柱面法向为刀轴方向切削出槽类特征，因此需要使用四轴联动加工实现。

02> 进入数控加工模块，在随之出现的加工环境对话框要创建的CAM设置栏中选择mill_multi-axis（多轴铣）选项，单击OK按钮，参见图6-3。

注　如果所使用的四轴机床为A轴类型，那么默认的坐标系是正确的，不需要调整。

03> 选择【插入】→【工序】，打开Create Operation（创建工序）对话框，在此对话框中选择"可变轮廓铣"子类型，Location（位置）栏中的Program（程序）、Tool（刀具）等参数使用默认值即可，参见图6-4。

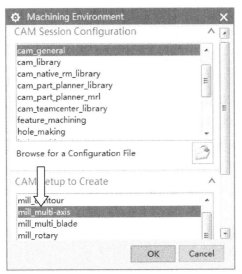

图6-3　选择多轴铣工序

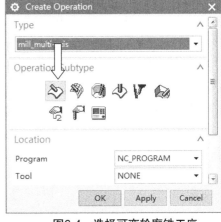

图6-4　选择可变轮廓铣工序

04> 单击OK按钮后，进入Variable Contour（可变轮廓铣）工序对话框，参见图6-5。

05> 在此对话框中，单击Specify Part（指定部件）按钮，选择部件为圆柱实体，参见图6-6。

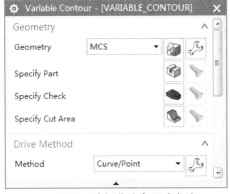

图6-5　选择曲线点驱动方法

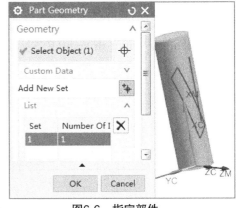

图6-6　指定部件

06> 在Drive Method（驱动方法）栏中选择Curve/Point（曲线/点）选项，参见图6-5。在随后出现的警示对话框中单击OK按钮确定，进入Curve/Point Drive Method（曲线/点驱动方法）对话框。根据需要，选择曲线驱动几何体（如有必要，更改选择过滤为相连曲线模式），选中图6-7中高亮显示的矩形投影线后，单击OK按钮。

注　如果在曲线/点驱动方法对话框中选择了点，则表示通过点确定线。也就是将选择的点按选择顺序以两点确定一线的方式自动连成线。

07> 返回对话框中，指定投影矢量和刀轴选项，参见图6-8。

> 指定Vector（投影矢量）选项为Tool Axis（刀轴）；

> 指定Axis（刀轴）选项为Normal to Part（垂直于部件）。（相关概念参见第4、第5章）。

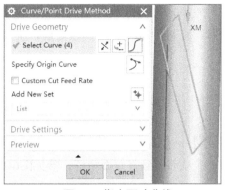

图6-7 指定驱动曲线

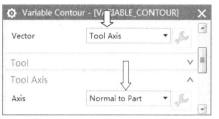

图6-8 指定投影矢量和刀轴选项

08 把其他参数按照加工工艺的相关要求进行设置后，单击"生成"按钮，生成四轴刀轨，参见图6-9。

> **注** 由于工件表面为标准的圆柱体，而刀轴矢量又被指定为垂直于这个圆柱体（实际上是垂直于被加工物体的表面），所以这个刀轨是个四轴刀轨。

09 通过刀轨模拟，发现进退刀时为对圆弧的切入切出。很明显，这样会使最终要加工出来的"槽"被过切。所以，回到工序对话框中，单击Non Cutting Moves（非切削移动）按钮，将Engage Type（进刀）选项修改为Plunge（插削），单击OK按钮确定后重新生成刀轨，参见图6-10。

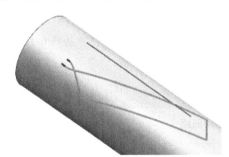

图6-9 生成曲线驱动刀轨

图6-10 设置进退刀

6.2 四轴曲线/点驱动实例说明2

本例将介绍通过曲线与点的驱动方式来生成多轴加工刀轨的方法。

打开training\6\ curve_drive1.prt文件，参见图6-11。

图6-11 曲线驱动刀轴加工工件

工艺分析：轴上的槽是一个需要多轴机床才能加工的特征，槽的侧壁垂直于轴柱体，且槽的两端各有一个平面。为了提高加工效率，准备采用一把直径20mm（槽宽22mm）的平铣刀沿着槽中心线进行切削。因此，在对槽进行工序创建之前，需要将该槽的中心线提取出来。

6.2.1 驱动曲线的提取

09> 在建模环境中，选择【插入】→【网格曲面】→【Rule（直纹）】，然后依次选取槽两侧的上边缘线（不含槽两端平面弧形边缘），从而得到直纹面特征，参见图6-12。

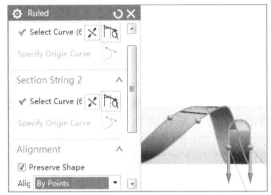

图6-12 创建辅助面

02> 选择【插入】→【派生的曲线】→【等参数曲线】，然后选取上步得到的直纹面，方向为V，数量为3（意思是在这个方向的左、中、右各生成一条参数线），单击OK按钮确定后生成3条参数线，中间的那条参数线就是槽的中心线，参见图6-13。

图6-13 提取驱动曲线

注 在NX建模环境中，有许多方法可以生成此槽的中心线，但相对来说，此方法最便捷。

6.2.2 刀轨的生成

01> 进入数控加工模块，按照与6.1节实例相同的步骤进行设置。

02> 进入可变轮廓铣工序对话框，指定部件为圆柱轴实体的槽底面（小径面），参见图6-14。

注 要选择圆柱体槽底面而不是圆柱轴实体。

多轴工序中，因为刀轨存在多重解，所以在确认不会发生干涉跨跃的情况下，应尽量只选择必须选的对象，以避免不理想的情况出现。同时，因为多轴工序的计算量要远大于二轴半到三轴工序，所以不选择非必须对象也可以加快计算机的计算速度。

图6-14　指定部件

03> 在驱动方法栏中选择"曲线/点"选项，在随后出现的警示框中单击确定，进入曲线/点驱动方法对话框，使用相切曲线过滤来选择槽中心线，单击OK按钮，参见图6-15。

图6-15　指定驱动曲线

04> 按照与6.1节中实例相同的参数设置其他参数，然后生成刀轨，参见图6-16。

图6-16　生成驱动曲线刀轨

05> 显然，只生成一条刀轨是不合理的。因此在对话框中单击Cutting Parameters（切削参数）按钮，在切削参数对话框的Multiple Passes（多刀路）选项卡中设置参数，参见图6-17。

> 在Part Stock Offset（深度余量偏置）输入框中输入槽深度值10mm（经测量得出，也就是部件上有多厚的毛坯料需要去除）；
> 选中Multi-Depth Cut（多重深度）复选框；
> 在Step Method（步进方法为）下拉列表框中选择Increment（增量）选项；
> 将Increment（增量值）设置为1（即每层切削深度为1mm），单击OK按钮。

06> 修改参数后，必须重新生成刀轨才有效。再次单击"生成"按钮，生成刀轨，参见图6-18。

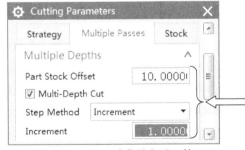

图6-17　设置驱动曲线多重刀轨

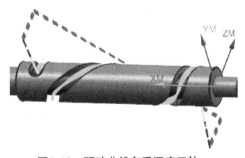

图6-18　驱动曲线多重深度刀轨

07> 从图6-18中可以看出，跨越运动在拐角为直角，工艺不算最佳，如果介意，可在非切削移动对话框中的Transfer/Rapid（转移/快速）选项卡进行拐角光顺设置，参见图6-19。

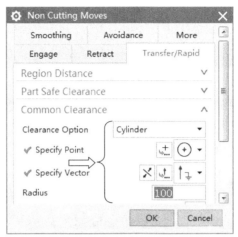

图6-19　设置圆柱避让安全

> 在Clearance Option（安全设置）下拉列表框中选择Cylinder（圆柱）选项（跨越运动将被限制在这个"圆柱"范围内）；

> 设置Specify Point（指定点）为坐标系原点（这个点设置在圆柱轴心线上即可）；

> 设置Specify Vector（指定矢量）为XC轴方向（圆柱轴心矢量向）；

> 输入Radius（圆柱半径）值为100（跨越运动范围。设置过程类似于在建模环境中绘制一个圆柱模型）。

08> 在高速铣的工况下，可考虑在非切削移动对话框中单击Smoothing（光顺）标签，并勾选Apply Corners Smoothing（应用在拐角）复选框，参见图6-20。这样设置后，刀轨在拐角处将全部走圆弧形，避免了惯性冲击等造成的不良影响，参见图6-20。

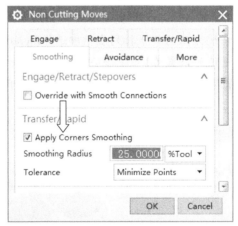

图6-20　设置刀轨的光顺

09> 确定后重新生成刀轨，则这个刀轨的拐角变为光顺过渡，参见图6-21。

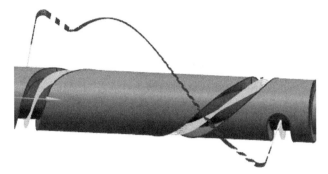

图6-21　最终生成的粗加工刀轨

6.2.3　往复切削驱动面的构建

使用前面步骤生成的四轴曲线驱动刀轨采用的是单向切削模式，只能作为精加工使用。如果欲使刀轨往复切削，以提高加工效率，那么从创建驱动几何体到加工模式的工序都得全部重建。

构建往复切削驱动面的步骤如下。

01> 进入建模模块，使用前面步骤介绍的方法构建曲线。需要注意的是，这次不仅仅只绘制大径面槽的中线，也要用相同或其他方式绘制出槽底小径面的中间线。绘制结果参见图6-22。

图6-22　创建辅助线几何体

02> 通过这两条曲线构建出直纹面，驱动几何体构建完成，参见图6-23。

图6-23　创建辅助直纹面

6.2.4　往复切削刀轨的创建

创建往复切削刀轨的步骤如下。

01> 再次进入加工模块，并在工序导航器中将前面创建的工序复制并粘贴至此，重命名后对其进行编辑，参见图6-24。

图6-24　复制工序

02> 在工序对话框的Drive Method（驱动方法）栏中，将Method（方法）选项设置为Surface Area（曲面），参见图6-25。如果弹出警告对话框，直接单击OK按钮确定即可。

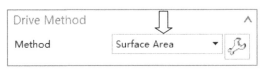

图6-25　设置曲面区域驱动方法

03> 单击图6-25中所示的"扳手"按钮，进入Surface Area Drive Method（曲面区域驱动方法）对话框，在此对话框中设置下列相关参数，参见图6-26。

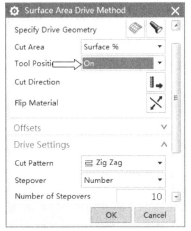

图6-26　设置工艺参数

> 设置Specify Drive Geometry（驱动几何）选项为前面做好的直纹面；
> 设置Tool Position（刀具位置）为On（对中），也就是让刀具"骑"在驱动几何体上进行切削。
> 指定Cut Direction（切削方向）为直纹面上边缘向右的箭头方向。选中后的箭头上有一个小圈作为标识，意思为让最终生成的刀轨从驱动几何体（直纹面）上边缘开始，从左向右切削，参见图6-27。

04> 其他未说明的选项保留原有参数，单击"生成"按钮生成刀轨，参见图6-28。

注 用此方法生成的刀轨基本上为往复切削，提高了加工效率。如果想要彻底实现往复切削，则不指定部件即可（不指定部件时，一定要考虑过切问题。但此时不指定部件，理论上讲是不会造成过切问题的）。图6-18为不指定部件时生成的往复刀轨。

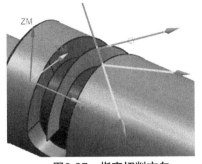

图6-27　指定切削方向

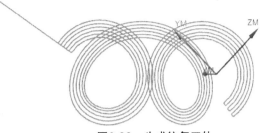

图6-28　生成往复刀轨

05> 由于刀具直径小于槽宽，因此，槽两侧壁此时仍有余量。欲使槽底面（小径面）留有余量时，如果指定过部件，可以在工序对话框中单击【切削参数】按钮，在余量设置中指定部件余量。

06> 如果未指定过部件，如欲使槽底面留有余量则需设置Surface（切削区域的百分比，参见图6-26）。方法为：在Cut Area（切削区域）下拉列表框中单击Surface%选项，随后进入Surface Percentage Method（曲面百分比方法）对话框，参见图6-29。

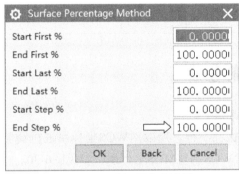

图6-29　驱动面百分比设置

07> 将End Step%（结束步长）的值改为95，确定后回到对话框中，重新生成刀轨。这样便达到了切削后，槽底面留有一定余量的目的。

说明 系统在默认情况下，将在整个驱动几何体上生成刀轨，也就是从0%开始一直切削至100%。当在结束步长输入框中输入95时，也就是让刀轨从0%开始一直切削至驱动几何体的95%为止，从而达到了留有余量的目的。

关于曲面驱动模式，后面课程会进一步详述。

6.3　边界驱动实例说明

本例将介绍通过边界驱动方式来生成多轴加工刀轨的方法。

边界驱动是指，刀轨的切削范围除了由指定的部件、毛坯、检查体决定外，还可由边界进一步地进行限制。

打开training\6\2mam_2.prt文件，参见图6-30。

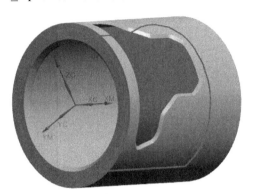

图6-30 以边界驱动加工工件

工艺分析：此工件上的槽由于具有倒扣特征，所以需要使用多轴机床才能最终加工完成。首先通过三轴型腔铣对槽进行粗加工，然后使用多轴功能精铣，最后还要使用多轴功能以轮廓铣削的方式切削出倒角特征。

注 边界驱动暂时不支持倒扣特征的加工。

6.3.1 加工刀轨的生成

生成加工刀轨的步骤如下。

01> 由于坐标系与加工状况不符，所以对WCS坐标系进行调整：将默认的指向轴心的ZC轴改为XC轴，并参考WCS调整MCS坐标系，参见图6-30。

02> 进入数控加工模块，进入可变轮廓铣工序设置对话框。

03> 在此对话框中确认几何体是步骤1中指定的MCS的名称。

04> 指定部件为图6-30中高亮显示的片体对象（这个片体在此案例中只是一个辅助几何体。刀轨虽然由此部件生成，但实际要加工的几何体是实体模型）。

05> 在Method（方法）下拉列表框中选择Boundary（边界）选项，参见图6-31。

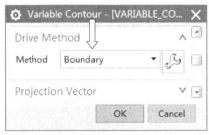

图6-31 设置边界驱动

06> 单击图6-31中的编辑（扳手标识）按钮，进入Boundary Drive Method（边界驱动方法）对话框，参见图6-32。

07> 在图6-32所示的对话框中，单击Specify Drive Geometry（指定驱动几何体）按钮，进入Boundary Geometry（边界几何体）对话框，参见图6-33。在Mode（模式）下拉列表框中选择Curves/Edges（曲线边模式）（现有的几何条件）。

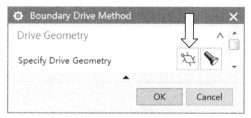

图6-32　边界指定

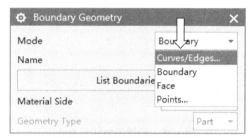

图6-33　设置限制边界几何体

08> 在创建边界对话框中，选择实体倒角底边缘线，平面以用户定义方式选择XC-ZC Plane（平面）（对于图6-30中所示的坐标系而言，选择这个平面最合理），参见图6-34。

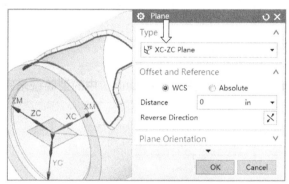

图6-34　指定边界投影平面

09> 确定后，在XC-ZC平面生成如图6-35所示的刀轨切削范围限制边界。

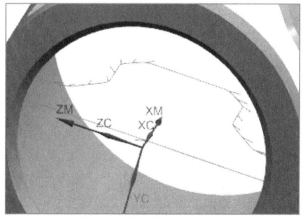

图6-35　边界投影预览结果

10＞逐级确定后回到边界驱动方法对话框。在Drive Settings（驱动设置）栏中，设置Cut Pattern（切削模式）为Follow Periphery（跟随周边）模式，参见图6-36。再逐级确定回到可变轮廓铣工序的对话框。

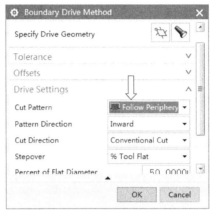

图6-36　设置刀轨切削方式

11＞将投影矢量指定为指定矢量的正YC向（参见图6-30），刀轴为"垂直于部件"或"4轴，垂直于部件"选项（由于部件为圆柱体，所以在此例中刀轴选这两个选项的结果都相同）。

12＞按照加工工艺要求设置其他参数（注意余量设置。由于此工序指定部件为片体，而实际欲加工对象是实体，所以余量要设置为片体半径和实体内圆柱面半径之差，如图6-37所示），生成的刀轨如图6-38所示。

注 这个工件的粗加工工序也可以使用mill_contour中的型腔铣来完成。

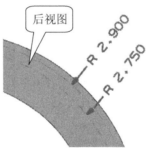

图6-37　设置余量

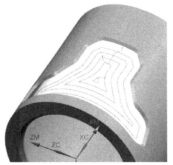

图6-38　边界驱动刀轨生成

6.3.2　通过复制工序创建轮廓加工刀轨

通过复制工序创建轮廓加工刀轨的步骤如下。

01> 在工序导航器中对上一步创建的工序进行复制后粘贴操作，并重命名复制后的工序。

02> 对复制的工序进行如下编辑。

> ➤ 将刀具设置为倒角刀具；
> ➤ 将切削模式改为轮廓加工模式；
> ➤ 其他参数按工艺要求进行设置，生成倒角轮廓加工刀轨，参见图6-39。

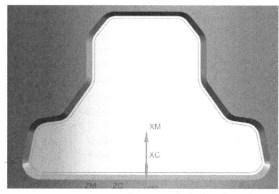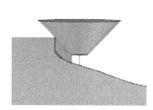

图6-39　倒角光刀加工和局部细节

> **注**　在个别工况中，由于边界为曲面向平面投影所得，因此几何拓扑上的改变会导致一些加工不到位的现象。在这种情况下，边界驱动方法所生成的刀轨只能算是半精加工（此例在径向方向上略有切削不到位的现象）。

6.3.3　通过偏置曲线创建轮廓加工刀轨

通过设置偏置曲线创建轮廓加工刀轨的步骤如下。

01> 选择【插入】→【派生曲线】→【Offset Curve In Face（在面上偏置）】，通过此命令得到所需驱动轮廓线，设置如下，参见图6-40。

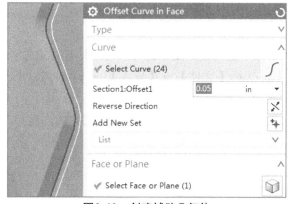

图6-40　创建辅助几何体

> ➤ 设置Select Curve（选择线）为斜面底边缘；
> ➤ 设置Section1:Offset1（偏置距离）为刀具半径；
> ➤ 设置Select Face or Plane（指定面）为内柱面，创建轮廓偏置曲线。

02 指定部件为工件实体，驱动方法选择曲线/点（驱动几何体为偏置线），其他参数同6.1节中实例，生成刀轨如图6-39所示。

03 由于在实际加工中，刀具底面与斜面底边缘平齐可能会导致工件上有毛刺存在，因此，刀轨 "切透" 斜面底边缘才能达到最理想的状态。针对这个工件，当驱动方法为曲线/点时，达到这一目的最简单的办法是通过同步建模功能（偏置边）来修改内柱面直径：让内柱面直径变小，从而影响派生出来的曲线，进而影响生成的刀轨，参见图6-41。

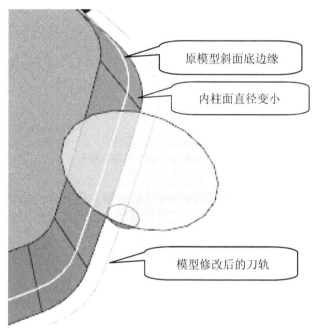

原模型斜面底边缘

内柱面直径变小

模型修改后的刀轨

图6-41　通过CAD改变CAM

6.4　四轴定轴粗加工实例说明

本例介绍在多轴精加工之前使用定轴铣方式对工件进行定轴开粗加工的方法。

在NX建模环境中，选择【文件】→【导入】→【PARASOLID】，导入工件模型文件training\6\emboss.X_T，参见图6-42。

工艺分析：粗加工此工件需要由定轴型腔铣方式完成，然后用四轴加工功能进行精铣即可。

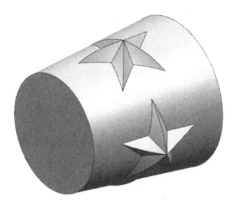

图6-42 四轴定轴加工工件

6.4.1 毛坯和检查体的创建

创建毛坯和检查体的步骤如下。

01 由于WCS坐标系符合加工要求，因此本例坐标系不必进行调整。

02 在建模环境中，参照坐标系ZC轴绘制车削圆柱毛坯，步骤如下，参见图6-43。

（1）绘制连接4个五星尖点的圆弧，然后将其拉伸（拉伸长度与工件等长）。

（2）按照无倒扣原则对毛坯柱体进行裁切。

03 以图6-43中毛坯体底平面为基准平面，绘制一个矩形草图，矩形草图要适度大于毛坯体，并拉伸成一矩形体，参见图6-44。在创建工序过程中，该矩形草图将作为检查体，用来抑制多余的下探刀轨。

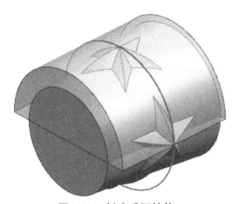

图6-43 创建毛坯柱体

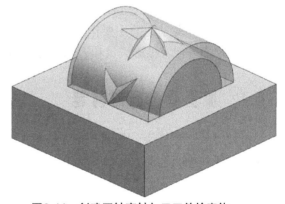

图6-44 创建四轴定轴加工工件检查体

6.4.2 定轴粗加工刀轨的生成

生成定轴粗加工刀轨的步骤如下。

01 选择【启动】→【加工】，进入数控加工模块，将CAM设置设置为mill_contour（曲面铣），工序子类型选择型腔铣，对此工件进行三轴（定轴）粗加工。

02 如图6-45所示的粗加工工序完成后，再以同样的方式生成工件下半部分的粗加工刀轨。

03 两次粗加工完成后，对仍有较多残料的部分再次进行必要的清根等工序，参见图6-46。粗加工完成。

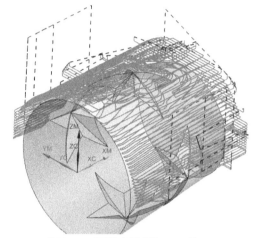
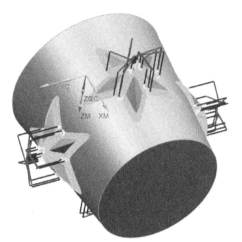

图6-45　四轴定轴粗加工刀轨　　　　图6-46　四轴定轴清根加工

6.5 曲面驱动四轴精加工实例说明

本例将介绍通过构建额外的辅助驱动面来控制多轴加工刀轨轨迹的方法。

多轴加工序在加工一个表面很复杂的工件时，驱动面的使用有助于确定刀位点按何种方向向工件表面投影，并最终形成接触点，更有助于确定刀轴在加工复杂的工件表面时，按何种转换方式进行摆动。

在本例中，驱动面的主要作用是为编制理想的刀轨提供便利，化繁为简。这是一种依靠辅助面方便对投影矢量和刀轴进行控制的手段。

6.5.1 加工驱动面的创建

再次进入建模模块，为图4-64所示的工件创建辅助驱动面（驱动几何体），然后将底圆边缘拉伸为曲面（若拉伸为实体则不便于操作），拉伸长度与工件等长，参见图6-47。

图6-47　创建四轴精加工驱动面

注 一般来说，驱动几何体最好要做得刚好能覆盖住欲切削的部分，这样才能得到最佳切削效果。

6.5.2 四轴精加工刀轨的生成

生成四轴精加工刀轨的步骤如下。

01> 进入加工模块，选择mill_multi-axis（多轴铣）方式，设置工序子类型为可变轮廓铣工序，在位置栏中的程序、刀具、几何体、方法以及名称等全部使用为默认值，单击确定后，进入可变轮廓铣工序对话框。

02> 在此对话框中，按如下设置指定部件和驱动方法，参见图6-48。

➢ 设置Specify Part（指定部件）为图6-47中的实体；

➢ 在Drive Method（驱动方法）下拉列表框中选择Surface Area（曲面）选项。

03> 在随后出现的警示对话框中单击OK按钮，进入Surface Area Drive Method（曲面区域驱动方法）对话框，参见图6-49。

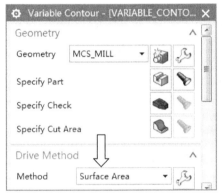

图6-48 指定四轴精加工驱动方法

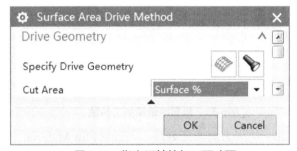

图6-49 指定四轴精加工驱动面

04> 在这个对话框中，设置Specify Drive Geometry（指定驱动几何）为图6-50中拉伸而成的曲面，单击OK按钮。

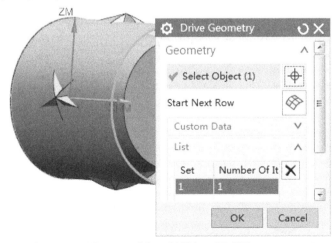

图6-50 选择四轴精加工驱动面

05 随后再次进入曲面区域驱动方法对话框，指定Cut Direction（切削方向）为向左或向右的箭头，也就是刀轨切削方向是向左还是向右，参见图6-51。

🈂️ 在这个案例中，切削方向是上下左右都可以选的，但选择向左或向右更符合工艺要求。但要注意，选择上面的箭头表示从上向下切削，选择下面的箭头表示从下向上切削。在图6-52中，因为设置的是右下角向右箭头的方式，所以工件模型上对应的箭头有一个圈，表示已选，同时也表示切削按从左向右，先下后上的顺序进行。

至此，驱动面的作用已经显现出来了：很多工件本身表面形状较复杂（如大力神杯、维纳斯像等），由于无法从工件表面本身来确定切削方向，因此需要通过创建简单的驱动面来解决这个问题——在驱动几何体上设置的所有切削参数都会最终反映到工件表面。

图6-51　设置四轴精加工参数

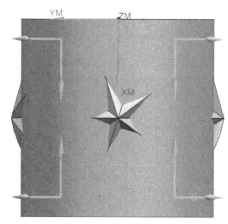

图6-52　选择切削方向

06 切削方向选择好后，再设置Flip Material（材料反向）选项来确定相关箭头指向工件以外的方向，参见图6-53。

🈂️ 材料反向可以简单地理解为刀具夹持器所在方向。

07 在Drive Settings（驱动设置）栏中，根据工艺要求设置Stepover（步距）为Number（数量）（一共要切多少刀）或Scallop（残余高度），并指定相应的参数，参见图6-54。

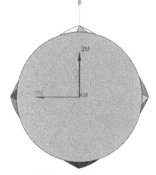

图6-53　指定四轴精加工材料反向

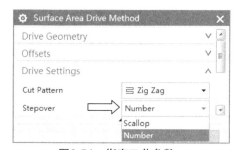

图6-54　指定工艺参数

08 单击OK按钮确定后回到可变轮廓铣对话框中，指定刀轨如下相关参数，参见图6-55。

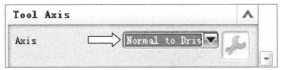

图6-55 指定刀轴

- 在投影矢量下拉列表框中选中"刀轴"选项（相关概念参见第4、第5章）；
- 指定Axis（刀轴）为Normal to Drive（垂直于驱动体）。

09 在Cutting Parameters（切削参数）对话框中，单击Tool Axis Control（刀轴控制）标签，根据需要设置此选项卡中的参数：设置每两个刀位点之间或每分钟允许刀具轴Max（最大）和Min（最小）的Tool Axis Change（刀轴摆动角度）值，以及通过设置Lift at Convex Corner复选框确定当刀轨切削至凸角时，是否抬刀跨越连接，参见图6-56。

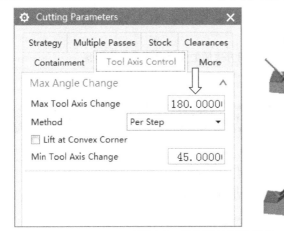

图6-56 设定刀轴相关参数

10 其他参数按照加工工艺的相关要求进行设置后，单击"生成"按钮，生成四轴加工刀轨，参见图6-57。

图6-57 生成四轴精加工刀轨

📝 产生在驱动面上的刀位点通过沿指定的投影矢量（刀轴）向工件表面投影产生了接触点，而切削工件时刀轴的轴向始终垂直于驱动体。生成螺旋刀轨时要注意机床第四轴的旋转极限（参见图6-54中Cut Pattern）。

注 通过6.4、6.5节中的实例的学习，想必读者已经知道该如何加工诸如大力神杯、维纳斯像之类的复杂物体了，所使用的都是相同的方法，参见图6-58。

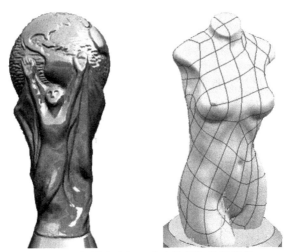

图6-58　用相同方法加工大力神杯与维纳斯像

6.6　曲面驱动四轴精加工

本例将介绍通过编辑工件表面来控制多轴加工刀轨轨迹的方法。

打开training\6\four_axi.prt文件，并进入建模模块，参见图6-59。

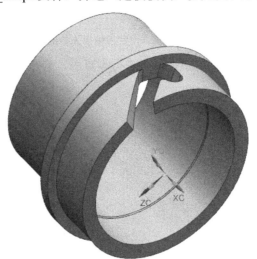

图6-59　曲面驱动四轴精加工工件

工艺分析：轴上的槽是一个需要车铣复合机床才能加工出的特征（此处假设车削工序已经完成）。如果这个槽的侧壁都与此工件轴心垂直，则可以再次使用曲面驱动四轴工序来编制刀轨。但是由于需要四轴加工的区域面并不连续，因此，此模型需要先在建模块中完成一些必要的预处理工作。

6.6.1　加工模型前处理

本例工件的切削区域与非切削区域共面，所以在创建工序前，需要对模型进行必要的编辑处理。

01> 选择【插入】→【派生曲线】→【桥接】，在切削区域面不连续的部位做一条辅助线，用于对此面进行切割，参见图6-60。

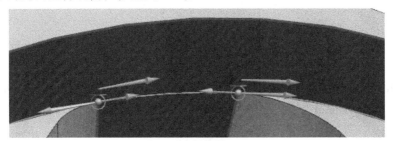

图6-60　模型前处理

02> 选择【Insert（插入）】→【Trin（终剪）】→【Divide Face（分割面）】，用桥接线切割此处的实体表面（被切割面为图6-60中桥接曲线所在的高亮显示面），从而让切削区域面（槽面）连续，参见图6-61。

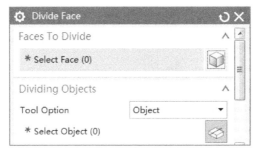

图6-61　设置分割面

6.6.2　加工刀轨的生成

生成加工刀轨的步骤如下。

01> 分割面设置完成后，进入mill_multi-axis（多轴铣）对话框，工序子类型选择可变轮廓铣工序，位置栏中的程序、刀具、几何体、方法以及名称等选项全都使用默认值，单击OK按钮后，进入可变轮廓铣工序对话框。

02> 不必指定部件等，设置驱动方法为"曲面"，并在曲面区域驱动方法对话框中指定驱动几何体为图6-62中高亮显示的曲面（豁口侧壁），单击OK按钮。

注 设置时需要注意坐标系是否需要调整，选择驱动面时要一个挨一个地依次选取。

本例无须指定部件的原因是，因为加工目标面为槽的侧壁面，显然，只用刀具侧刃进行切削就可以了。在我们的想象中，这种刀轨是不会对实体产生过切的。又因为虽然在此例中需要指定驱动面，而实际上驱动面本身就是欲切削的面（这就是为什么事先要在建模模块中对其进行分割预处理的原因），因此，让刀轨直接在驱动面上生成就可以了，这样生成的刀轨速度反而更快、质量更高。

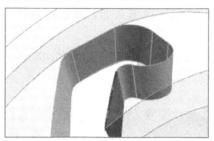

图6-62　选择驱动面

03> 在Surface Area Drive Method（曲面区域驱动方法）对话框中指定Cut Direction（切削方向）、Flip Material（材料反向）以及Number of Stepovers（步距数）选项的参数，参见图6-63。

04> 单击OK按钮确定后回到可变轮廓铣对话框中，指定Axis（刀轴）选项为Away from Line（远离直线），参见图6-64。

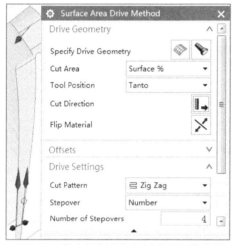

图6-63　指定切削方向和材料反向等参数

图6-64　指定刀轴选项

由于本例未指定部件，所以也不用指定投影矢量。投影矢量是指产生在驱动面上的刀位点按照指定方向向工件表面进行投影从而形成的接触点。由于本例没有指定部件，所以投影矢量的指定与不指定均无意义。

05> 在随后出现的Away form Line（远离直线）对话框中，设置Specify Vector（指定矢量）为XC轴（旋转轴），Specify Point（指定点）（旋转轴基准点）为坐标系原点，参见图6-65。

06> 单击OK按钮确定后回到可变轮廓铣对话框中，其他参数按照加工工艺要求设置完成，单击"生成"按钮，生成图6-66所示的刀轨。

🈲 由于刀轴为以远离直线方法生成的四轴刀轨，因此事先需要确认这个加工特征是一个四轴加工特征。否则这个加工特征就是五轴加工特征，显然用这个四轴刀轨来加工是无法达到相关工艺要求的。

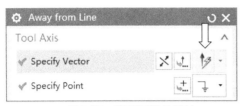

图6-65　指定刀轴旋转轴

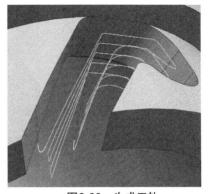

图6-66　生成刀轨

从加工工艺上讲，切入切出部分的刀轨最好能延伸出一些来。解决这个问题有两种方法，但就本案例模型来说，最快捷的方法是直接编辑加工模型：用同步建模功能或偏置面功能将端面拉长即可。编辑模型后，重新生成刀轨，参见图6-67。

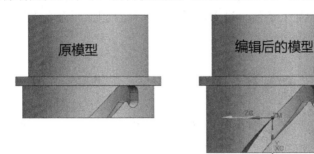

图6-67　通过编辑CAD模型来影响CAM

> **注** 对于刀轨延伸，除编辑模型外，修改曲面%也可以。如果使用编辑几何体的方法来改变刀轨，最好事先创建工序模型。在后面的章节中，针对工序模型的创建还会有详细地叙述。

6.7　曲线驱动四轴粗加工

本例将介绍通过曲线驱动来生成多轴粗加工刀轨的方法。

打开training\6\swarf.prt文件，参见图6-68。

工艺分析：这个等距蜗杆工件其实使用车削加工最为方便——无论是粗加工还是精加工都可以完成。如果非得给一个不用车削加工的理由，那就是图6-68中由椭圆圈阅的有瑕疵的地方。不过，本书是介绍多轴铣加工的教材，所以不讨论车削加工工艺。

对于这个蜗杆的多轴铣粗加工，显然使用三轴型腔铣工艺是行不通的，但可以使用曲线驱动方法开粗（参见图6-18）或叶轮模块开粗法（后续内容中会提到）。当然，还可以使用其他一些方法。

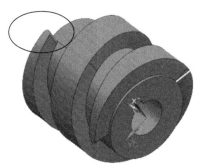

图6-68　模型前处理和局部细节

6.7.1　模型优化处理

通过观察，发现此工件上有一个小瑕疵，需要对模型进行必要的修复，以便为CAM创建一个良好的加工条件。进入建模模块，通过删除面命令将设计过程中产生的瑕疵特征去掉，参见图6-68。

6.7.2　驱动曲线的创建

因为欲采用曲线驱动方法对这个工件进行开粗加工，因此，需要事先确定驱动曲线，步骤如下，参见图6-69、图6-70。

01〉用抽取曲线命令将螺距小径处的边缘线抽取出来。

02〉将抽取出来的曲线沿轴向进行移动，移动距离为半个螺距值。

03〉使用同步建模功能将圆柱实体两端面拉长，参见图6-70。

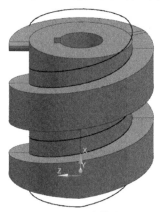

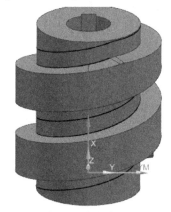

图6-69　驱动曲线　　　　　　　图6-70　拉长驱动曲线和两端面

> **注** 到这一步，读者也许了解了为什么要对瑕疵面进行修复。因为如果瑕疵面不修复的话，可能会导致同步建模功能报错，更会导致后续的CAM也会有瑕疵。另外，由于对原始模型已进行了结构上的大修改，所以要考虑构建过程中参数全关联的那些工序模型。

6.7.3 MCS和WORKPIECE的预设置

预设置MCS坐标系和WORKPIECE，步骤如下。

01> 为CAM准备好了CAD几何模型之后，进入加工模块。

02> 由于此工件的坐标系与工况不符，所以需要对WCS坐标系进行调整。将WCS坐标系调整到适合对刀找正的位置之后，展开几何体视图，展开工序导航器，双击MCS图标，参考WCS坐标系对MCS进行修改，参见图6-71。

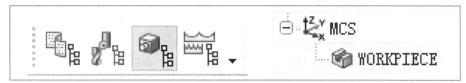

图6-71 相关几何体的预设置

03> MCS坐标系调整好之后，双击图6-71中的WORKPIECE选项，展开WORKPIECE对话框。在这个对话框中，预定义部件和毛坯，参照图6-72。

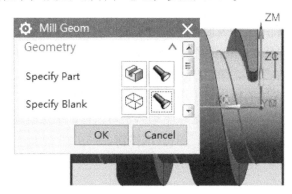

图6-72 设置工件

> 设置Specify Part（指定部件）为蜗杆螺纹底面（小径面）；
> 设置Specify Blank（指定毛坯）为包容圆柱体。

6.7.4 粗加工刀轨的创建

几何体预定义好之后，选择【插入】→【工序菜单】，选择mill_multi-axis（多轴铣）方法，选择工序子类型为可变轮廓铣，位置栏中的几何体选择WORKPIECE，确定后按6.2节中实例所述方法生成粗加工刀轨，参见图6-73。

6.7.5 加工刀轨仿真

在可变轮廓铣工序对话框最下面选择确认按钮，对编制好的刀轨进行加工仿真，以确认是否存在干涉、过切等问题。图6-74为粗加工仿真结果。

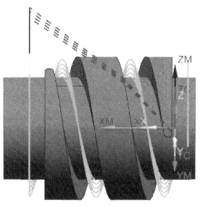

图6-73　生成粗加工刀轨

图6-74　粗加工仿真

6.8　曲面驱动四轴精加工

本例将介绍直接利用工件表面作为驱动面来控制多轴加工刀轨轨迹的方法。

01＞ 重新打开training\6\swarf.prt文件，进入mill_multi-axis（多轴铣）对话框，设置工序子类型为可变轮廓铣工序，单击OK按钮确定后进入可变轮廓铣工序对话框。

02＞ 指定部件为蜗杆实体的槽底面（小径面），参见图6-75。

03＞ 驱动方法选择曲面，进入曲面区域驱动方法对话框，指定驱动几何体为图6-76中所示的高亮曲面（螺旋特征侧壁面），单击OK按钮。

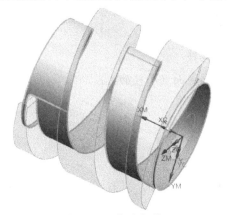

图6-75　指定部件

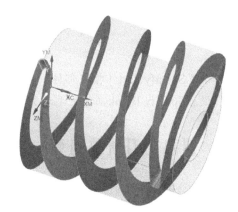

图6-76　指定驱动几何体

04＞ 在曲面区域驱动方法对话框中，指定正确的切削方向和材料反向方向，以及步距数。

05＞ 回到对话框中，指定下列刀轴相关参数，参见图6-77。

> 设置Projection Vector（投影矢量）栏的Vector（矢量）选项为Tool Axis（刀轴）；

> 设置Axis（刀轴）为Away from Line（远离直线），并在随后出现的远离直线对话框中，指定矢量向为XC轴（旋转轴），指定点（旋转轴基准点）为坐标系原点。

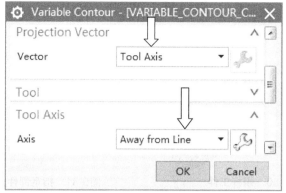

图6-77 指定投影矢量和刀轴

06 按照前面介绍过的方法设置为多重深度切削，并按照加工工艺要求设置其他参数，生成的刀轨如图6-78所示（如果刀具直径适当，此工序也可用于粗加工。螺旋特征侧壁面余量可通过对这些面进行偏置面操作来得到）。

07 从图6-78中可以看出，进退刀情况显然不太合理，所以要在非切削移动中将进退刀参数修改为圆弧垂直于刀轴方式。重新生成后的刀轨如图6-79所示。

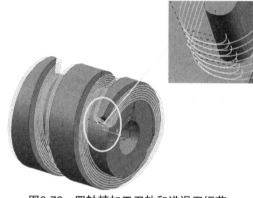

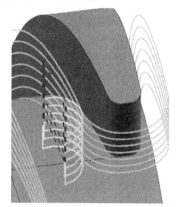

图6-78 四轴精加工刀轨和进退刀细节

图6-79 进退刀修改结果

6.9 曲面驱动开粗加工

本例将介绍直接使用工件表面作为驱动面来生成多轴二次开粗刀轨的方法。

01 打开training\6\4X-CAM.prt文件，参见图6-80。

工艺分析：此工件先经过车削加工基本成型后，再用多轴铣床进行进一步地加工才能最终成型。目测可能存在倒扣的情况，车削加工后的半成型工件用前面讲过的三轴定轴型腔铣工序开粗可能不太恰当，所以，在经过车削加工后，将已接近成形的工件用多轴加工方式进行二次开粗，然后再进行精加工处理。

02 进入加工模块，注意必要时调整坐标系。选择mill_multi-axis（多轴铣）选项，设置工序子类型为可变轮廓铣工序，单击OK按钮确定后，进入可变轮廓铣工序对话框。

03 指定部件为蜗杆流道最底面（小径面），参见图6-81。

95

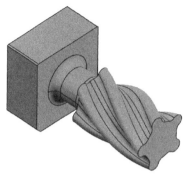

图6-80 蜗杆工件

图6-81 指定部件为流道底面

注 由于部件只选择了小径面，因此所使用的刀具直径要适当地小一些，以防止对其他面产生过切。虽然也可采用其他方式来防止过切，比如将工件实体指定为部件，或将其他面设为检查面，但这样操作相对烦琐，刀轨也可能不规整。

04 > 驱动方法选择"曲面"选项，进入曲面区域驱动方法对话框，指定驱动几何体为图6-81中所示的高亮曲面，即部件和驱动面为同一个对象。同时指定切削方向和材料反向方向以及步距数值，单击OK按钮，参见图6-82。

注 切削方向要选择顺着流道方向。

对于此案例中的模型，流道是有一定深度的，而这个深度的毛坯必须通过多层切削才能加工完成。如果只选择驱动面而不选择部件，则系统只会在驱动面的最底面上产生一层刀轨，这显然是不符合加工工艺要求的。只有指定了部件之后，才可以对此工件进行多重深度切削，也才符合二次开粗加工的特点。

05 > 投影矢量指定为刀轴、垂直于驱动体、朝向驱动体3者之一皆可（由于部件和驱动面重叠，所以这3者在此情况下，效果无区别）。

06 > 刀轴可指定为垂直于驱动体、远离直线、垂直于部件、4轴垂直于部件、4轴相对于部件、4轴垂直于驱动体、4轴相对于驱动体、双4轴在驱动体上等选项之一（由于部件和驱动面重叠，所以这几种刀轴控制方式在此情况下，效果几乎无区别）。

07 > 单击切削参数按钮，将切削参数设置为多刀路，把其他参数按照工艺要求进行设置后，单击"生成"按钮，生成二次开粗刀轨，参见图6-83。

图6-82 指定切削方向

图6-83 生成二粗加工刀轨

08> 另一个粗加工方法是：在确定相关几何体的时候，部件可设置为流道的3个面，紧挨着这3个面的两个侧面为检查面，以避免产生干涉（当设置检查体时，注意切削参数中相关参数的设置），参见图6-84。

09> 按照相关工艺来设置其他参数，最终生成的刀轨如图6-85所示。

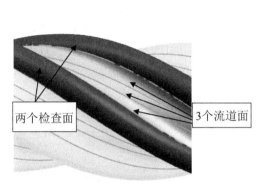

两个检查面

3个流道面

图6-84　指定部件和检查体

图6-85　设置过检查体的二次开粗加工刀轨

6.10　曲面驱动四轴精加工

本例将介绍通过构建特殊UV纹理的驱动曲面来控制多轴精加工刀轨轨迹的方法。

由于6.9节中实例经过开粗加工之后，蜗杆表面仍然存在不利于直接精加工的厚度残料，因此，需要半精加工。半精加工工序生成的方法与6.5节中实例相同，生成的刀轨如图6-86所示。

6.10.1　精加工驱动面的构建

构建精加工驱动面的步骤如下。

01> 半精加工完成后，进入建模模块，先构建所需驱动面（因工艺不同，所以不使用半精加工中的拉伸驱动面），为精加工做准备。首先在蜗杆端面绘制草图圆，通过这个草图圆构建需要的驱动面，参见图6-87。

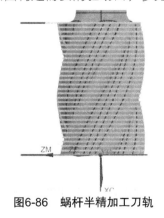

图6-86　蜗杆半精加工刀轨

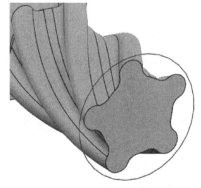

图6-87　创建端面草图圆

02> 选择【插入】→【扫掠】→【扫掠】，绘制需要的驱动面：草图圆为截面线，蜗杆表面某条边缘为引导线，定位方法为"面法向"，体类型为"片体"，参见图6-88。

这种用扫掠方式制作出来的面形式上是一个"圆柱面"（参见图6-89），与拉伸制作出的这样的面相似，但从本质上看却不是。用扫掠方法做出来的面，由于扫掠引导线为蜗杆表面的某条边缘，所以这个驱动面的纹理至少在V向上和蜗杆表面纹理是一样的——我们需要的就是这个纹理，因为驱动面的UV纹理方向决定了刀轨的方向，通过这个驱动面产生的刀轨方向因此也和蜗杆表面V向保持一致。

图6-88　扫掠驱动面

图6-89　驱动面

倘若读者暂时还没有理解上面这段话，可继续看后续的说明。

6.10.2　蜗杆面精加工

创建蜗杆面精加工刀轨的步骤如下。

01> 进入加工模块，选择mill_multi-axis（多轴铣）选项，选择工序子类型为可变轮廓铣工序，确定后进入可变轮廓铣工序对话框。

02> 指定下列相关几何体

  ➢ 指定部件为蜗杆表面类似波浪的面（选面为部件，计算速度会快一些。当然也可以指定部件为整个实体）；

  ➢ 指定切削区域为蜗杆表面曲面，参见图6-90。

03> 设置驱动方法为曲面，指定驱动几何体为6.10.1节中所绘的扫掠曲面，同时指定切削方向和材料反向方向以及步距数。

04> 指定投影矢量为刀轴，指定刀轴为垂直于驱动体（刀轴在此案例中有多种类型可选）。

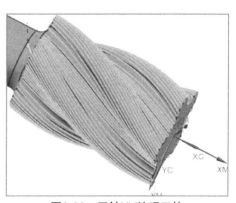

图6-90　四轴UV纹理刀轨

05> 把其他参数按照加工工艺的相关要求进行设置后，单击"生成"按钮，生成精加工刀轨，参见图6-90。至此，通过扫掠方法绘制驱动面的原因，想必读者已经明白了。

6.11　用B曲面来创建驱动面

本例将介绍通过构建额外的辅助曲面来控制多轴加工刀轨轨迹的方法。

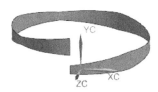

图6-91　简单的四轴加工工件

打开training\6\112_igs.prt文件，参见图6-91。然后进入多轴加工工序，选择工序子类型为可变轮廓铣工序，位置栏中的程序、刀具、几何体、方法以及名称等选项全部为默认值，确定后进入可变轮廓铣工序对话框。

注 坐标系按需调整。

工艺分析：如果这个工件截面为正圆形，显然用车削加工的方法最合适，但本书不讨论车削加工的情况。

6.11.1　生成四轴加工刀轨

生成四轴加工刀轨的步骤如下。

01> 通过前面的学习，可知由于此例工件简单，因此无需指定部件、检查体和切削面。直接在驱动方法中选择曲面方法后，选择驱动面为图6-91中所示的曲面，并根据加工工艺指定切削方向和材料反向方向以及步距数等参数。

02> 指定刀轴为远离直线选项（刀轴在此案例中有多种类型可选）。

03> 其他参数按照加工工艺的相关要求进行设置后，单击"生成"按钮，生成加工刀轨，参见图6-92。

6.11.2　由B曲面构建的驱动面驱动刀轨

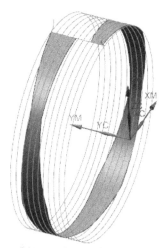

图6-92　常规四轴加工刀轨

从图6-92中可以看出，目前的刀轨并不理想，尽管以这样的刀轨也可以将最终产品正确地加工出来。为了生成理想中"正确"的刀轨，需要重新创建工件几何体。

01> 进入建模模块，选择【首选项】→【建模】，在Modeling Preferences（建模首选项）对话框中，选择Freeform（自由曲面）选项卡，在Construction Result（构造结果）栏选择B-surface（B曲面）单选按钮，参见图6-93。

"B曲面"是另一种曲面的构造解析方法。用平面法与用B曲面法生成的曲面UV纹

99

理是不一样的。本例需要用到由B曲面产生的UV——这种纹理可以影响到CAM刀轨。

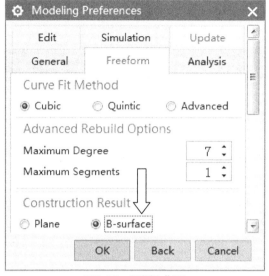

图6-93　设置B曲面

02> 选择【插入】→【网格曲面】→【直纹面】，选择此工件的两个侧边缘，创建一个直纹面。直纹面创建好之后，将原工件隐藏，参见图6-94。

03> 按同样的工序创建方法（参见图6-92），指定步骤1创建的直纹面为驱动面，重新生成刀轨，如图6-95所示。

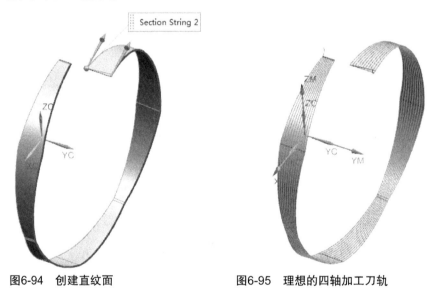

图6-94　创建直纹面　　　　　　　图6-95　理想的四轴加工刀轨

6.12　驱动面构建和四轴加工

　　本例将介绍通过构建额外的辅助曲面来控制多轴加工刀轨轨迹的方法（在NX中，达到同一目的有时会有N种方法。在此节中，对于粗加工，将用两种方法来加以说明）。

在建模模块中导入training\6\wogan.stp文件，参见图6-96。

图6-96　四轴绞龙工件

工艺分析：就粗加工而言，按照前面介绍过的方式和方法，加工这个工件只能使用驱动面的方法了。此例显然不能用前述过的曲线驱动方法。

6.12.1　构建驱动面

首先使用Swept（扫掠）方法构建驱动面：选择蜗杆上端面最大的那条弧边缘线作为截面线，两个圆角边缘线为引导线构建驱动面，参见图6-97。

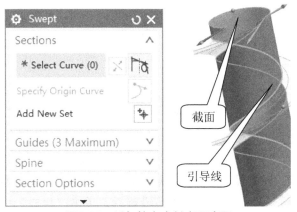

图6-97　以扫掠方式创建驱动面

6.12.2　整体粗加工方法1

生成整体粗加工刀轨的步骤如下。

01 > 进入加工模块，进入mill_multi-axis（多轴铣）对话框，工序子类型选择可变轮廓铣工序，位置栏中的程序、刀具、几何体、方法以及名称等选项全部按默认值（如果想预设置WORKPIECE，可参见前面介绍过的方法），单击确定后进入可变轮廓铣工序对话框。

注　在创建工序之前，需要对坐标系进行调整，使坐标系与加工机床保持一致。本例以B轴机床加工为例，参见图6-98。

02 指定部件为螺纹底面（小径面）或扫掠面。为安全起见，再将两侧螺纹面和圆角面都指定为检查面。切削区域在本例中不是必须的，因此不指定，参见图6-98。

部件面

两侧检查面

图6-98 指定检查面和部件

03 由于指定了检查面，需注意Cutting Parameters（切削参数）对话框Clearances（安全设置）选项卡中Check Safe Clearance（检查安全距离）参数和检查余量的设置，参见图6-99。

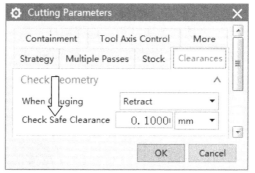

图6-99 检查安全距离

04 驱动方法选择曲面，选择驱动面为上小节中构建的扫掠面，参见图6-100。同时按工艺要求指定切削方向和材料反向方向以及步距数等参数。

05 设置投影矢量为刀轴，设置刀轴为远离直线方式（本案例中有多种刀轴选项可选）。

06 把其他参数按照工艺的相关要求进行设置后，单击"生成"按钮，生成粗加工刀轨，参见图6-101。

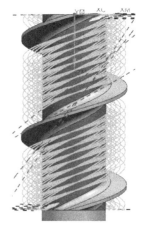

图6-100 指定驱动面　　　　　图6-101 四轴粗加工刀轨

6.12.3　整体粗加工方法2

01> 在建模块中，将多余对象隐藏，只留下扫掠的驱动面处于显示状态。

02> 抽取扫掠面两侧边缘线，并将其向上、向下沿轴向移动，移动距离为刀具半径+加工余量（这样计算可能不太准确，不过只要能给精加工留出适当余量即可）。

03> 选择【编辑】→【曲线】→【长度】，将移动后的曲线两端延长（曲率延伸。长度超过扫掠面即可），参见图6-102。然后选择【插入】→【修剪】→【修剪片体】，使用延伸后的曲线对扫掠面进行修剪，参见图6-103。

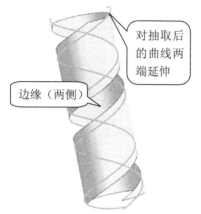

图6-102　延长裁剪线

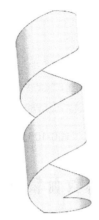

图6-103　修剪扫掠面

04> 在可变轮廓铣工序对话框中，指定其他几何体和参数。

> ➤ 指定部件为已修剪的扫掠面；
> ➤ 驱动方法选择曲面，选择驱动面同为修剪过的扫掠面；
> ➤ 设置投影矢量为刀轴，设置刀轴为垂直于驱动选项；
> ➤ 根据工艺要求设置其他参数，生成刀轨如图6-104。

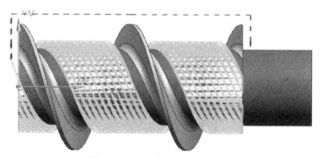

图6-104　生成粗加工刀轨

6.12.4　小径面精加工

01> 在工序导航器中复制并粘贴前面已经创建好的粗加工工序，参见图6-105。然后右击该工序名称，选择【编辑】，重新指定部件为图6-104中的实体（出于安全考虑，对于本例，虽然刀轨最终产生在小径面上，但为了确保不会干涉到螺纹面和圆角面，所以还是选取整个实体要安全些），并指定切削区域为小径面。

02> 其他参数根据工艺要求进行设置，如步距数、余量、公差、刀具、F值、S值、刀具补偿号等，重新生成精加工刀轨，参见图6-106。

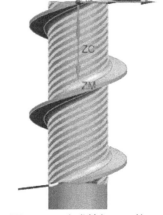

　　! ⊘ VC_SURF_AREA_ZZ_LEAD...
　　∅ ⊘ VC_SURF_AREA_ZZ_LEAD...

图6-105　复制工序　　　　　　　　图6-106　生成精加工刀轨

6.12.5　螺纹面精加工

　　创建螺纹面精加工刀轨的步骤如下。

01> 在工序导航器中复制并粘贴上一节创建好的精加工工序，右击该工序名称，选择【编辑】，重新指定部件为空。

02> 选择驱动面为螺纹面（不包含圆角面），并指定切削方向和材料反向方向以及步距数。

03> 指定投影矢量为刀轴，指定刀轴为远离直线。

04> 其他参数根据工艺要求进行设置，如步距数、余量、公差、刀具、F值、S值、刀具补偿号等，重新生成精加工刀轨，参见图6-107。

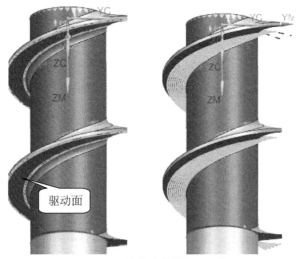

驱动面

图6-107　绞龙叶片精加工刀轨

注 由于未指定部件和检查体，系统不能自动遏制干涉，所以使用这样的方法时，首先要确认安全。

6.12.6　圆角面精加工

在工序导航器中复制并粘贴上一节创建好的螺纹面精加工工序，右击该工序名称，选择【编辑】，重新选择驱动面为圆角面，其他参数用与上一节相同的方法和步骤创建出圆角面的精加工刀轨，参见图6-108。

6.12.7　预处理几何体提高加工效率

在数控加工工艺中，有时为了提高加工的效率，简化工序操作流程，可对相关几何体进行预处理。对于本案例，可以采取这样的办法：在创建工序之前，使用同步建模命令删除圆角面。这样，在精加工工序中就可以使用R值与圆角面半径值相同的刀具（此模型圆角只起到加强作用），在螺纹面精加工过程中直接将圆角面切削出来，参见图6-109。

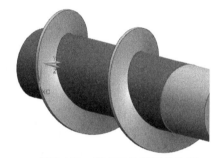

图6-108　生成绞龙圆角面精加工刀轨　　　　图6-109　绞龙工件模型前处理

6.13　创建驱动分层铣刀轨

本例将介绍如何实现四轴分层（类深度轮廓）切削刀轨的方法。

01 打开training\6\2mam_2.prt文件，参见图6-30。

02 在可变轮廓铣工序对话框中指定下列相关参数，参见图6-110。

➢ 指定驱动方法为曲面，并指定驱动几何体为倒斜角面；

➢ 指定切削方向、材料反向方向和步距数。

03 继续设置其他参数。

➢ 指定刀轴为远离直线，并指定工件轴心方向矢量和点位（坐标原点或圆心）；

➢ 其他参数按照加工工艺设置（注意刀具直径要合理，否则在拐角处刀轨有自相交现象）。

105

04 生成刀轨，参见图6-111。

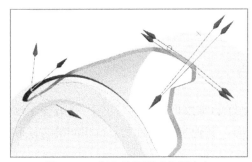

图6-110　指定曲面驱动切削方向

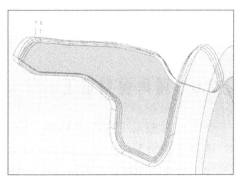

图6-111　分层精加工刀轨

6.14　综合练习

练习1：打开training\6\4xx.prt文件，生成从粗加工到四轴精加工的刀轨，参见图6-112。

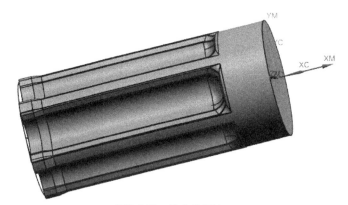

图6-112　综合练习1

练习2：打开training\6\POINT_drive_TOOL AXIS CONTROL.prt文件，生成刀轨，参见图6-113。

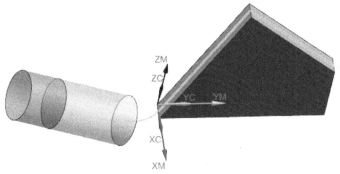

图6-113　综合练习2

练习3：请根据工程图生成实体模型并生成四轴加工刀轨，参见图6-114和图6-115。

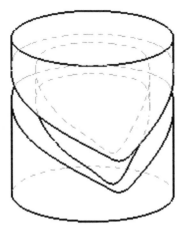

图6-114　圆柱凸轮槽工件立体图

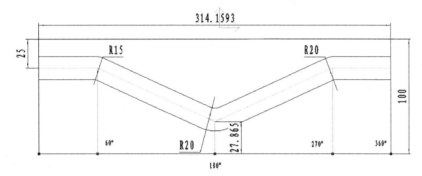

图6-115　圆柱凸轮槽工件外表面展开图

6.15　小结

通过本章的实例读者想必已知道：有时候，刀轨单纯依靠CAM功能无法做出或做得不够好，必须结合CAD建模功能制作一些辅助几何体才能完成或让最终生成的刀轨更加理想和安全。在这一点上，NX系统具有无可匹敌的优势。这也是本书作者为何强调如果想要学好本书，读者最好事先具备良好的NX设计和三轴加工工序编程基础的原因。

本章强调的是四轴加工方面的应用，在后面要介绍的五轴加工以及今后的实际工作和学习中，也会遇到诸如此类的问题。因此，作者建议，读者需从CAD建模开始，三轴、四轴、五轴和加工仿真，一步一个脚印地按部就班地学习。

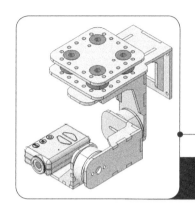

在很多加工场景中，需要将刀轴倾斜后再操作。如图7-1所示的三轴深度轮廓刀轨，由于刀具短，导致夹持器与工件发生干涉碰撞，这时就需要将三轴刀轨转换为五轴刀轨，即把现有的三轴精加工刀轨转换为刀轴侧倾的五轴刀轨。

借助 NX 中的自动刀具倾斜功能，可以使用较短的刀具高效地加工深腔特征的工件。如有必要，NX还可分析刀具轨迹并自动倾斜刀具（轴），在避免与刀柄发生碰撞的同时，提高刀具刚度、降低刀具磨损程度，并提高工件表面精加工的质量。

图7-1和图7-2所示为需要把三轴刀轨通过侧倾刀轴成为五轴刀轨的情况。

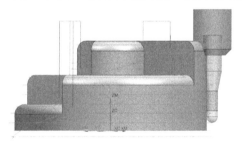

图7-1　刀具短导致夹持器与工件碰撞

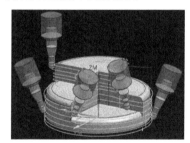

图7-2　刀轴侧倾以避免碰撞，同时提高了工具刚度

注 （1）刀轴侧倾功能只支持个别工序。

（2）在对非球头刀具与球刀进行侧倾刀轴操作时，因为支持的功能不同，所以侧倾刀轴的设置对话框选项也不尽相同。

（3）不要对某个工序做多次的倾斜刀轴操作，但重生成刀轨后将不受此限制（刀轨重新生成后，实际上是对刀轨进行了一次重置，因此之前的倾斜刀轴操作失效）。

7.1　刀轴侧倾参数说明

将三轴刀轨转换为五轴刀轨主要依靠设置侧倾刀轴的相关参数。当然，侧倾刀轴选项的功能也并不仅仅是将三轴转换为五轴，它也可以对四轴和五轴刀轨进行与刀轴倾斜相关的操作，从而避免干涉碰撞。

刀轴倾斜角度可以作用于夹持器、刀柄和刀颈，如图7-3所示。

如果需要对刀轴进行侧倾操作，可在工序导航器中通过右击工序名以打开如图7-4所示的Tilt Tool Axis（侧倾刀轴）对话框（此对话框样式因软件补丁的不同而不同）。

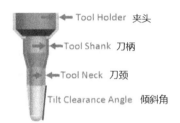

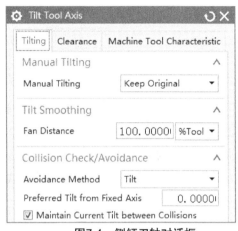

图7-3　侧倾刀轴作用范围　　　　　　　图7-4　侧倾刀轴对话框

> Keep Original（保持原先）：系统控制刀轴尽量保持原始矢量向，只有在遇到潜在碰撞时，才会以适当的间隙和倾斜角度进行避让。

> 与+XM轴的角度：在与+ZM轴保持一定角度的同时，与+XM轴也保持一定的角度，如图7-5所示。

如图7-5所示，刀具轴首先绕+YM轴旋转，旋转角度为设置的倾斜角数值，然后绕+ZM轴旋转，旋转角度为+XM轴角度数值。

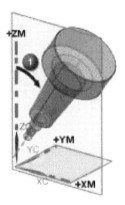
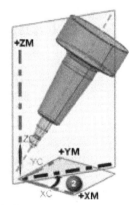

图7-5　与+XM轴的角度

> 在Tool Tilt Method（刀具侧倾方法）和Manual Tilting（手动侧倾）：在该下拉列表框中，可选择多种手工指定刀轴侧倾的方法。

Toward Point（朝向点）和Away from Point（远离点）：通过指定一个点来控制刀轴，使刀轴朝向此点或远离此点。通常情况下，朝向点选项用于指定的点位于刀轨上方，远离点选项用于指定的点位于刀轨下方，参见图7-6。

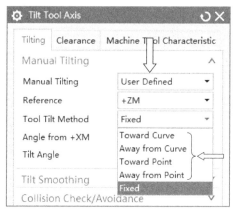

图7-6　指定刀轴侧倾方法

Toward Curve（朝向线）和Away from Curve（远离线）：用一条曲线来控制刀轴倾斜方向，使刀轴朝向此曲线或远离此曲线。通常情况下，朝向线选项用于指定的曲线位于刀轨上方，远离线选项用于指定的曲线位于刀轨下方，参见图7-7和图7-8。

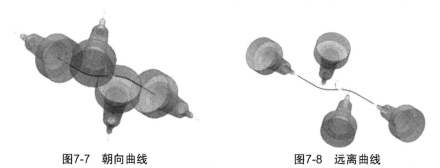

图7-7　朝向曲线　　　　　　　　图7-8　远离曲线

➢ Tilt Angle（侧倾角）：当刀轴侧倾方法被指定为朝向线、远离线、朝向点、远离点后，如果还指定了侧倾角，则刀轴会在保持相应约束的基础上，再按指定侧倾角进行侧倾刀轴移动，参见图7-9。

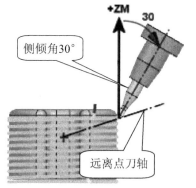

图7-9　在远离点刀轴上再次进行侧倾

➢ Shortest Distance（最短距离）：此选项与手动侧倾和刀具侧倾方法相关，参见图7-10。

◆ 2D：为沿ZM轴投影到XY平面上测得的最短距离，适用于平面曲线。

◆ 3D：为空间最短距离，空间曲线适用。

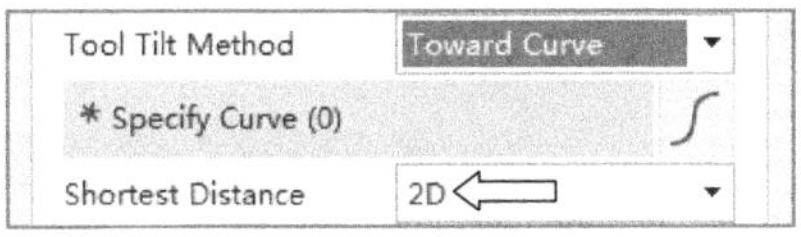

图7-10　最短距离

➤ Main MCS Axis（主MCS轴）：用于确认默认刀轴，参见图7-11。

图7-11　机床特性相关设置

➤ Min Angle与Max Angle（最小角度与最大角度）：测量基于+ZM轴。系统应用侧倾角时，被限制在此范围内。

注 最小角度和最大角度不要超过机床旋转轴极限；如果刀轴侧倾到最大角度仍无法避免碰撞，则会产生退刀运动。

➤ Maximum Tool Axis Change（最大刀轴更改）：最大刀轴更改的相关选项如下。

◆ Degrees per Step（度数/每步）：用于确认两个刀位点间刀具摆动或侧倾刀轴的最大允许度数，默认为2°。

◆ Max Step（最大步长）：该值越小越精确，越易于避免碰撞。如果此值设置得过大，会导致没有足够的刀位点来允许刀轴避让。

7.2 刀轴侧倾的具体应用

7.2.1 三轴深度轮廓刀轨转五轴刀轨

01▷打开training\7\5axis_z_level.prt文件，参见图7-12。坐标系按需进行调整。

　　工艺分析：由于需要精加工的区域相对较高（100mm），而此区域又存在一些半径较小的槽，因此精加工所用刀具直径受到了一定的限制。为了提高刀具刚度，需要将刀具轴倾斜后再进行加工。

02▷进入加工模块，在类型栏选择MILL CONTOUR选项，工序子类型选择深度轮廓加工，参见图7-13。位置栏中的程序、刀具、几何体、方法以及名称选项全部使用默认值，单击确定后，进入深度轮廓工序对话框。

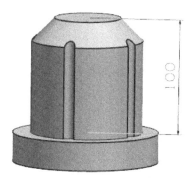

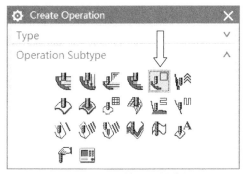

图7-12　需三轴加工转五轴加工的典型工件　　　　图7-13　创建三轴深度轮廓加工工序

03＞ 在Zlevel Profile（深度轮廓加工工序）对话框中，指定下列相关几何体，参见图7-14。

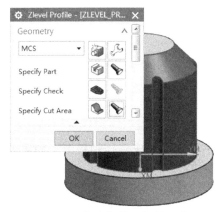

图7-14　指定部件和切削区域

> 设置Specify Part（指定部件）为工件实体；
> 设置Specify Cut Area（指定切削区域）为细槽面和细槽面所在的柱面和锥面（图7-14中所示的高亮面）。

04＞ 选择【分析】→【最小半径】，得知细槽面半径为5mm，据此新建直径为8mm球刀，刀长暂设为55mm，并按实际夹持器尺寸设置Holder（夹持器）参数，参见图7-15。

🈯 如果要实现三轴加工刀轨转五轴加工刀轨，最好为刀具赋予夹持器。这样系统会自动分析刀柄和夹持器与工件是否存在干涉问题，从而倾斜刀轴来进行避让（如果未设置夹持器，则侧倾后，刀具只与工件保持一个间隙值的距离，参见图7-16）。

图7-15　赋予夹持器　　　　　　　　　图7-16　夹持器侧倾间隙

05> 把其他参数按照加工工艺的相关要求进行设置后，单击"生成"按钮，生成加工刀轨。很明显，较短的刀具在加工到此工件下部的时候，夹持器肯定会与工件发生干涉碰撞，参见图7-17。

图7-17　生成三轴深度轮廓刀轨

06> 在工序导航器中，右击创建的深度轮廓工序，选择【Tool Path（刀轨）】→【Tilt Tool Axis（侧倾刀轴）】，参见图7-18。

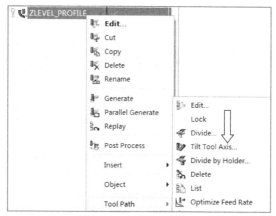

图7-18　三轴加工刀轨转五轴加工刀轨命令

07> 在随后出现的Tilt Tool Axis（侧倾刀轴）对话框中，按图7-19设置参数（通常使用默认值即可），单击OK按钮。

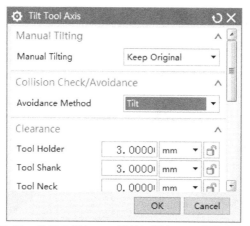

图7-19　设置三轴加工刀轨转五轴加工刀轨相关参数

08> 经计算之后，三轴加工的深度轮廓刀轨（参见图7-20）转换为刀轴侧倾的五轴加工刀轨（参见图7-21）。经此转换后，刀具可以安装得较短，从而提高了刀具的刚度以及加工效率。

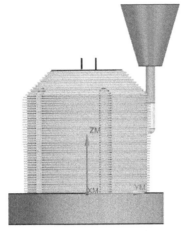

图7-20　未处理时的刀轴

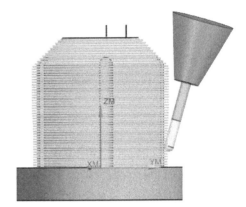

图7-21　三轴加工刀轨转换为五轴加工刀轨

7.2.2　三轴区域轮廓刀轨转五轴刀轨1

三轴区域轮廓刀轨转五轴刀轨的步骤如下。

01 > 打开training\7\ 3 to 5X Tilt NX 8-8.5 compare.prt文件，参见图7-22。

注 打开这个工件时因为需要加载机床组件，因此会出现提示对话框，直接单击确定即可。

02 > 使用mill_contour选项中的区域轮廓铣工序对工件腔底面进行定轴球刀精加工操作：指定两个压板块为检查体，为刀具赋予刀柄和夹持器，然后生成刀轨，参见图7-23。

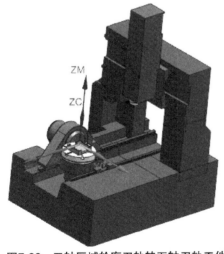

图7-22　三轴区域轮廓刀轨转五轴刀轨工件

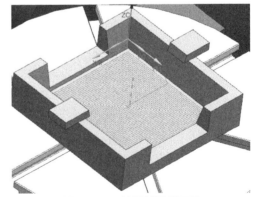

图7-23　三轴区域轮廓刀轨

03 > 通过切削仿真发现，刀具不能完全避让检查体（未设置相关干涉检查），参见图7-24。

04〉在工序导航器中右击创建的工序名称，对它进行刀轴侧倾操作：参数使用默认值即可。这时再生成刀轨，可见原本发生干涉的部分刀轨刀轴在检查体处进行了倾斜避让，参见图7-25。

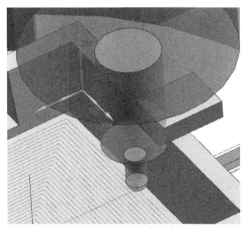
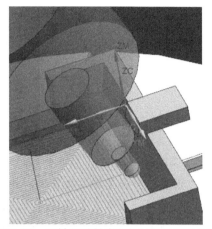

图7-24　三轴区域轮廓刀轨刀颈干涉　　图7-25　三轴区域轮廓刀轨转五轴刀轨结果

7.2.3　三轴区域轮廓刀轨转五轴刀轨2

下面再介绍一个实例。本例仅提供一个思路，读者在实际创建工序过程中要避免使用不合理的参数设置。

01〉打开training\14\Tilt Tool Axis 2.prt文件，参见图7-26。

02〉在多轴工序类型中，选择可变轮廓铣工序。在该工序对话框中，指定如下相关几何体。

> ➢ 指定部件为图7-26中所示的实体；
> ➢ 指定切削区域为底面（图7-27所示的高亮面）；
> ➢ 驱动方法选择曲面区域，并指定驱动几何体为底面，如图7-27所示。

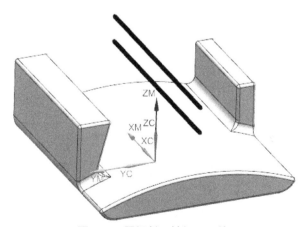

图7-26　需倾斜刀轴加工工件

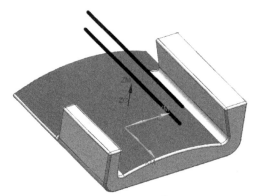

图7-27　指定相关几何体

03 定义如下投影矢量和刀轴参数。

> 设置投影矢量为远离直线，并选择图7-27中最上面的直线为参考线；

> 指定刀轴为垂直于部件（考虑到可能会与两侧倒扣侧壁干涉，所以此刀轴设置得并不合理，在此仅用作说明）；

> 把其他参数按工艺要求进行指定后，生成刀轨，如图7-28所示。

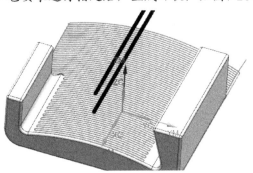

图7-28　生成刀轨

04 通过生成的刀轨可以看出，在倒扣侧壁处，系统考虑到干涉问题，刀轨并没有铣到位。而在对刀轨进行仿真过程中，发现刀柄和夹头与工件发生干涉现象，此为刀轴设置不当所致，参见图7-29。

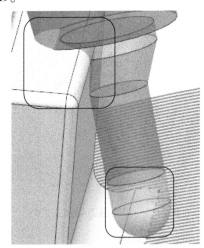

图7-29　仿真过程中刀柄和夹头与工件发生干涉现象

05〉为了让刀轨切削到位，在Cutting Parameters（切削参数）对话框中，选择Containment（空间范围）选项卡，在Collision Checking（碰撞检查）栏中取消对Check Tool above Ball（检查球上方的刀具）复选框的勾选，参见图7-30，这样侧倾刀轴命令才能允许球头铣刀进入底切区域。

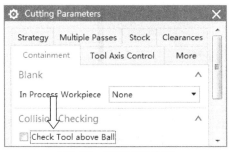

图7-30 取消碰撞检查

06〉重新生成刀轨，此时刀轨在侧壁倒扣底部切削到位（参见图7-31），但此时如图7-29所示的碰撞问题仍然存在。

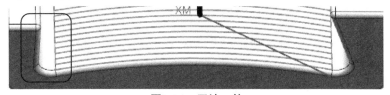

图7-31 干涉刀轨

07〉为了避免刀具与工件的干涉问题，此时可以指定刀轴侧倾。在Tilt Tool Axis（刀轴侧倾）对话框中，指定如下参数，参见图7-32。

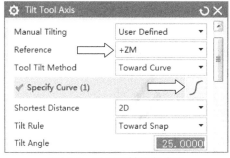

图7-32 设置刀轴倾斜参数

➤ 设置Reference（测量基于）为+ZM轴；

➤ 设置刀轴绕指定的曲线进行侧倾，将Tool Tilt Method（刀轴侧倾方式）选项设置为Toward Curve（朝向曲线）；

➤ 设置Specify Curve（指定曲线）为图7-27中所示工件最上面的直线为参考线；

➤ 设置Tilt Angle（侧倾角）为25°（此值为估计值）。

08〉确定后重新生成刀轨，完成对刀轴的侧倾工序创建操作。通过刀轨仿真再次观察发现，干涉问题已得到解决，参见图7-33。

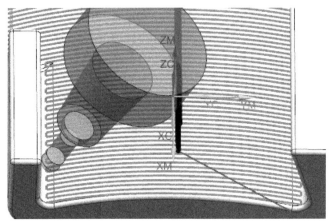

图7-33　解决干涉问题

7.2.4　通常情况下的工序创建方法

对于上一节中的工件，通常情况下工序的创建方法如下。

01> 在多轴工序类型中，选择可变轮廓铣。在该工序对话框中，指定如下相关几何体。

> 指定部件为图7-26中所示的实体；
> 指定切削区域为底面；
> 指定驱动方法为曲面区域，并指定驱动几何体为切削区域底面，如图7-27所示。

02> 指定如下刀轴相关参数。

> 指定投影矢量为刀轴选项；
> 指定刀轴为朝向直线选项，并选择图7-27中工件最上面的直线为参考线；
> 其他参数按工艺要求指定后，生成刀轨，如图7-34所示。

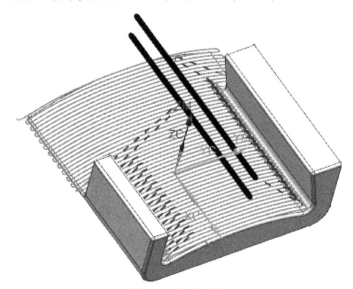

图7-34　生成刀轨

03› 从图7-34中可以看出，不必要的抬刀和退刀过多，因此需对非切削参数进行如下修改。

- ➤ 将进退刀选项（Engage Type）均改为None（无）选项，参见图7-35；
- ➤ 将Transfer/Rapid（转移/快速）选项卡中Within Regions（区域间）栏的3个选项：Approach（逼近）、Departure（离开）和Traverse（移动）的参数分别改为None（无）、None（无）和Direct（直接），参见图7-36。

图7-35 设置进退刀

图7-36 设置减少进退刀

04› 重新生成刀轨后，理想中的刀轨便得已呈现，参见图7-37。

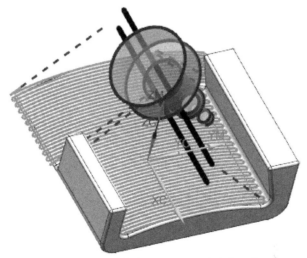

图7-37 经减少进退刀设置后生成的刀轨

关于侧倾刀轴，如果希望将某些参数设置为默认值，可以在用户默认设置功能中进行设置。具体方法为：进入加工模块，选择【文件】→【实用工具】→【Customer Defaults（用户默认设置）】，从对话框左侧的列表中选择Manufacturing（加工）选项，然后选择Tilt Tool Axis（侧倾刀轴）选项卡并设置相关参数后保存即可，如图7-38所示。

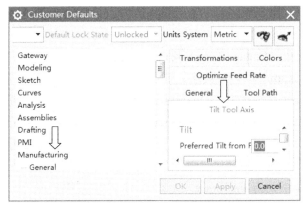

图7-38 设置侧倾刀轴的用户默认值

7.3 小结

NX CAM中的侧倾刀轴铣削工序随着NX版本的不断进步，还有更多的进步空间。在通常情况下，侧倾刀轴属于常用工序，适用于加工陡峭的切削区域，如深腔模具的型腔、型芯等。建议读者多加练习和体会本章实例。

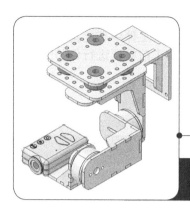

第8章

深度加工五轴铣

在这一章里主要介绍深度加工工序的运用。深度加工适用于加工那些以陡峭面为主要加工切削区域的工件（参见图8-1），因此，这一工序几乎是加工陡壁类工件最理想的加工策略：它可以减少刀具磨耗、降低成本、提高刀具刚度，以及提高加工的精度和效率。这一加工策略在MILL_Contour中和MILL_MULTI-Axis中都存在（即深度轮廓加工和深度加工五轴铣）。由于NX版本的不断更新，该加工工序的功能也有所提高，如近期的版本支持将三轴深度轮廓加工转换为五轴加工工序等。

本章将通过几个实例来详细讲述NX深度加工工序的应用场景和使用方法。

图8-1 陡峭面深度五轴加工

除了可以将三轴深度轮廓刀轨转换为五轴深度加工刀轨之外，在MILL_MULTI-AXIS类型中还有一个相对来说更加专业的五轴深度加工工序，就是深度加工五轴铣。下面依然使用前文中提到的工件就深度加工五轴铣的使用方法进行介绍。

注 目前版本的深度加工五轴铣并不支持倒扣面的加工，如果工件中有此类特征，请使用其他工序来进行切削加工。由此，对某些工件来讲，加工前需要进行倒扣分析。此外，NX深度加工五轴铣工序不支持使用平铣刀。

8.1 深度加工五轴铣

深度加工五轴铣加工刀轨的创建步骤如下。

01 > 打开training\7\5axis_z_level.prt文件。

02 > 进入加工模块，选择Type（类型）为mill_multi-axis，选择Operation Subtype（子类型）为"深度加工五轴铣"，参见图8-2。

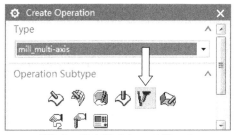

图8-2 指定深度加工五轴工序

03 > 在深度加工五轴铣对话框中，指定下列相关几何体。（参见图7-14）

> 指定部件为工件实体；
> 指定切削区域为细槽面和细槽面所在的柱面和锥面。

04 > 指定下列刀轴相关参数，参见图8-3。

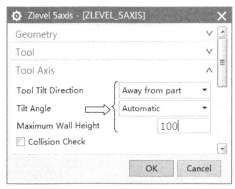

图8-3 设置深度五轴工序参数

> 在Tool Tilt Direction（刀具侧倾方向）下拉列表框中选择Away from part（远离部件）选项；
> 在Tilt Angle（侧倾角）下拉列表框中选择Automatic（自动）选项；
> 设置Maximum Wall Height（最大壁高度）为100mm。

说明 如何理解远离部件、自动和最大壁高度。

"远离部件"是指在开放区域刀轴通过倾斜使之避免碰撞部件；"自动"是指根据最大壁高和系统认可的最小安全距离（仅作用于夹持器）进行计算；"最大壁高度"可理解为切削区域的高度，通过调整此值可调整刀轴的倾斜程度，参见图8-4。

05〉把其他参数按照工艺要求设置完成后，生成此刀轨。通过切削仿真可以看到，倾斜的较短的刀具提高了切削刚度，同时避免了夹持器与工件发生碰撞，参见图8-5。

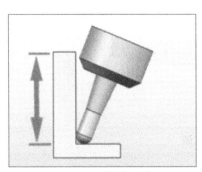

图8-4　最大壁高

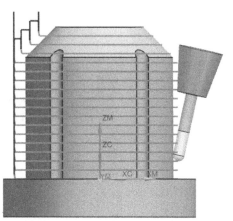

图8-5　生成深度五轴刀轨

8.2　深度加工五轴铣的侧壁精加工

深度加工五轴铣的侧壁精加工刀轨的创建步骤如下。

01〉打开training\9\ part.prt文件，参见图8-6。

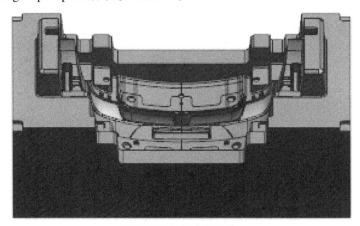

图8-6　汽车模具工件

工艺分析：这是一个大型的汽车类模具工件。从表面上看，似乎三轴加工就可以完成，但由于工件腔深体大（长2600mm，宽1300mm，高1130mm），且内部加工工况复杂，如果单纯只用三轴加工的话，肯定会导致刀具刀柄或夹持器甚至机床主轴与工件侧壁发生碰撞，因此考虑使用龙门式五轴双摆头机床来对其进行陡峭面精加工，以及陡峭面的清角精加工。

由于工件腔深超大，曲面复杂，需要合理划分加工区域及深度区间，同时深度加工五轴铣工序会自动计算刀轴倾角以实现自动避让。因此，在这种情况下，深度加工五轴铣工序几乎就是最佳的加工工序。

02> 进入加工模块后，调整WCS和MCS坐标至合理位置，且与机床坐标轴相符。在工序子类型中选择深度加工五轴铣工序，在其对话框中指定如下相关几何体，参见图8-7。

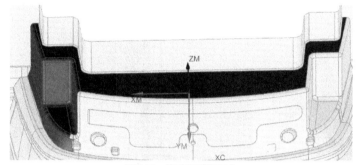

图8-7　指定切削区域

➢ 指定部件为汽车模具工件实体；
➢ 指定切削区域为图8-7中所示的高亮面（深色部分）。

03> 由于切削区域较大，且并不规律，所以此次加工只能加工一部分。为此，需通过修剪边界来限制刀轨的生成范围（边界为事先绘制好的曲线），参见图8-8。

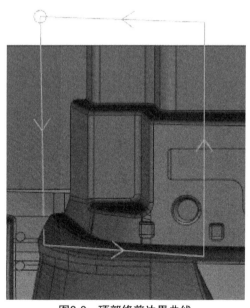

图8-8　顶部修剪边界曲线

04> 在深度加工五轴铣对话框中指定如下刀轴和路径设置参数，参见图8-9。

➢ 在Tool Tile Direction（侧倾方向）下拉列表框中选择Away from part（远离部件）选项；

> 在Tilt Angle（倾斜角度）下拉列表框中选择Automatic（自动）选项；
> 设置Maximum Wall Height（最大壁高）为350mm；
> 在Steep Containment（陡峭空间范围）下拉列表框中选择None（无）选项；
> 按工艺要求设置其他参数。

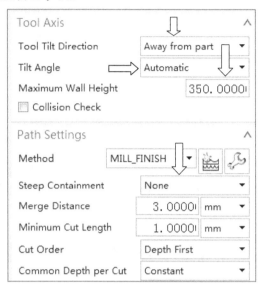

图8-9 设置相关参数

05> 由于切削区域较大，而且情况复杂，所以再次通过切削层对切削总深度加以限制。具体的切削层位置如图8-10所示。

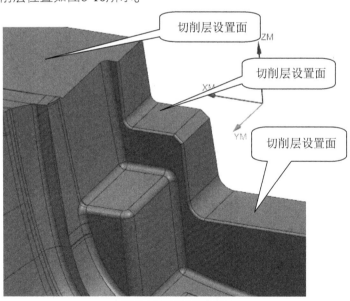

图8-10 指定切削层

06> 由于这个工件过于庞大，深度加工五轴铣工序中默认的安全距离至少在视觉上感觉并不保险，因此，需要对其进行调整。在Cutting Parameters（切削参数）对话框中，选择More（更多）选项卡，将Tool Holder（夹持器安全距离）和Tool Shank（刀柄安全距离）的默认数值加大，以确保此次工序更加安全，参见图8-11。

07> 确定后，生成刀轨，然后通过变换操作将这个工序镜像到对称侧，参见图8-12。

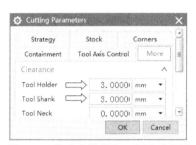

图8-11　修改夹持器和刀柄安全距离

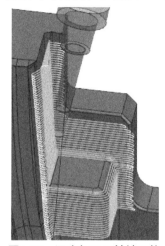

图8-12　深度加工五轴铣刀轨

8.3　深度加工五轴铣的深腔清角加工

此例仍然使用8.2节中实例所使用的汽车模具文件。由于此工件腔深壁陡，因此在加工过程中，拐角处经常会有残料。本节将介绍使用深度五轴铣对其拐角处进行清理的方法。

01> 在深度加工五轴铣工序对话框中指定部件为汽车模具实体（为了提高计算速度，也可以选择局部区域）。由于此时只是清理拐角处，因此不需要指定切削区域。切削范围由指定的修剪边界来确定，参见图8-13（线架模式，俯视图）。

02> 确定下列刀轴相关参数。

> ➢ 指定刀轴侧倾方向为远离部件；
> ➢ 指定侧倾角为自动；
> ➢ 设置最大壁高度为330mm；
> ➢ 指定陡峭空间范围为"无"；
> ➢ 在切削参数对话框中，将More（更多）选项卡中的夹持器安全距离和刀柄安全距离的默认值加大（参见8.2节中实例的相关内容）。

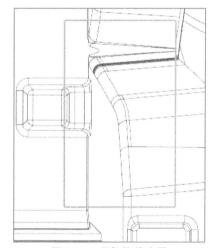

图8-13　顶部修剪边界

03> 在Cutting Parameters（切削参数）对话框中，选择Containment（空间范围）选项卡，在Reference Tool（参考刀具）下拉列表框中选择上一工序所用刀具（此刀具直径大于当前所用刀具直径），这样系统会据此判断此次拐角清理的切削范围，参见图8-14。

04> 根据相关工艺要求设置好其他参数后，生成刀轨，参见图8-15。

图8-14　指定参考刀具

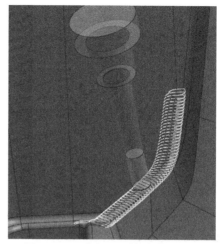

图8-15　深度加工五轴铣清角刀轨

8.4　深度加工五轴铣的朝向曲线刀轴设置

继续使用8.2节中实例所用的汽车模具文件，介绍朝向曲线刀轴的实际应用方法。

01〉 在深度加工五轴铣工序对话框中指定如下相关几何体。

➢ 指定部件为汽车模具实体；

➢ 指定切削区域为如图8-16所示的高亮区域。

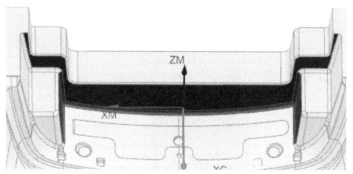

图8-16　指定切削区域

02〉 在工序对话框中指定刀轴为Toward curve（朝向曲线），参见图8-17。

03〉 指定Select Curve（选择曲线）为所需曲线，参见图8-18。关于朝向曲线刀轴，请参阅前面的相关章节。此线为事先绘制，绘制时要考虑此线所处高度和距切削区域的距离，以便能让刀具在切削过程中保持倾斜，也就是刀柄始终指向此线）。

04〉 在工序对话框中，指定下列刀轴参数，参见图8-17。

➢ 在Tilt Angle（侧倾角）下拉列表框中，选择Specify（指定）选项；

➢ 设置Degrees（度数）为30°，以进一步保证刀具以侧倾方式接触工件；

➢ 设置Maximum Wall Height（最大壁高）为330mm。

轴视图

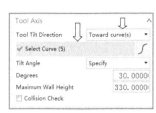

图8-17　指定朝向曲线刀轴

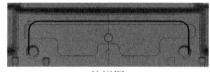

俯视图

图8-18　指定朝向俯视曲线刀轴的目标曲线

05〉为了提高切削效率，在Cut Order（切削顺序）下拉列表框中，选择Depth First（深度优先）选项，参见图8-19。

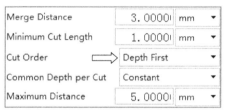

图8-19　设置深度优先选项

06〉系统在默认的情况下，是以顺铣的方式进行切削。为了减少抬刀次数，在Cutting Parameters（切削参数）对话框中，选择Strategy（策略）选项卡，指定Cut Direction（切削方向）为Mixed（混合）选项，这样便可生成抬刀次数最少的往复切削刀轨，参见图8-20。

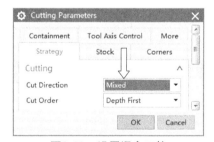

图8-20　设置混合刀轨

07〉根据相关工艺要求设置好其他参数后，生成刀轨，参见图8-21。

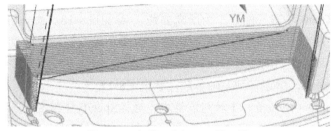

图8-21　生成深度加工五轴刀轨

08〉通过刀轨仿真可以看出，刀具在整个切削过程中，刀柄都侧倾于切削区域（通过朝向曲线与侧倾角双保险控制），参见图8-22。

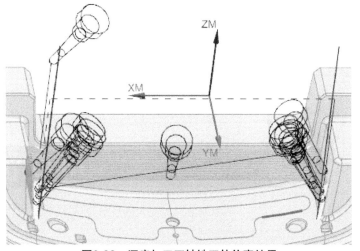

图8-22 深度加工五轴铣刀轨仿真结果

8.5 小结

深度铣削工序适用于几乎所有无倒扣陡峭切削区域，如深腔模具的型腔、型芯等。由于此类产品在现实世界中应用得相对较多，因此深度加工五轴铣工序也属于常用工序。建议，对本章中的实例，读者最好多加练习和体会。

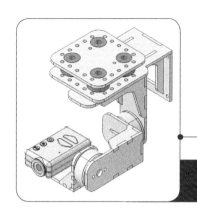

可变流线铣是"像流体一样自由流动的刀轨。刀轨沿指定流动线及截面线均匀仿形分布，不受加工几何体限制和约束"。使用这种"流"形的刀轨，可以产生极高的切削质量。由于可变流线加工的属性所致，在创建此工序前需要建构合适的辅助曲面或曲线。图9-1为可变流线铣加工效果。

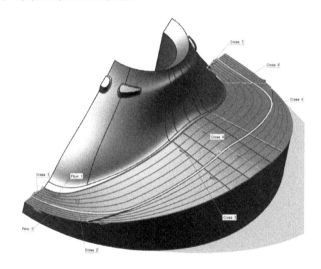

图9-1　可变流线铣加工效果

9.1　多轴流线工件的粗加工到精加工

如图9-2所示的工件，其粗加工，使用定轴二轴半型腔铣即可，而对于其精加工，由于工件高度较高，考虑到刀具刚度和加工效果，因此选择使用多轴流线铣工序编制刀轨是比较适合的。

打开training\9\streamline.prt文件，参见图9-2。

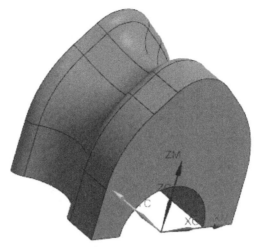

图9-2 可变流线铣加工工件

9.1.1 型腔铣二轴半粗加工

01 进入加工模块，然后在几何体视图中通过工序导航器建立MCS和WORKPIECE，指定部件为图9-2中所示的工件实体，毛坯为包容块体。

02 选择创建工序，设置Type（工序类型）为mill_contour，工序子类型为型腔铣工序。首先用型腔铣工序对这个工件进行二轴半粗加工（注意在Geometry下拉列表框中要选择步骤1中创建好的WORKPIECE），参见图9-3。

03 根据加工工艺和相关要求设置正确的型腔铣粗加工参数，生成的粗加工刀轨，如图9-4所示。

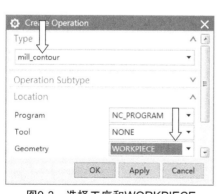

图9-3 选择工序和WORKPIECE

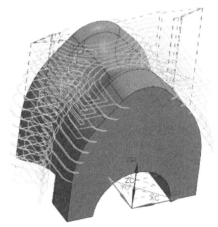

图9-4 粗加工刀轨

9.1.2 五轴可变流线精加工

由于可变流线铣刀轨切削范围受切削区域或自定义的流线的控制，因此在生成这

131

种工序刀轨前，需要构建流线，以确定刀轨的生成方向。流线驱动方法根据选中的几何体（流线）来构建隐式驱动曲面，由于不会受曲面UV向的约束，因此可以更加灵活地创建刀轨。

如果指定了切削区域，那么系统会自动分配流线。当然，如果对自动指定的流线不满意，也可自定义。

01 ‣ 粗加工完成之后考虑到刀具刚度和加工质量的需要，因此使用五轴可变流线铣方式来进行精加工。进入多轴加工工序，选择工序子类型为可变流线铣，几何体选择前面创建的WORKPIECE，程序、刀具、方法以及名称等选项使用默认值，参见图9-5。

02 ‣ 单击OK按钮后，进入Variable Streamline（可变流线）对话框，参见图9-6。

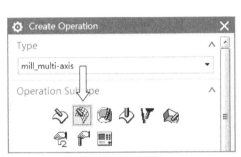

图9-5　多轴流线铣工序

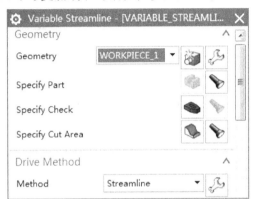

图9-6　可变流线铣对话框

03 ‣ 在可变流线铣工序对话框中，指定切削区域为凹面，即图9-7中所示高亮面。

04 ‣ 在驱动方法栏中单击"编辑（扳手图标）"按钮，随后进入Streamline Drive Method（流线驱动方法）对话框，参见图9-8。

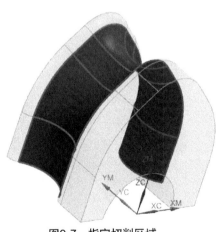

图9-7　指定切削区域

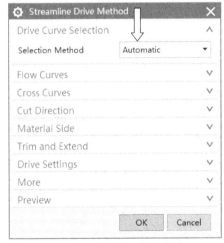

图9-8　指定流线方式

05 ‣ 此时的Selection Method（选择方法）为Automatic（自动）（参见图9-8）。由于事先已经选取过切削区域，所以此时相关流线系统已经自动选好，参见图9-9。

06 ‣ 在驱动设置栏中，根据工艺和相关要求设置相关参数。流线驱动方法对话框中的其他参数在此例中不需要调整，确定后进入可变流线铣对话框。

07〉 在该对话框中，指定下列刀轴相关参数：

> ➤ 指定投影矢量为刀轴选项；
> ➤ 指定刀轴为远离直线选项；
> ➤ 在远离直线对话框中，指定矢量为+YM轴，指定点为坐标系原点；
> ➤ 根据工艺要求设置其他参数后，生成刀轨，参见图9-10。

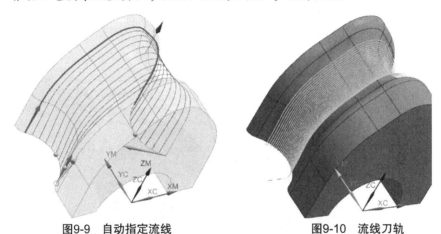

图9-9　自动指定流线　　　　　　　　　　图9-10　流线刀轨

倘若在创建流线工序的过程中未指定切削区域，那么在流线驱动方法对话框中，Selection Method（选择方法）便不选择用自动方式。此时可以选用Specify（指定）选项来自定义流线，即手工选择流线，参见图9-11。

08〉 在这种情况下如果还想生成和图9-10所示一样的刀轨，可以选择切削刀轨两侧的边缘线为流曲线（图9-12所示两箭头所在的相切曲线）。由于交叉曲线在有些时候并不是必须的（如投影结果为直线时），因此本例不选，参见图9-12。当然，如果在此例中选择了交叉线，对结果也没什么影响（选择交叉线参考第4、5步）。

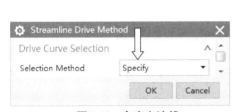

图9-11　自定义流线

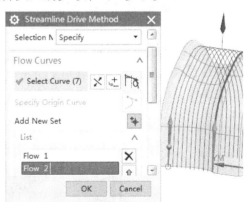

图9-12　手工指定流线

🈲 在本例中使用指定方式选择流曲线时，以相切曲线过滤方法来选择一条流曲线之后，再单击添加新集来选择另外一条。选取流曲线和交叉曲线的规则和在建模模块中构建网格面一样，要从相同的端点方向来选取曲线，以免刀轨扭曲。选取交叉线也使用类似的方法。

09 > 其他参数的设置与前面所述内容保持一致，生成刀轨，参见图9-10。

9.2 可变流线精加工

本例通过一个汽车模具工件来说明创建一个可变流线铣工序的方法。

打开training\9\part.prt文件，参见图9-13。

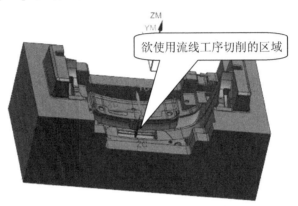

图9-13　汽车模具流线加工

工艺分析：由于此工件体积过于庞大，因此需要五轴加工工序才能更好地完成切削加工工作。但由于需要流线精加工的区域工况复杂（参见图9-13），并不能像9.1节中的实例那样可直接选择工件表面的边缘线作为流线，因此在加工之前需要额外构建辅助流线几何体。

9.2.1 辅助流线的构建

构建辅助流线的步骤如下。

01 > 在建模模块中，选择【编辑】→【曲面】→【扩大】，对图9-14中所标示的面进行扩大操作。系统会延选定面自身的曲率进行扩大，直到与目标边相交为止，参见图9-14。

图9-14　构建上辅助扩大面

02 > 以同样的方式，对图9-15中标示的面进行扩大操作，操作的结果是和图9-14中目标边的向下延长线有交点为止，参见图9-15。

03 > 选择【插入】→【基准点】→【点】来求图9-15中两扩大面与目标边的交点，并在两交点间绘制直线，这样，一条交叉流线便绘制完成。

04 > 选择【插入】→【来自曲线集的曲线】→【桥接】，在交点与边缘之间创建桥接线从而形成两条主流线。三条流线创建好之后，通过变换操作将其镜像到对称的另一侧，参见图9-16。

图9-15　构建下辅助扩大面

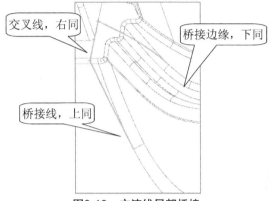

图9-16　主流线局部桥接

9.2.2　可变流线铣工序的创建

辅助流线创建好之后，下一步开始进入可变流线铣工序的创建。

01 > 在多轴加工模块中，调整WCS与MCS坐标系，以保证其符合加工工况。随后设置Operation Subtype（工序子类型）为"可变流线铣"，参见图9-17。

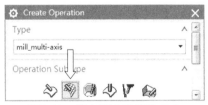

图9-17　指定可变流线铣工序

02 > 在可变流线工序对话框中进行如下设置。

> ➢ 指定部件为汽车模具实体；
> ➢ 在Method（驱动方法）下拉列表框中选择Streamline（流线）选项，如图9-18所示。单击编辑按钮进入Streamline Drive Method（流线驱动方法）对话框；

图9-18　指定流线驱动

> ➢ 在Selection Method（流线选择方法）下拉列表框中，选择Specify（指定）选项，参见图9-19。

135

图9-19 设置为手工指定流线方式

03> 在Streamline Drive Method（流线驱动方法）对话框的Flow Curves（主流线）栏中，单击Select Curve（选择曲线）按钮，按下面的方法选择主流线。

➤ 选择图9-20中所示的上面那条黑粗线为主流线1；
➤ 单击流线驱动方法对话框的Add New Set（添加新集）按钮（参见图9-19），选择下面那条黑粗线为主流线2。

注 这两条由桥接线和与之相切的实体边缘构成，参见图9-20。

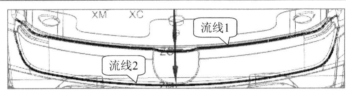

图9-20 指定主流线

04> 选择完主流线后，即可在主流线查看列表中看到它们。在该列表中可对主流线进行相关操作，参见图9-21。

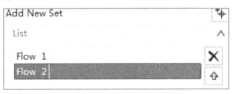

图9-21 主流线查看列表

05> 接下来选择Cross Curves（交叉曲线）（选择方法同主流线）。交叉线一共有三条：两条事先构建好的位于工件两侧的辅助直线（参见图9-16）和图9-22所示的边缘（以黑粗线显示，位置于图9-20所示的工件的中间位置），参见图9-22。

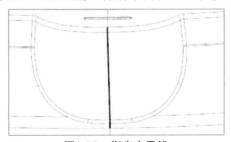

图9-22 指定交叉线

注 主流线与交叉线的选择规则要遵循构建网格面时的选线规则。

06 > 流线全部选择完成后，按工艺要求指定相关切削参数，如Tool Position（刀具位置）、Cut Pattern（切削模式）、Stepover（步距）等，参见图9-23。

图9-23 指定切削方式

07 > 单击OK按钮后，回到可变流线工序对话框中，指定下列参数，参见图9-24。

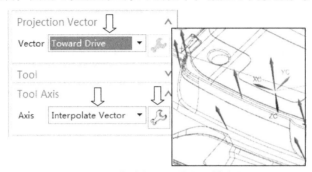

图9-24 指定投影矢量和刀轴方向

> 在Projection Vector（投影矢量）栏的Vector（矢量）下拉列表框中，选择Toward Drive（朝向驱动体）选项；
> 在Axis（刀轴）下拉列表框中，选择Interpolate Vector（插补矢量）选项；
> 单击"编辑"按钮，分别指定刀轴方向均匀朝向斜上方。

08 > 根据加工工艺要求设置其他参数，生成可变流线加工刀轨，参见图9-25。

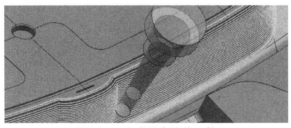

图9-25 生成可变流线刀轨

09 > 以类似的方法，构建出图9-26所示的可变流线清根刀轨。

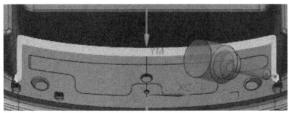

图9-26 可变流线清根刀轨

9.3 可变流线铣刀具干涉的处理

本节介绍可变流线铣刀具干涉问题的处理方法。

注 由于需要分析刀具夹持器以及刀柄与工件的干涉问题，因此在创建刀具时，需要创建夹持器和刀柄特征。具体参数如图9-27所示（刀具直径为10mm）。

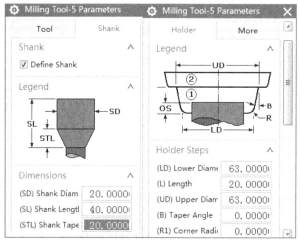

图9-27 设置夹持器与刀柄参数

01 > 打开training\9\ Tilt Tool Axis2.prt文件，参见图9-28。

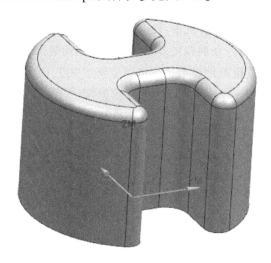

图9-28 流线干涉加工工件

02 > 在可变流线铣工序对话框中指定部件为图9-28中所示的实体，并单击驱动方法栏中的编辑按钮，进入Streamline Drive Method（流线驱动方法）对话框。在该对话框中以相切线的选择方式选择Flow（流曲线）1和2分别为实体的上下边缘线，参见图9-29。

注 在指定上下两边缘线为流线时，注意方向箭头要对齐（规则同构建网格面）。

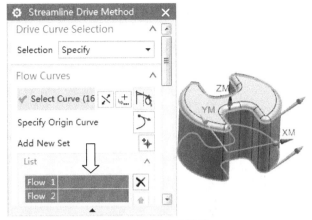

图9-29　指定主流线

03 > 在Drive Settings（驱动设置）栏中指定符合工艺要求的切削参数，参见图9-30。

图9-30　指定相关切削参数

04 > 在可变流线铣工序对话框中，指定Projection Vector（投影矢量）为Toward Drive（朝向驱动）选项，参见图9-31。

05 > 在Axis（刀轴）下拉列表框中，选择Relative to Vector（相对于矢量）选项，参见图9-32。

图9-31　设置投影矢量

图9-32　设置刀轴参数

06 > 在随后出现的Relative to Vector（相对于矢量）对话框中指定下列相关参数，参见图9-33。

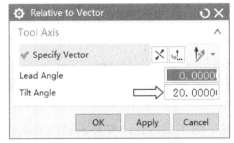

图9-33　指定刀轴侧倾角

> 设置Specify Vector（指定矢量）为+ZM轴；
> 设置Tilt Angle（侧倾角）为20°。

139

07> 根据加工工艺的相关要求设置其他加工参数，生成可变流线加工刀轨，参见图9-34。

08> 生成刀轨后，在模拟仿真时发现有刀柄干涉问题，如图9-35所示。

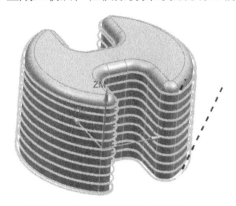

图9-34 生成可变流线加工刀轨

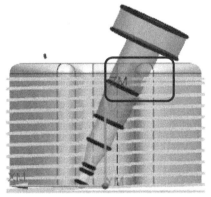

图9-35 加工仿真显示有干涉问题

09> 图9-35所示的刀柄干涉问题是因为参数中强制刀轴侧倾20°导致刀具在切削运动中角度不能随势而变，产生的解决方法仍是侧倾刀轴。在操作导航器中，右击当前工序名称，选择【刀轨】→【侧倾刀轴】，使用默认参数，确定后系统会重新计算刀轨。重新计算过的刀轨再次仿真，发现干涉问题得到解除，参见图9-36。

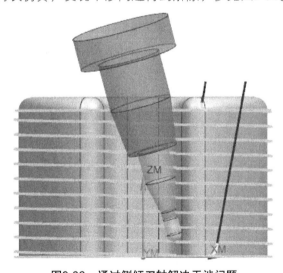

图9-36 通过侧倾刀轴解决干涉问题

9.4 小结

可变流线铣削工序对于加工某些光洁度要求较高的工件来说，是一个较好的选择，但对于复杂的切削区域，则需要事先构建流线来确定切削刀轨的"流"向，因此操作过程相对繁琐。当然，为了得到更好的产品质量，这些操作上的付出还是值得的。

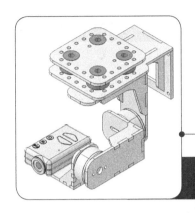

由于五轴加工多用于高端加工，比如在航空航天行业工件制造方面。在这一领域，工件类型大多为薄壁件。针对以直纹或类直纹特征为主要加工对象的工件，在NX中有一个专业的针对性的精加工工序，也就是本章要说明的外形轮廓铣加工工序。图10-1显示外形轮廓铣的实际加工效果。

图10-1　外形轮廓铣实际加工效果

由于五轴加工工序除叶轮加工模块提供了纯五轴联动的粗加工工序外，其他五轴加工工序，包括外形轮廓加工工序只能用于精加工工况（通过对一些参数的设置，虽然也可以实现粗加工或半精加工，但明显并不专业，只能用于个例）。外形轮廓铣的使用工序顺序是在粗加工完成的基础上，对直纹侧壁的残料使用刀具侧刃进行进一步地精加工。

本章通过实例来说明外形轮廓加工工序的具体使用方法，以及其中一些技巧。图10-2所示为在NX多轴加工模块中使用此工序创建的直纹壁面加工刀轨。

图10-2　外形轮廓铣直纹劈面加工刀轨

10.1 外形轮廓铣的常规应用

本例将介绍通过外形轮廓铣工序生成所需的壁类五轴加工刀轨的方法。

在切削加工中，外形轮廓铣是指通过使刀具侧刃"贴"在直纹或类直纹的工件壁面以切削方式对壁面进行精加工的方法。

01▷打开training\10\ wedge_mfg.prt文件，参见图10-3。

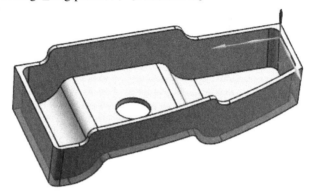

图10-3　外形轮廓铣加工工件

工艺分析：首先通过三轴（定轴）的CAVITY_MILL工序对工件进行粗加工，然后进行三轴（定轴）壁面半精加工和底面精加工。此工件侧壁显示为直纹特征，是一个典型的需要侧刃铣或外形轮廓铣工序才能对其内外侧壁进行无残料的五轴精加工的工件。

02▷进入多轴加工模块，选择"外形轮廓铣"工序，参见图10-4。注意坐标系要按需调整。

03▷单击OK按钮后，进入Contour Profile（外形轮廓铣）工序对话框，参见图10-5。

图10-4　指定外形轮廓铣工序

图10-5　外形轮廓工序对话框

04▷在外形轮廓铣工序对话框中，指定相关几何体，如图10-6所示。

　　➢ 指定部件为薄壁工件实体；

　　➢ 指定底面为此工件内型腔底面；

> 指定壁为默认的Automatic Walls（系统根据工件、底面条件自动判断选取。有时，系统自动判断出来的壁并不准确，这时就需要手工指定壁，即取消Automatic Walls的默认选取，通过单击Specify Walls（选择壁）按钮后手工选择壁）。

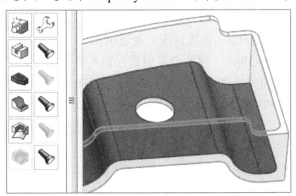

图10-6　指定相关部件

05> 在Method（驱动方法）下拉列表框中，选择Contour Profile（外形轮廓铣）（此方法为默认值，适合大多数情况）选项，参见图10-7。

06> 在Axis（刀轴）下拉列表框中，选择刀轴为Automatic（自动模式）（一般来说，选其他两项意义不大。关于其他两项的详细说明参见第4章），参见图10-8。

图10-7　选择驱动方式为外形轮廓铣

图10-8　选择刀轴的自动模式

07> 把其他参数按照加工工艺的相关要求进行设置后，单击"生成"按钮，生成外形轮廓铣五轴刀轨，参见图10-9。

08> 在壁面非直纹特征的情况下，刀具侧刃将无法与壁面充分贴合。这时可在Cutting Parameters（切削参数）对话框中，选择Tool Axis Control（刀轴控制）选项卡，设置刀轴Tilt Angle（侧倾角）选项，使刀轴侧倾，以避免不必要的干涉，参见图10-10。

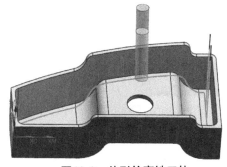

图10-9　外形轮廓铣刀轨

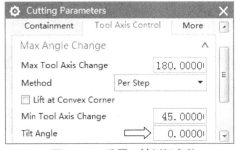

图10-10　设置刀轴侧倾参数

09> 把其他参数按加工工艺的相关要求设置完成后，生成刀轨，如图10-11所示，此时可见刀轴发生侧倾。

⚠注　由于此工件侧壁为直纹面，因此此刀轨并不符合工艺，这里仅作为讲解范例）。

10> 考虑到只生成一条精加工壁刀轨，刀具的负载较大，因此可考虑通过下面的设置生成多条刀轨，参见图10-12。

（1）在Cutting Parameters（切削参数）对话框中，选择Multiple Passes（多刀路）选项卡；

（2）勾选Multiple Depths（多重深度）复选框；

（3）在Depth Stock Offset（深度余量偏置）输入框中输入总切深深度数值；

（4）在Step Method（步进）下拉列表框中，选择Increment（增量）选项；

（5）指定一个合理的Increment（增量，每层切深）值。

图10-11　外形轮廓铣侧倾刀轴刀轨

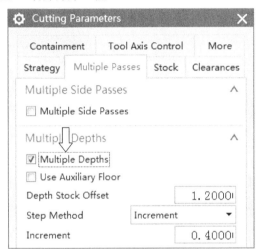

图10-12　指定多重深度参数

11> 单击OK按钮后重新生成刀轨，最终结果参见图10-13。如果想针对壁面进行厚度方向的多层切削，则勾选Multiple Side Passes（壁面多重铣）复选框，其余选项的设置方法类同。

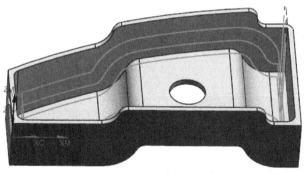

图10-13　多重深度加工刀轨

10.2　外形轮廓铣之自动生成辅助底面的应用

　　自动生成辅助底面的步骤如下。

01> 再次打开10.1节实例中的薄壁实体文件，并设置下列相关参数，参见图10-14。

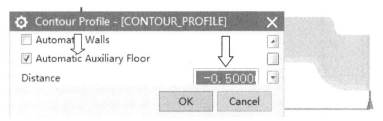

图10-14 设置"切透"

> 指定部件和底面（同10.1节实例）；
> 取消勾选Automatic Walls（自动壁）复选框，手工选中全部外侧壁面；
> 勾选Automatic Auxiliary Floor（自动生成辅助底面）复选框；
> 指定一个合理的Distance（距离）值（基于加工工艺考虑，需要刀具在实际切削时切"透"工件。此值即为"切透"值）。

02 > 其他参数按工艺要求进行设置，生成沿辅助底面加工的"切透"刀轨，参见图10-15。

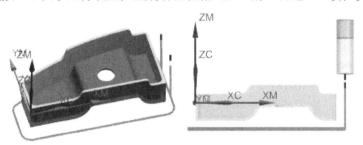

图10-15 辅助底面加工的"切透"刀轨

10.3 外形轮廓铣之沿壁底部的应用

沿工件壁底部生成外形轮廓铣刀轴的步骤如下。

01 > 再次打开10.1节实例中的薄壁实体文件，并指定下列相关参数，参见图10-16。

图10-16 设置跟随底部"切透"

> 指定部件和底面；
> 取消勾选Automatic Walls（自动壁）复选框，手工选中工件全部外侧壁面；
> 取消勾选Automatic Auxiliary Floor（自动生成辅助底面）复选框；
> 在Drive Settings（驱动设置）栏中，勾选Follow Wall Bottom（沿着壁的底部）复选框；
> 指定一合理的Tool Position Offset（刀具位置偏置值，即"切透"值。

02 > 其他参数按工艺要求进行设置，最后生成沿工件底部曲面加工的刀轨，参见图10-17。

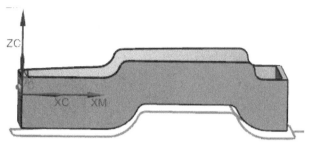

图10-17 沿工件底部曲面加工的"切透"刀轨

10.4 外形轮廓铣之指定辅助底面的应用

借助辅助底面生成外形轮廓铣加工轨的步骤如下。

01> 再次打开10.1节实例中的薄壁实体文件，并指定下列相关参数：

  ➤ 指定部件和底面；

  ➤ 指定Specify Auxiliary Floor（指定辅助底面）为现有曲面（此面在图层中隐藏），参见图10-18；

图10-18 指定辅助底面

  ➤ 取消勾选Automatic Walls（自动壁）复选框，手工选中工件全部外侧壁面；

  ➤ 取消勾选Automatic Auxiliary Floor（自动生成辅助底面）复选框；

  ➤ 取消勾选Follow Wall Bottom（沿着壁的底部）复选框。

02> 其他参数按工艺要求进行设置，生成沿辅助底面加工的刀轨，参见图10-19。

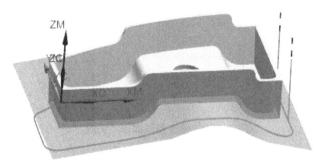

图10-19 沿辅助底面加工的刀轨

10.5 外形轮廓铣之模型优化

模型优化及生成刀轨的步骤如下。

01> 打开training\10\ spar_mfg.prt文件，参见图10-20。

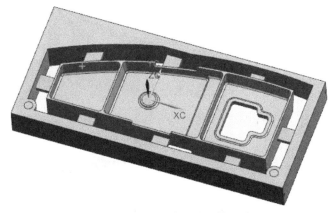

图10-20　前处理工件

02> 由于这是一个装配体，因此在装配导航器中需要将加工的spar.prt组件通过右击将其设置为显示部件，以便创建工序，参见图10-21。

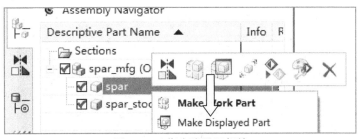

图10-21　指定为显示部件

> **注** NX支持在装配组件上直接进行工序的创建操作。

03> 通过删除面命令将腔底面的圆角面删除，以便创建理想的刀轨（在粗加工完成后再进行这一步，因此，最好建立工序模型。如果删除了圆角面，切记在使用外形轮廓铣精加工周边的时候一定要用与这个圆角等半径的鼻刀来清边），参见图10-22。

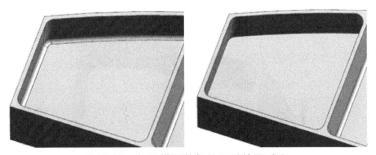

图10-22　加工模型前与处理后效果对比

04> 进入Contour Profile（外形轮廓铣）工序对话框，指定下列相关几何体，参见图10-23。

> 指定Specify Part（指定部件）为工件实体；
> 指定Specify Floor（指定底面）为图10-22所示的腔底面；

147

> ➤ 指定壁面为系统（Automatic Walls自动指定）。

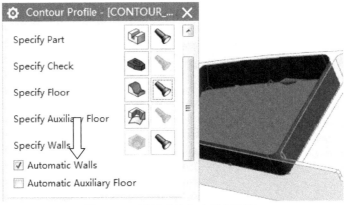

图10-23　设置系统自动指定壁面

05> 由于有时系统默认找到的刀轨起点并不理想，这时可通过分割面操作将某个壁表面分割，以便通过CAD来影响CAM，成为自定义刀轨的起点，参见图10-24。

图10-24　通过切割面的方法自定义刀轨起点

注 在系统自动指定壁面的情况下或默认情况下，刀轨起始点随机产生。

06> 其他参数按工艺要求设置后生成刀轨，参见图10-25。

图10-25　自定义起点的刀轨

10.6 豁口特征的处理

本例将介绍外形轮廓铣工序加工有豁口的壁的一些技巧。

01 ＞ 打开training\10\ 1.prt文件，参见图10-26。

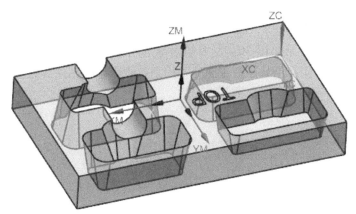

图10-26 外形轮廓铣加工工件

工艺分析：这是一个典型的需要通过外形轮廓铣工序精加工的工件（当然，用其他工序也可以）。该工件首先通过三轴加工工序进行粗加工和半精加工后，再用外形轮廓铣工序对侧壁进行无残料的五轴精加工。

02 ＞ 在加工模块中选择外形轮廓铣工序后，指定下列相关几何体。

> ➢ 指定部件为工件实体；
> ➢ 指定辅助底面为图10-26中所示的"砖"实体底平面；
> ➢ 指定壁为带豁口的腔侧壁面（高亮腔侧壁面，参见图10-27）。

03 ＞ 勾选Follow Wall Bottom（沿着壁的底部）复选框，并指定Tool Position Offset（刀具位置偏置）值为0.1，使其更符合实际加工工艺，参见图10-28。

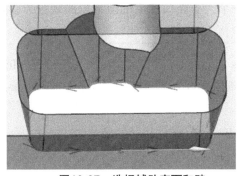

图10-27 选择辅助底面和壁

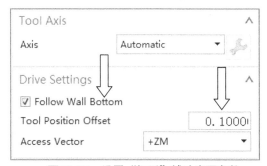

图10-28 设置"切透"辅助底面参数

04 ＞ 在Cutting Parameters（切削参数）对话框中，选择Multiple Passes（多刀路）选项卡，指定下列相关参数，参见图10-29。

> ➢ 勾选Multiple Depths（多重深度）复选框；
> ➢ 勾选Use Auxiliary Floor（使用辅助底面）复选框；

> ➢ 设置Depth Stock Offset（深度余量偏置）为1.5；
> ➢ 在Step Method（步进方法）下拉列表框中，选择Passes（刀路）选项；
> ➢ 指定Number of Passes（刀路数）为4（共走4层）。

注 深度余量偏置值为1.5为测量所得，该值是加工壁腔的深度。

05▶ 其他参数按工艺要求进行设置后，生成刀轨。此时可见刀轨切削至豁口处有抬刀跨越（跳刀）动作，参见图10-30。从系统考虑的角度来说，这个结果是合理的，但如果希望结果更理想一些，也就是希望此处不抬刀，则需修改相关参数。

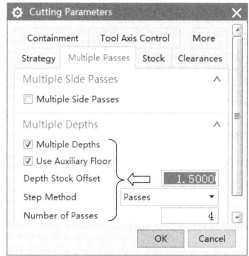
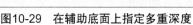

图10-29　在辅助底面上指定多重深度

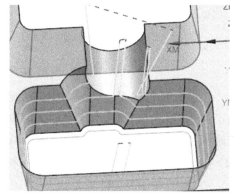

图10-30　外形轮廓铣加工跳刀刀轨

06▶ 在外形轮廓铣工序对话框中，单击Drive Method（驱动方法）栏中的"编辑"按钮，在随后出现的对话框中，指定Transfer within Region（在区域内传递）的Minimum Distance（最小距离）值为100，参见图10-31。

注 在区域内传递最小距离实际上就是指定一个大于豁口宽度的值，以实现令刀轨直接切过的效果。

07▶ 在外形轮廓铣工序对话框中，单击Cutting Parameters（切削参数）按钮，在More（更多）选项卡中指定Max Step（最大步长）值为100，以避免出现过多的抬刀，参见图10-32。

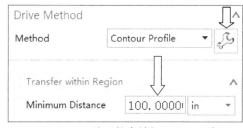

图10-31　外形轮廓铣加工跳刀距离

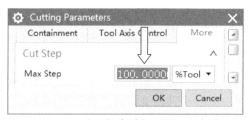

图10-32　外形轮廓铣加工跳刀切削步距

08▶ 其他参数保持不变，重新生成刀轨。此时刀轨在豁口处不再抬刀，而是以切削的方式掠过，参见图10-33。

> **注** 有时非切削参数对此也会有一定的影响（关于非切削参数的修改，参阅下文步骤14）。

09> 通过图10-33所示刀轨可以看出，假如壁的豁口很大，这样的刀轨显然影响切削效率。更理想的刀轨应该是在豁口处以步进为"G0"的方式跨越，据此，继续修改参数，以达到这样的效果。

10> 在外形轮廓铣工序对话框中，单击驱动方法栏中的"编辑"按钮，在随后出现的外形轮廓铣驱动方法对话框中，指定Across Wall Gaps（跨缝隙）栏中的Motion Type（运动类型）为Stepover（步进），参见图10-34。

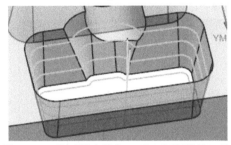

图10-33 外形轮廓铣加工跳刀切削优化刀轨　　图10-34 设置外形轮廓铣加工跳刀步进转换化

11> 其他参数保持不变，重新生成刀轨。这时的刀轨在豁口处不但不抬刀，而且还以G0步进的方式掠过，参见图10-35。

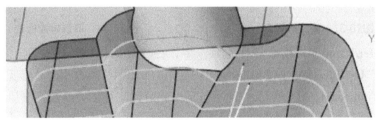

图10-35 外形轮廓铣加工跳刀转换优化刀轨

12> 通过图10-35可以看出，最理想的刀轨应该是在豁口处以G0步进的方式跨越，据此，再次修改工序参数，以达到同样的效果。

13> 在外形轮廓铣工序对话框中，单击驱动方法栏中的"编辑"按钮，在随后出现的外形轮廓铣驱动方法对话框中，设置Transfer within Region（在区域内传递）栏中的Minimum Distance（最小距离）值为0，参见图10-36。

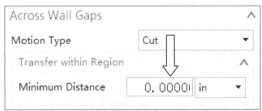

图10-36 设置转换距离

14> 指定下列相关的Non Cutting Moves（非切削移动）参数，参见图10-37。

151

> 在Engage Type（进刀类型）下拉列表框中，选择Plunge（插削）选项；
> 在Engage from（进刀位置）下拉列表框中，选择Plane（平面）选项；
> 以自动判断的方式设置Specify Plane（指定进刀平面）为工件底平面（强迫系统无进刀高度），两个Engage Type（进刀类型）选项设置为Same as Open Area（与开放区域相同）。

15> 在More（更多）选项卡中，取消勾选Collision Check（碰撞检查）复选框，参见图10-38。通常情况下，该复选框为系统默认选中。本例中，取消碰撞检查显然不会造成干涉碰撞。

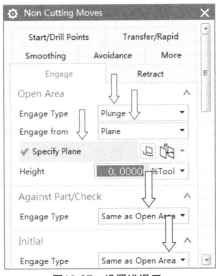

图10-37　设置进退刀

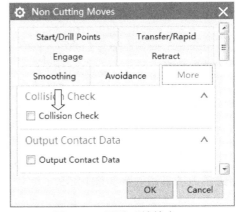

图10-38　取消碰撞检查

16> 在Transfer/Rapid（转移/快速）选项卡中，在Clearance Option（安全设置）下拉列表框中选择"Use Inherited（使用继承的）选项，即和相关参数相同，参见图10-39。

17> 继续在Transfer/Rapid（转移/快速）选项卡中设置下列相关参数，参见图10-40。

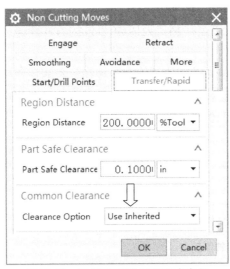

图10-39　设置转移/快速选项卡参数

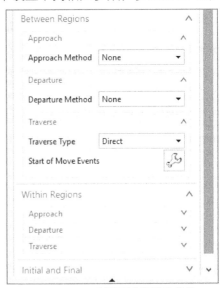

图10-40　设置区域间转换参数

> 在Between Regions（区域之间）栏中，设置Approach Method（逼近方法）和 Departure Method（离开方法）选项都为None（无），即（两个切削区域之间不抬刀也不退刀）；

> 设置Traverse Type（移刀类型）选项为Direct（直接），即不抬刀直接跨越；

> Within Regions（区域内）也是同样的参数设置；

> Initial And Final（开始和最终）的设置与区域之间相同。

18> 其他参数保持不变，重新生成刀轨。这时的刀轨在豁口处不但不抬刀，而且还以 G0步进的方式掠过，参见图10-41。

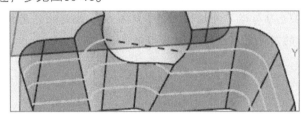

图10-41　外形轮廓铣加工跳刀优化刀轨

19> 当然，如果嫌设置这些参数比较麻烦，可以直接运用几何编辑功能修复加工几何体但要注意需建立工序模型。此处用删除面功能删除了豁口面，参见图10-42。

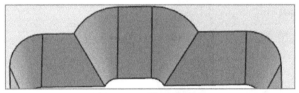

图10-42　模型前处理

至此，想必读者已经掌握了在豁口处运用参数设置生成理想刀轨的方法了。读者可试着生成图10-43所示的刀轨（包括步进和抬刀跨越），以巩固所学。

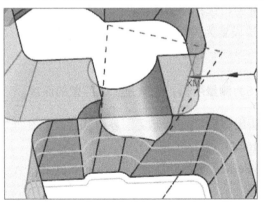

图10-43　外形轮廓铣加工抬刀避让刀轨

10.7　螺旋状切入切出

本例将介绍外形轮廓铣工序加工螺旋切入切出刀轨的创建技巧。

153

01 > 继续使用10.6节实例所用文件1.prt，参见图10-26。

02 > 在外形轮廓铣工序对话框中，指定部件为工件实体，指定底面为图10-44腔底平面，指定壁面为此腔体周边侧壁面。

03 > 单击驱动方法栏中的"编辑"按钮，在随后出现的外形轮廓铣驱动方法对话框中，指定刀轨延伸参数如下，参见图10-45。

> 设置Start of Cut（切削起点）栏的Extend Distance（延伸距离）选项为刀具的"100%"；

> 设置End of Cut（切削终点）栏的Extend Distance（延伸距离）选项为刀具的100%（即在进刀与退刀处均设置延长刀轨。在此处的作用相当于重叠距离，以避免加工后的工件上有进退刀的接刀痕）。

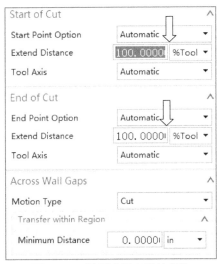

图10-44　指定底面和壁面　　　　图10-45　设置进退刀延长参数

04 > 在切削参数对话框中，选择多刀路选项卡，勾选多重深度复选框，将深度余量偏置设置为1.5，步进方法设置为刀路，并指定刀路数为4次，参见图10-29（本例无须选中使用辅助底面）。

> **注** 深度余量偏置值1.5为测量所得，也就是加工腔壁的深度。

05 > 实现螺旋状切入切出，关键在于非切削参数的设置。在非切削移动对话框中进行如下设置，参见图10-46。

> 指定Engage Type（进刀类型）为Arc-Normal to Tool Axis（圆弧垂直于刀轴）选项；

> 设置一个合理的Ramp Angle（斜坡角度）值；

> 将Against Part/Check（根据部件/检查）栏的Engage Type（参与类型）设置为same as Open Area（与开放区域相同）；

> 将Initial（初始）栏的Engage Type（参与类型）设置为same as Open Area（与开放区域相同）；

> Retract（退刀）选项卡的设置与进刀相同。

06〉 在Morel更多选项卡中，取消碰撞检查功能的选择（在本例中，取消碰撞检查显然不会造成干涉碰撞），参见图10-38。

07〉 在Transfer/Rapid（转移/快速）选项卡中，确认Region Distance（区域距离）、Part Safe Clearance（部件安全距离）、Clearance Option（安全设置）选项均使用默认参数，参见图10-47。

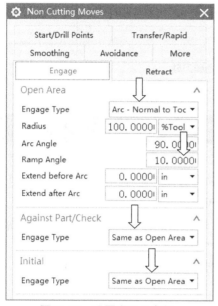

图10-46　设置进退刀参数

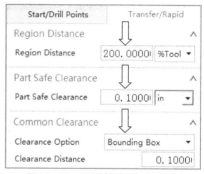

图10-47　设置转移/快速选项卡

08〉 继续在转移/快速选项卡中进行如下设置，参见图10-48。

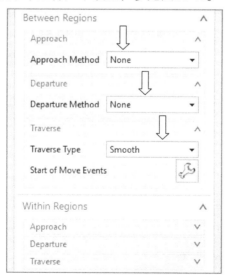

图10-48　设置刀轨光顺参数

➢ 将Between Regions（区域之间）栏的Approach Metho（逼近）和Departure Metho（离开）选项都设置为None（无）（两个切削区域之间不抬刀也不退刀）；

➢ 将Traverse Type（移刀类型）设置为Smooth（光顺）（刀轨光顺连接）；

➢ Within Regions（区域内）选项卡中也设置一样的参数。

155

09> 其他参数保持不变，重新生成刀轨。这时的刀轨在进退刀处产生光顺螺旋连接，并且有重叠距离，参见图10-49。

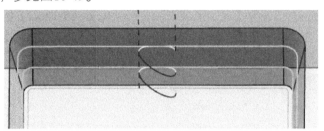

图10-49　光顺刀轨

10.8　侧刃加工曲面侧壁

本例将介绍通过外形轮廓铣工序使用刀具侧刃加工工件曲面侧壁的一些技巧。

01> 打开training\10\ 222.prt文件，参见图10-50。

工艺分析：假设这个工件已经经过三轴工序粗加工，现在需要用外形轮廓铣工序对曲面侧壁进行半精加工：使用刀具侧刃来"靠"铣工件。

02> 在外形轮廓铣工序对话框中，指定下列相关几何体，参见图10-50。

> 指定部件为工件实体；
> 指定底面为图10-50中所示的腔底平面；
> 指定壁为腔周围曲面侧壁。

03> 单击驱动方法栏中的"编辑"按钮，在Contour Profile Drive Method（外形轮廓铣驱动方法）对话框中，指定下列相关参数（参见图10-51）。

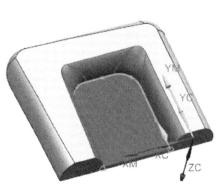

图10-50　指定侧壁和底面

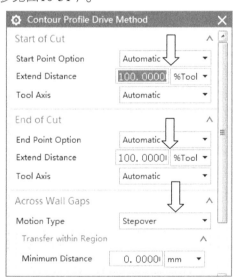

图10-51　设置切削起、终点

> 将Start of Cut（切削起点）和End of Cut（切削终点）栏的Extend Distance（延伸距离）值均设置为刀具的100%；

> 将Across Wall Gaps（跨壁缝隙）栏中的Motion Type（运动类型）设置为Stepover（步进）选项。

04 继续在图10-52所示的对话框中，指定Contact Position（接触位置）栏中的Ring Height（环高）为Constant（恒定）选项，设置Distance（距离）值为7mm（在切削此工件侧壁第一刀时，为避免空切，让刀具"下潜"7mm）。

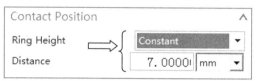

图10-52　参数环高设置

指定或不指定距离值对最终结果的影响（圆柱几何体为刀具），如图10-53和图10-54所示。

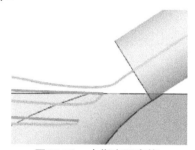

图10-53　未指定距离值

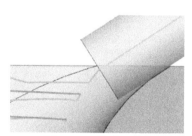

图10-54　指定距离值

05 在切削参数对话框中，选择Multiple Passes（多刀路）选项卡，设置多刀路参数如下，参见图10-55、图10-56。

图10-55　设置多重侧切参数

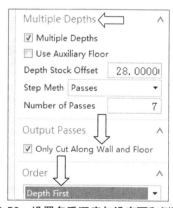

图10-56　设置多重深度与沿底面和侧面参数

> 勾选Multiple Side Passes（多条侧面）和Multiple Depths（多重深度）复选框，并设置相关参数；

> 勾选Only Cut Along Wall and Floor（仅沿壁和底面切削）复选框，只切削工件的侧壁和底面；

> 设置Order（顺序）为Depth First（深优先）。

注 相关数值为测量所得。

06> 由于不需要设置多余的进退刀轨，因此在Non Cutting Moves（非切削移动）对话框中，指定下列相关进退刀设置，参见图10-57。

> 将Open Area（开放区域）栏中的Retract Type（退刀类型）设置为None（无），其余两个退刀类型选项设置与之相同；
> 设置进刀与退刀参数相同。

07> 在转移/快速选项卡中，区域之间逼近方法和离开方法都设置为无（两个切削区域之间不抬刀也不退刀），移刀类型设置为光顺（刀轨光顺连接），区域内的参数设置也是一样，参见图10-48。

08> 其他参数根据工艺要求进行设置，生成刀轨，参见图10-58。

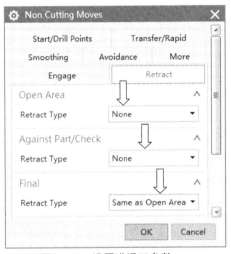

图10-57　设置进退刀参数

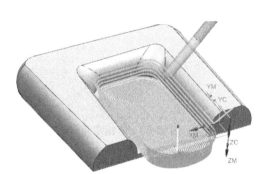

图10-58　生成刀轨

10.9　外形轮廓铣的综合练习

本例将做一个综合练习，以巩固本章所学。

01> 打开training\10\ 7_123.prt文件，参见图10-59。

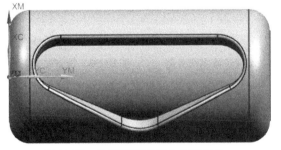

图10-59　外形轮廓铣综合练习工件

工艺分析：通过定轴工序对需要铣加工的部分进行粗加工和精加工。由于此工件存在倒扣部分，因此定轴工序有些死角可能无法清理到位，现在使用外形轮廓铣工序对曲面侧壁进行精加工。

02> 在外形轮廓铣工序对话框中，指定下列相关几何体。

  ➤ 指定部件为图10-59所示工件实体；

  ➤ 指定底面为凹腔底面；

  ➤ 选择壁为凹腔周侧壁面，参见图10-60。

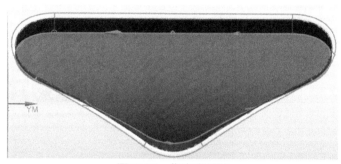

图10-60 指定底侧面

03> 如果有需要，可以在切削参数中设置深度和侧壁的多刀路切削。最终生成的轮廓切削刀轨如图10-61所示。

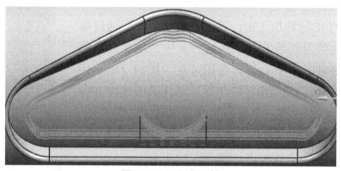

图10-61 生成刀轨

10.10 小结

在薄壁工件大量存在的行业，如航空业，使用外形轮廓铣加工工序制造工件无疑是适合的（当然还有其他可选的侧刃切削工序模式）。因此，在以后的工作或学习中，如果遇到需要加工侧壁的等高类特征工件，可首先考虑是否能用外形轮廓铣工序等一些以侧刃切削见长的工序来生成理想的刀轨。

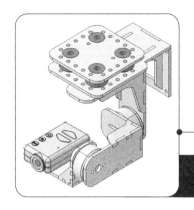

第11章

NX多轴曲线驱动加工

NX多轴曲线驱动加工，也就是通过曲线来驱动和控制最终刀轨。

在第6章介绍的四轴加工中，读者已初步了解了通过曲线来控制生成四轴刀轨的方法。在这一章中，主要讲述曲线驱动在其他多轴工序中的具体使用方法。图11-1所示切削效果图的工况为：刀轴指向某点并且刀具沿曲线在部件表面进行切削移动——是一个典型的曲线驱动加工方式。

下面，通过一些针对性的实例，让读者具体学习一下NX多轴曲线驱动加工的使用方法和相关技巧。

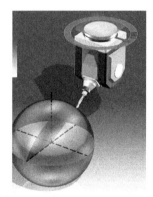

图11-1　曲线驱动加工效果图

11.1 单段曲线驱动

本例将介绍如何通过曲线驱动与刀轴控制方式的配合来生成所需的多轴加工刀轨。

01> 打开training\11\ curve drive_away form point.prt文件，参见图11-2。

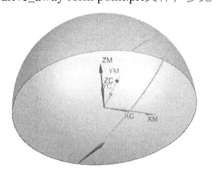

图11-2　曲线驱动加工工件

工艺分析：在这个实例文件中，需要用刀具沿着曲线在工件表面进行铣槽，同时，刀轴要平行于工件表面的法向。因此，需通过曲线来控制切削的生成方向。

02> 进入mill_multi-axis（多轴铣）对话框，选择可变轮廓铣工序类型。在其对话框中，指定部件为半球实体，在Drive Method（驱动方法）栏的下拉列表框中选择Curve/Point（曲线/点）选项，参见图11-3。

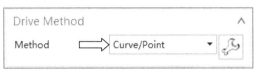

图11-3 指定曲线驱动方法

03> 单击图11-3中右侧的编辑按钮，进入曲线/点驱动方法对话框。根据需要，选择曲线驱动几何体为图11-2中所示的曲线。

注 在选择曲线时，可能需要更改选择过滤模式。

04> 在可变轮廓铣工序对话框中，指定下列刀轴相关参数。

> 将投影矢量指定为刀轴；
> 在Axis（刀轴）栏指定刀轴为Away From Point（远离点）；
> 设置Specify Point（指定点）为球心点，参见图11-4。

05> 其他参数按照加工工艺的相关要求进行设置后，生成曲线驱动五轴加工刀轨，参见图11-5。

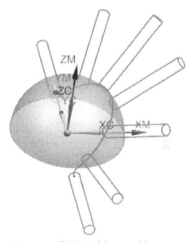

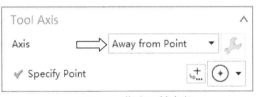

图11-4 指定刀轴参数 　　　　图11-5 曲线驱动加工刀轨

11.2 多段曲线驱动

创建分段曲线驱动加工刀轨的步骤如下。

01> 打开training\11\ PIJIU.prt文件，参见图11-6。

工艺分析：在这个实例文件中，定轴的粗加工与曲面精加工完成之后，需要使用刀具沿着文字曲线在工件表面进行刻字切削，同时，按工艺的要求，刀轴必须垂直于工件表面。

161

02> 在可变轮廓铣工序对话框中，指定部件为瓶颈表面（图11-7所示高亮面），驱动方法选择曲线/点。

图11-6　曲线驱动加工工件

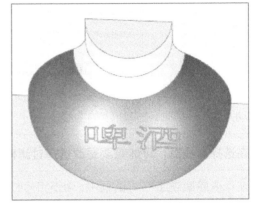

图11-7　指定部件和驱动方法

03> 在曲线/点驱动方法对话框中，选择曲线驱动几何体为图11-7中所示的文字曲线。需要注意的是，每选择一条曲线后，要通过"添加新集"的方法选择下一条曲线，参见图11-8。

04> 指定投影矢量为刀轴，在刀轴栏指定刀轴为垂直于部件（这也是为何部件只选一个表面的原因），按照加工工艺的要求设置其他参数，生成刀轨，参见图11-9。

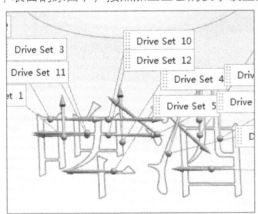

图11-8　指定驱动曲线

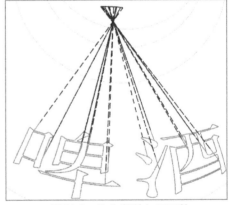

图11-9　法向部件加工刀轨

11.3　CAD辅助CAM实例

　　本例中，如果希望使用曲线驱动来做最终侧壁面的精加工，为了便于生成理想的刀轨，还需要构建一些必要的辅助几何体。

　　打开training\11\ cruve_path.prt文件，参见图11-10。

　　工艺分析：当拿到设计数据，在创建加工工序之前，考虑到侧壁面与工件底面应该是相互垂直的关系，所以通过测量得到确切的结果，做到心中有数，如部件可以直接指定为工件底面、粗加工可以使用多层切削、精加工可以让刀轴垂直于底面等等。

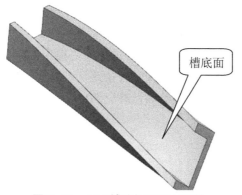

槽底面

图11-10　CAD辅助加工CAM工件

11.3.1　驱动面的创建

创建驱动面的步骤如下。

01> 在建模环境中，选择【插入】→【关联复制】→【抽取几何体】，抽取工件的槽底面，参见图11-11。

图11-11　抽取驱动面

02> 选择【插入】→【派生曲线】→【在曲面上偏置】，将抽取出来的面的两侧边缘向内偏置刀具半径与加工余量之和的距离（粗加工），参见图11-12。

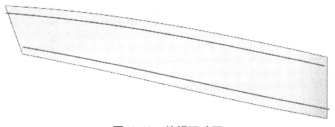

图11-12　编辑驱动面

03> 将偏置后的曲线按曲率延长，从而用它对抽取面进行修剪，最终结果如图11-13所示。

图11-13　驱动面修剪结果

11.3.2　粗加工到精加工刀轨生成

生成粗加工到精加工刀轨的步骤如下。

01> 进入加工模块，在可变轮廓铣工序对话框中，指定部件为修剪曲面，指定驱动方法为曲面，指定驱动几何体为修剪曲面，并指定切削方向等参数。

02> 回到对话框中，指定如下刀轴参数，参见图11-14。

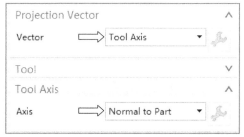

图11-14　指定投影矢量和刀轴参数

> 指定Vector（投影矢量）为Tool Axis（刀轴）；
> 指定Axis（刀轴）为Normal to Part（垂直于部件）。

03> 在切削参数对话框中，选择多层切削选项卡，并按加工工艺设置相关参数后生成刀轨，参见图11-15。

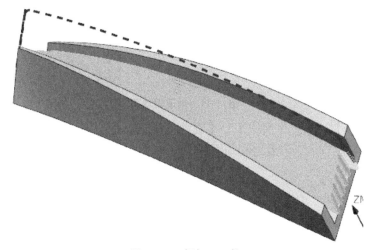

图11-15　粗加工刀轨

04> 在工序导航器中复制粗加工工序，并编辑复制后的粗加工工序，取消多层切削设置，使其最终成为精加工槽底面的刀轨，参见图11-16。

05> 在工序导航器中再次复制粗加工工序，并编辑复制后的工序。

> 指定驱动方法为曲线/点，并选择驱动曲线为图11-13中所示曲面的侧边缘（注意余量）；
> 在工序对话框中将刀轴设置为垂直于部件。最终生成精加工侧壁的刀轨，如图11-17所示。

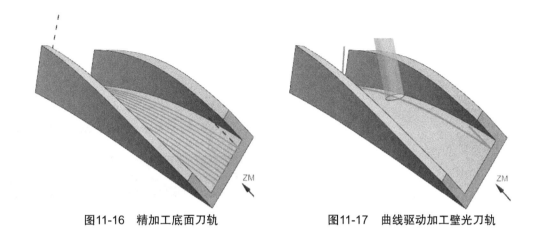

图11-16　精加工底面刀轨　　　　图11-17　曲线驱动加工壁光刀轨

11.4　小结

　　曲线驱动通常用于诸如LOGO加工等工况中。在一些特殊情况下，如想要生成某种更理想的刀轨而用常规方法无法做到时，可以先通过NX CAD在相应的平面或工件表面构建曲线，然后再使用曲线驱动工序让刀具沿着曲线切削的方法来达到目的。

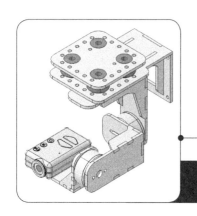

与外形轮廓加工类似，对于以直纹或类直纹特征为主要加工对象的壁面精加工类工件，在NX里提供了一种专业的、针对性的刀轴矢量控制方式，也就是本章要说明的侧刃刀轴控制矢量。

在使用侧刃刀轴方式进行切削时，可以保持刀具侧面与加工面对齐，同时还可以控制切削刀具的倾斜度。此策略在加工相应工件时，可明显提高表面精加工质量并缩短加工时间。图12-1为侧刃铣工序的应用效果。

图12-1 侧刃铣应用效果

下面，通过一些典型加工工件来说明侧刃刀轴矢量应用的使用方法和相关技巧。

12.1 侧刃铣的常规应用

本例将介绍通过侧刃铣工序生成壁类五轴加工刀轨的方法。

在切削加工中，侧刃铣是指通过使刀具侧刃"贴"在直纹或类直纹的壁面进行精加工的方式。

01> 打开training\12\ QXQ.prt文件，参见图12-2。

周边侧壁由于存在拔模斜度，因此，三轴加工后仍会有残料产生

图12-2　侧刃铣典型工件

工艺分析：这是一个典型的模具型腔（芯）工件，首先通过三轴定轴CAVITY_MILL工序对它进行粗加工，然后使用三轴深度轮廓铣和固定轴方式对它进行精加工。经过三轴精加工之后，其侧壁仍存残料，但此时三轴加工方式已经对此无能为力了。

如果想要彻底清除掉带拔模斜度的侧壁的残料，侧刃五轴铣再合适不过。当然，前面曾阐述过的某些工艺方式也可以用来彻底清除掉这些侧壁残料。

02〉进入数控加工模块，在mill_multi-axis对话框中选择可变轮廓铣工序，单击OK按钮。

03〉在可变轮廓铣工序对话框中，指定部件为型腔最底面（高亮面），参见图12-3。

04〉指定驱动方法为曲面，在随后出现的警示对话框中单击确定，进入曲面区域驱动方法对话框。

05〉在该对话框中，指定驱动几何体为图12-4中所示的4个侧壁斜面（高亮面），单击OK按钮。

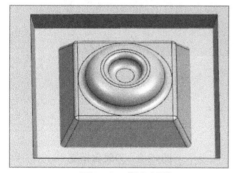

图12-3　指定部件

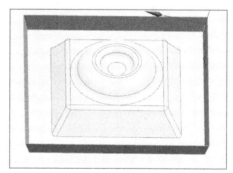

图12-4　指定驱动面

注　选择驱动几何体时，要依次选取。

06〉指定合理的切削方向和材料反向后，设置Number of Stepovers（步距数）为0（即只走一刀），参见图12-5。

注　切削方向一般为向右或向左，而材料反向方向一般为向外，也就是图12-4中向左的那个箭头所指的方向。

167

图12-5　指定切削参数

07〉指定下列刀轴相关参数，参见图12-6。

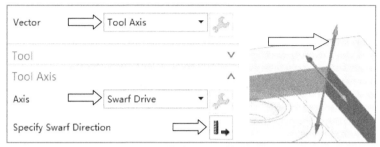

图12-6　指定侧刃刀轴方向

> 将Vector（投影矢量）设置为Tool Axis（刀轴）选项；
> 将Axis（刀轴）设置为Swarf Drive（侧刃驱动体）选项；
> 设置Specify Swarf Direction（指定侧刃方向）为向上的箭头方向（可简单理解为夹持器所在方向）。

08〉把其他参数按照加工工艺的相关要求进行设置后，单击"生成"按钮，生成侧刃铣五轴刀轨，参见图12-7。

此时刀轨在两个面的交界处（拐角处），产生了自相交状态，参见图12-8。这显然是不允许的。

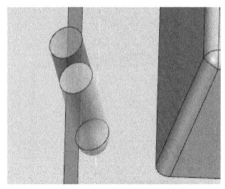

图12-7　侧刃铣五轴刀轨

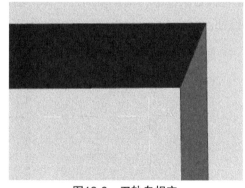

图12-8　刀轨自相交

09〉针对此问题，解决方法有两个：一是将工件实体指定为部件，二是对拐角处进行倒圆角处理，从而使刀轨平滑过度。在此选择后者为解决过切的方法，即对模型拐角处进行倒圆角，参见图12-9。

ⓘ 倒圆角值要等于或大于刀具半径。另外，既然要修改模型，可以考虑通过WAVE的方式建立工序模型。

10〉按照同样的步骤，重新选择侧壁斜面和圆角面作为驱动几何体。如果有必要，重新指定切削方向和材料反向的指向，并生成刀轨，参见图12-10。

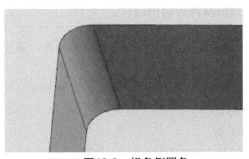

图12-9 拐角倒圆角

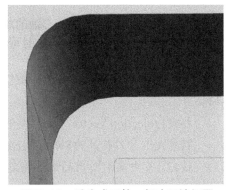

图12-10 重生成刀轨，解决干涉问题

11> 在默认情况下，进退刀会与工件产生碰撞，因此需要注意进退刀参数的设置。如果想要实现多层切削，在切削参数中进行多刀路的设置即可（具体方法参见前文）。

12.2 侧刃铣螺旋加工

本例将介绍通过侧刃铣工序生成壁类特征的螺旋加工刀轨的方法。

01> 打开training\12\ Ex4_startA.prt文件，参见图12-11。

工艺分析：如果毛坯为一个直径恰到好处的圆柱体的话，那么X形的加工区域可以先用定轴铣粗加工到位，然后再考虑使用平铣刀五轴侧刃铣精加工侧壁。

02> 在可变轮廓铣工序对话框中，无需指定部件，指定驱动方法为曲面。在曲面区域驱动方法对话框中，指定X凸起外侧壁面为驱动面参见图12-12。

图12-11 侧刃螺旋铣工件

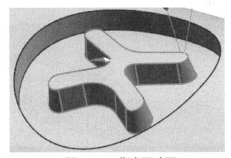

图12-12 指定驱动面

注 本例中没有指定部件，因为在预想中此工况是不会出现过切情况的。

03> 指定合理的切削方向和材料反向方向，并指定下列刀轨相关参数，参见图12-13。
- ➢ 指定Cut Pattern（切削模式）为Helical（螺旋）；
- ➢ 设置Stepover（步距）为Number（数量）；
- ➢ 设置Number of Stepovers（步距数）为2（在上下范围内有两个切削层）。

注 受很多五轴机床的A（B），C轴的旋转行程限制，或后处理的轴行程限制，导致使用螺旋切削会有诸多不妥之处，这时可考虑使用双向等切削模式。

04> 回到Variable Contour（可变轮廓铣）对话框中，设置下列刀轴相关参数，参见图12-14。

> 指定Projection Vector（投影矢量）栏的选项为Toward Drive（朝向驱动）；

> 指定Axis（刀轴）为Swarf Drive（侧刃驱动）；

> 按12.1节中实例所用的方法指定侧刃方向。

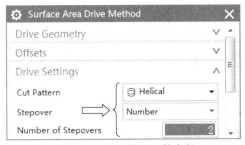

图12-13 设置螺旋刀轨参数

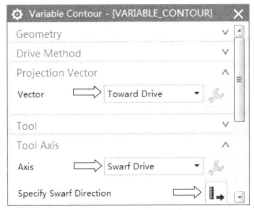

图12-14 设置投影矢量和刀轴

05> 把其他参数按照加工工艺的相关要求进行设置后，单击"生成"按钮，生成侧刃铣五轴螺旋刀轨，参见图12-15。

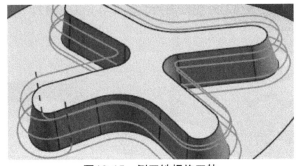

图12-15 侧刃铣螺旋刀轨

12.3 侧刃铣叶片精加工

本例将介绍通过侧刃铣工序精加工叶轮叶片侧壁的方法。

工艺分析：自NX 7.5以来，叶轮五轴加工模块随着NX版本的不断升级，功能也在不断地加强。由于叶轮模块需要单独的授权才可使用，因此，在加工叶轮或类叶轮类工件时，如果没有叶轮模块授权，那么只能使用其他模块来完成。当然，使用其他模块在功能上和叶轮模块是有着巨大差距的。

注 关于叶轮加工模块的应用，参见后述内容。

01 > 打开training\8\turbomachinery.prt文件，隐藏不必要的对象，参见图12-16。

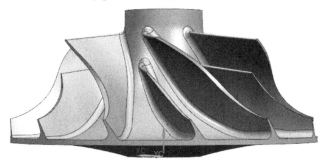

图12-16 叶片侧刃铣工件

02 > 在可变轮廓铣工序对话框中，直接指定检查几何体为轮毂面（高亮显示面），以避免轮毂面被过切，参见图12-17。

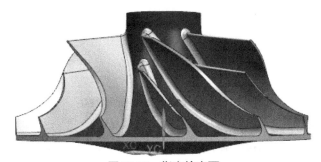

图12-17 指定检查面

03 > 指定驱动方法为曲面，并在曲面区域驱动方法对话框中，指定某个大叶片内侧壁面为驱动面，参见图12-18。

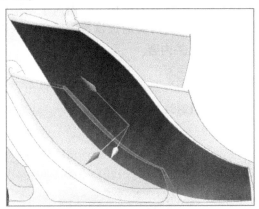

图12-18 指定驱动面

04 > 指定合理的切削方向和材料反向的方向，并设置下列相关参数，参见图12-19。

> 设置Cut Pattern切削模式为Zig Zag（往复）；

> 设置Stepover（步距）为Number（数量）；

> 指定Number of Stepovers（步距数）为10。

171

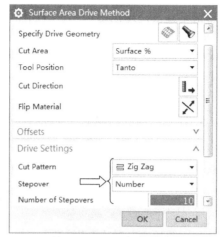

图12-19　设置切削参数

05 回到可变轮廓铣中，设置下列刀轴相关参数，参见图12-20。

图12-20　设置刀轴和倾角参数

> 设置Projection Vector（投影矢量）为Axis（刀轴）；
> 设置Axis（刀轴）为Swarf Drive（侧刃驱动）；
> 按10.1节中实例所用的方法指定侧刃方向；
> 设置Tilt Angle（侧倾角）为10。

注 由于侧刃切削特别适合于直纹特征的精加工。而对于网格面等"曲面"特征用侧刃切削从工艺上讲并不太合理，因此需要通过设置侧倾角，来避免过切的产生。关于侧倾角的概念，请参见第7章中相关内容。

---

06 把其他参数按照加工工艺的相关要求进行设置后，单击"生成"按钮，生成侧刃铣五轴叶片精加工刀轨，参见图12-21。

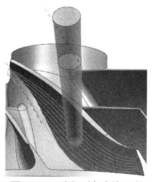

图12-21　侧刃铣叶片刀轨

> **注** 由于设置了检查几何体，因此需注意切削参数中与检查体相关的参数的设置。

12.4 五轴侧刃铣练习

打开training\10\ Rib.CATPart文件（注意该文件为CATIA V5格式），参见图12-22。这是一个典型的适用于五轴侧刃铣精加工的工件。

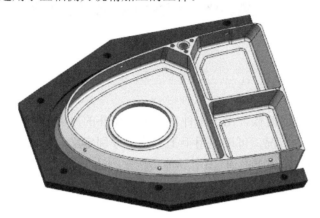

图12-22 侧刃铣加工练习工件

12.5 小结

广义上的侧刃切削在铣削加工中占有重要地位，比如在三轴加工里的深度轮廓铣加工，或前面讲述过的个别四轴加工案例和五轴外形轮廓铣，顺序铣等。在现实的产品数控加工中，侧刃铣广泛的应用于光壁加工，如模具件斜壁使用球刀爬面加工完成后，会遗留残余高度，这时可使用侧刃铣对斜壁面进行光刀，以减少后期模具钳工的工作量。另外，在航空薄壁类工件的加工方面，也大量的应用侧刃加工。

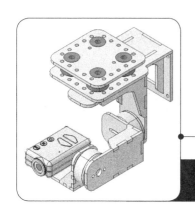

在加工某些工件的时候，由于工件本身几何拓扑的原因，无法使用系统内置的刀轴来设置。对于此种情况，可以使用手工方法来分别定义刀轴，即通过一般运动工序来解决刀轴定向的问题。下面通过3个具体实例来阐述一般运动工序的具体应用方法。图13-1所示刀轨为使用一般运动工序通过自定义多个刀轴来实现对各个倒斜角面的法向加工。

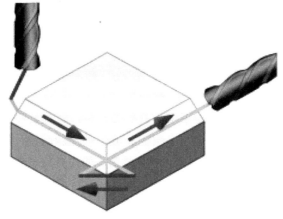

图13-1　一般运动刀轨效果

13.1　旋转点矢量移动

生成这种一般运动工序的刀轨的方法如下。

01 > 打开training\13\generic_motion1.prt文件，参见图13-2。

工艺分析：在该例中，倒斜角面显然是个需要多轴加工才能完成的特征——在每个斜角面的加工中，刀轴矢量均为其法向。因此，每个倒斜角面均需要定义刀轴。

02 > 选择mill_multi-axis（多轴铣）类型，设置Operation Subtype（工序子类型）为"一

般运动"工序，参见图13-3。

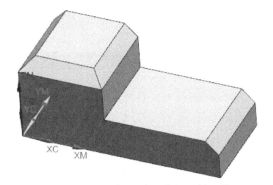

图13-2　适用一般运动工序加工的工件

图13-3　选择一般运动工序

03〉在Generic Motion（一般运动）工序对话框中，单击Sub-Operations（子工序）栏中的Add New Sub-Operation（添加新的工序）按钮，参见图13-4。

04〉在随后打开的Create Move Subop（创建移动子工序）对话框中，将Move Type（移动类型）设置为Rotary Point Vector Move（旋转点矢量移动），即在某点上确定刀轴矢量，参见图13-5。

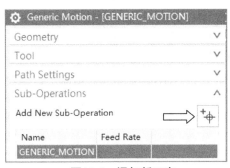

图13-4　添加新工序

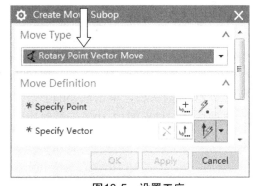

图13-5　设置工序

注 在移动类型下拉列表中有多种移动方式选项，大部分都可以顾名思义，按需选用。其中的"旋转点矢量移动"的意思为增加ON/TANTO刀尖位置；"跟随曲线/边"的意思为刀尖跟随接触边或曲线；"跟随部件偏置"的意思为刀尖跟随工件的截面线，该截面线是在法向刀轴方向的平面内获得的。

05〉指定点为图13-6所示左侧短斜边中点（即图中动态坐标原点所在位置），随后单击欲使刀轴成为其法向轴的斜角面（图中高亮斜角面）。设置后，刀具底面圆心点与指定点重合，刀具垂直于指定的斜角面。

06〉单击XC轴的箭头（参见图13-6）后，按住左键不要松手，向左拖动适当距离（刀具完全离开斜角面即可）后松开，参

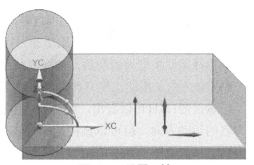

图13-6　设置刀轴

175

见图13-7。

07 确认Motion Type（运动类型）为Traversal（移刀），单击"应用"按钮，参见图13-8。

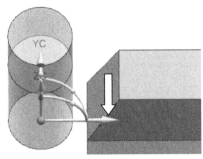

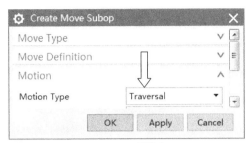

图13-7　设置进刀距离　　　　　　　　　　图13-8　设置移刀

08 将运动类型更改为切削，按住XC轴的箭头，向右（+X轴方向）拖动至刀具完全离开斜角面，单击"应用"按钮，生成切削刀轨。此时，运动类型自动变为移刀，参见图13-9。

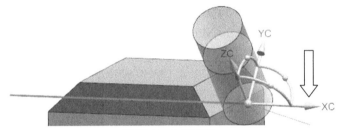

图13-9　生成刀轨

09 选择ZC轴箭头后，单击相邻的下一个斜角面（图13-10中横向的斜角面），使刀轴成为其法向轴，捕捉图13-10所示短斜边中点（图中坐标系原点所在位置点）。

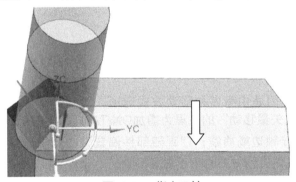

图13-10　指定刀轴

10 按住YC轴箭头，向左（图13-11中，-Y轴方向）拖动，使刀具完全离开斜角面，单击"应用"按钮，生成移刀切出运动刀轨。

11 选择运动类型为切削后，捕捉斜角面最右侧的短斜边中点。按住YC箭头后再向右（+YC轴方向）拖动，使刀具完全脱离此斜角面，参见图13-12。

　　通过图13-11可以看出，坐标系并不正，因此不能通过拖动坐标箭头的方式来改变刀具的运动方向，但可以直接捕捉点（捕捉斜角面最右侧的短斜边中点）来确定运动方向。捕捉点运动并不能使刀具完全切出斜角面，但坐标系却因此摆正。之后，再通过拖动来使刀具完全脱离斜角面，使生成的切削运动更符合实际工艺要求。

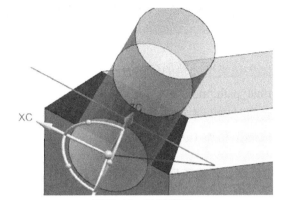

图13-11 设置移刀

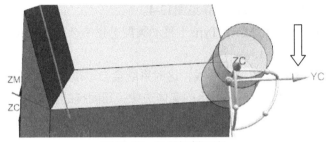

图13-12 设置切削工序

12> 单击"应用"按钮，生成切削运动刀轨，参见图13-13。

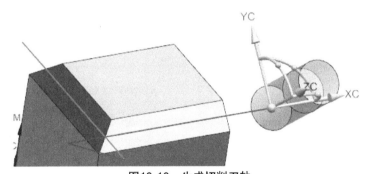

图13-13 生成切削刀轨

13> 通过类似的方法，生成所有倒斜角面的切削刀轨，参见图13-14。

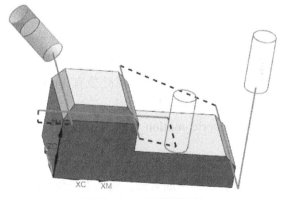

图13-14 一般运动刀轨

13.2 跟随曲线/边

本例将介绍跟随曲线/边类型刀轨的应用方法。

01> 打开training\11\ cruve_path.prt文件，参见图11-10。

工艺分析：由于底面与侧面垂直，且侧壁面具直纹特征，因此考虑使用一般运动中的曲线/边模式来生成侧壁精加工刀轨。

> **注** 此工序不支持碰撞检查。创建工序所需几何体在11章中已经定义完成。

02> 在一般运动工序对话框中，单击Sub-Operations（子工序）栏的Add New Sub-Operation（添加新的工序）按钮，参见图13-4。

03> 在随后出现的对话框的Move Type（移动类型）栏中选择Follow Curve/Edge（跟随曲线边）选项，参见图13-15。

04> 选择曲线为图13-16中所示的曲线，这时系统会自动确定开始点和结束点。在开始点附近指定开始刀轴为如图13-16所示的实体边缘，用同样的方法指定结束刀轴。

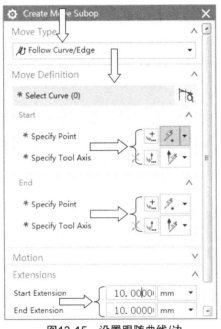

图13-15　设置跟随曲线/边

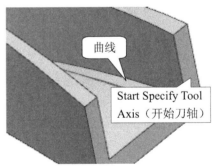

图13-16　曲线和开始刀轴

05> 在Extensions（延伸）栏中指定Start Extension（开始延伸）和End Extension（结束延伸）的值均为10mm，这样刀轨在曲线两端点处便有10mm的延伸。其也参数设置如图13-15所示。最终生成的刀轨如图13-17所示。

练习：打开training\13\ generic_motion_curve1.prt文件，并生成如图13-18所示的一刀清理圆角刀轨。

> **提示** 工件底面与侧壁垂直，且为平底直壁，圆角半径为10mm。

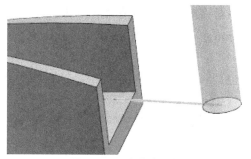

图13-17 生成的刀轨

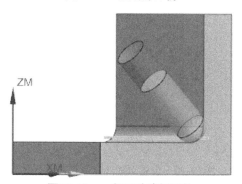

图13-18 一般运动清根刀轨

13.3 跟随部件偏置

本例将介绍跟随部件偏置类型刀轨的应用方法。

01> 打开training\13\generic_motion_offset.prt文件，参见图13-19。

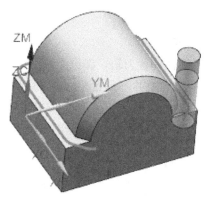

图13-19 跟随部件偏置刀轨

工艺分析：经过粗加工与精加工之后，使用此工序进行光刀加工，系统会自动偏置刀具半径值，对工件周边进行清根操作。

02> 跟随部件偏置刀轨的参数设置步骤如下。

（1）在工序导航器的WORKPIECE工序中，指定部件为图13-19所示的工件。并在创建一般运动工序时，指定几何体为WORKPIECE；

（2）在一般运动工序对话框中，新建适合的刀具；

（3）单击Sub-Operations（子工序）栏的Add New Sub-Operation（添加新的工序）按钮；

（4）在随后出现的创建移动子工序对话框中，指定移动类型为Follow Part Offset（跟随部件偏置），如图13-20所示。

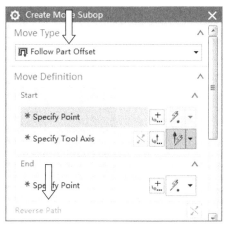

图13-20　设置跟随部件偏置刀轨参数

03 > 指定Start Specify Point（开始点）为图13-21中所示的动态坐标原点，开始刀轴在此例中无需指定（默认刀轴为+ZC）；指定结束点如图13-22所示。

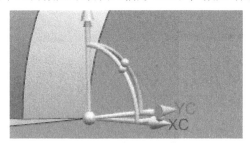

图13-21　指定开始点

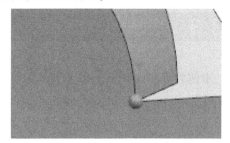

图13-22　指定结束点

04 > 单击OK按钮，生成跟随部件偏置刀轨，参见图13-23。

05 > 此时发现，图13-23所示的刀轨并不是希望保留的刀轨。因此，在一般运动工序对话框中，选择子工序栏，双击已有的跟随部件偏置参数，对其进行编辑，参见图13-24。

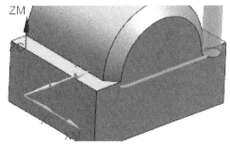

图13-23　反向的跟随部件偏置刀轨

图13-24　编辑跟随部件偏置参数

06 > 在跟随部件偏置对话框中，单击Reverse Path（反向刀轨）按钮，对刀轨进行反向操作，参见图13-20。

07> 根据需要指定刀轨延伸值，单击"生成"按钮，最终生成的刀轨如图13-19所示。

13.4 小结

　　一般运动工序采用了多重自定义刀轴的方式，解决了那些使用其他工序无法确定刀轴的情况。在一般运动工序中，还有其他的运动方式，但在本章中只用到了常用的运动方式。有些读者可能想到了在第1章中的那些孔加工案例，是否也可以使用一般运动工序来生成多轴孔加工刀轨呢？答案当然是肯定的。在学习的过程中，保持疑问的态度是好的，这样才能发现问题，进而解决问题，知识因此而增长。但在这里，作者建议，如果是用于实际生产，专业的工作还是让专业的功能去办，那样才能事半功倍。

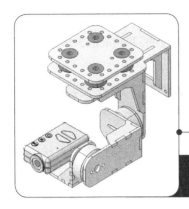

第14章
NX叶轮加工模块

对于叶轮或类叶轮类工件（如图14-1所示），使用NX的叶轮加工模块可加快复杂五轴多叶片旋转工件的 NC 编程过程。叶轮加工应用程序提供了一套特定的自动功能，可简化此类工件的智能刀轨的生成过程。

图14-1　叶轮编程模块针对的加工对象

NX叶轮模块的功能如下。

➢ 针对叶轮工件或类叶轮类工件有专业五轴联动加工模块；

➢ 自动产生优化的五轴联动粗加工与精加工刀轨；

➢ 可参考前一操作的残余模坯产生五轴残料操作；

➢ 支持多分流叶片叶轮；

➢ 对叶轮几何体来源和构建方式没有任何限制；

➢ 支持加工过程毛坯；

➢ 支持刀轴光顺；

➢ 支持刀具轨迹光顺；

➢ 支持各种NX的标准功能，例如相关性、刀具轨迹编辑、刀轨阵列、进给速度控制、后置处理等；

➢ 提供了针对叶轮体的五轴联动粗加工、叶片精加工、流道精加工、叶根圆精加工等加工功能。

下面以模型文件impeller.prt为例来描述NX叶轮加工模块的具体应用方法。

14.1 叶轮几何体的模型优化

由于叶轮加工通常都是使用球头刀具，因此，从工艺上讲，如有必要，可在创建叶轮加工工序之前使用同步建模功能删除叶轮体上不必要的圆角面（如果有的话），以利于工序的后续操作。

01▶打开training\8\impeller.prt文件，这是一个有圆角特征的叶轮几何体。但是在很多时候，此圆角只是起到一个加强叶片的作用，因此，在编程环节中，如果加工刀具具备一定的R值，则圆角是多余的，参见图14-2。

02▶使用同步建模中的删除面功能，删除圆角面，参见图14-3。

 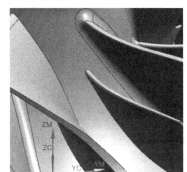

图14-2　叶根圆角　　　　图14-3　叶片前处理：删除叶根圆角

14.2 叶轮几何体的创建

和其他工序类型不同的是，叶轮模块具有一些个性化的属性，在使用叶轮模块创建工序前必须预定义这些专用属性。

01▶在建模模块中绘制叶轮几何体或导入由其他CAD设计系统构建的叶轮几何体，并为此叶轮几何体绘制车加工毛坯体，参见图14-4。

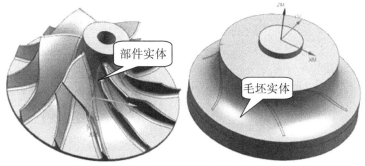

图14-4　叶轮部件和叶轮毛坯

说明 在叶轮模块中毛坯体并不是必须的。原因在于叶轮模块中毛坯体的主要作用在于后期的机床加工仿真，而非加工工序的需要。

02> 进入加工模块。单击几何体视图,展开工序导航器,确定MCS坐标系和WORKPIECE(包括叶轮部件和粗加工毛坯,参见图14-4。注:毛坯在图层中隐藏)。然后通过Create Geometry(创建几何体)功能创建MULTI_BLADE_GEOM(叶轮加工专用几何体),参见图14-5和图14-6。

图14-5 准备叶轮加工几何体　　　图14-6 创建叶轮加工几何体

注 1:Type(类型)选择mill_multi_blade,并在Geometry Subtype(几何体子类型)栏中选中"叶轮"子类型。

2:在操作导航器中,MULTI_BLADE_GEOM须为WORKPIECE的子项。

03> 确定之后,进入MULTI_BLADE_GEOM对话框,参见图14-4。

注 下图对话框的名称为:Blade Geom,这是软件未打补丁之前的名称。当打过补丁之后,其名称变更为:MULTI_BLADE_GEOM。

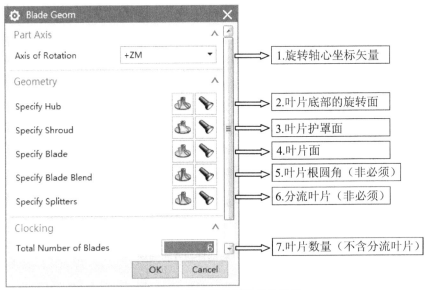

图14-7 叶轮专用几何体参数说明

04> 在图14-7所示的对话框中,通过单击相关按钮将叶轮几何体的一些特有属性全部预定义完成，定义结果参见图14-8（此图中的序号和所指对应于图14-7中的项目）。

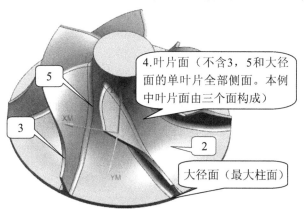

4.叶片面（不含3，5和大径面的单叶片全部侧面。本例中叶片面由三个面构成）

大径面（最大柱面）

图14-8　叶轮专用几何体对应对象

14.3　叶轮模块加工工序

创建叶轮模块加工工序的步骤如下。

01> 进入加工模块，选择工序类型为mill_multi_blade，Operation Subtype（子类型）为多叶轮粗加工， Geometry（几何体）选择前面步骤已定义好的叶轮几何体，即MULTI_BLADE_GEOM，参见图14-9。

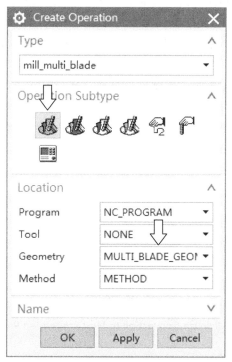

图14-9　指定叶轮粗加工工序

02> 进入多叶片粗加工工序对话框，在Drive Method（驱动方法）栏中，单击Blade

185

Rough（叶片粗加工）按钮，参见图14-10，进入Blade Rough Drive Method（叶片粗加工驱动方法）对话框。

图14-10　进入叶片粗加工驱动对话框

03> 该对话框中相关参数的具体释意如下，参见图14-11。

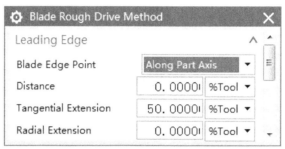

图14-11　叶片粗加工相关参数1

➢ Blade Edge Point（叶片边缘点）：刀轨切削方向（通常情况下使用默认值即可）。

➢ Distance（距离）：刀轨在叶轮直径方向上覆盖程度。此值越大，刀轨生成得越薄，可以简单地理解为第一层切入深度。

➢ Tangential Extension（切向延伸）：刀轨在相切向延伸距离（通常使用默认值即可）。

➢ Radial Extension（径向延伸）：刀轨向轴向延伸的距离（通常情况下使用默认值即可）。

➢ Specify Start（指定起始位置）：刀轨的开始位置（通常情况下使用默认值即可），参见图14-12。

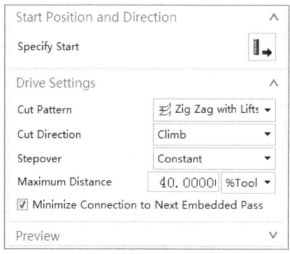

图14-12　叶片粗加工相关参数2

◆ Maximum Distance（最大距离）：两个刀轨的径向间距。

04 在多叶片粗加工对话框中，单击"切削层"按钮，打开Cut Levels（切削层）对话框，参见图14-13，这个对话框中的相关参数释意如下。

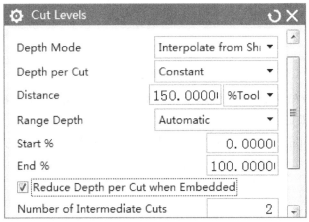

图14-13 叶轮层切参数

- ➤ Offsets From Hub（从轮毂偏置）：刀轨起始面为轮毂，然后以此为基准进行计算。可简单理解为以此面为基准直到包覆面所包含的材料为要去除的材料。

- ➤ Interpolate from Shroud To Hub（从包覆插补至轮毂）：从包覆面至轮毂面分层切削。

- ➤ Distance（距离）：每层切削深度（当范围深度选项为"指定"时不可见）。

- ➤ Range Depth（范围深度）：该选项值为"指定"时，则出现"切削数"选项，意为总共有多少切削层。

- ➤ Start%（起始%）：如果选择深度模式为从包覆插补至轮毂，则可以理解为刀轨在包覆面为起始切削层，即0%，终止切削层则为轮毂面，即100%。

- ➤ End%（终止%）：意义和起始%类似。如果有必要，可以修改此值。

- ➤ Reduce Depth per Cut when Embedded（嵌入时减少每刀切削深度）："扎刀"问题发生时，系统会自动在两切削层间添加由Number of Intermediate Cuts（中间切削数）选项指定数量的刀轨，以避免这种情况的产生。

05 在叶轮粗加工对话框中，单击"切削参数"按钮，打开Cutting Parameters（切削参数）对话框，参见图14-14。

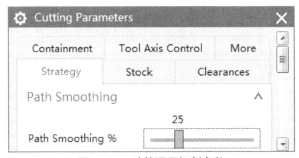

图14-14 叶轮通用切削参数

06 切削参数对话框中相关参数释意分别如下。

- ➤ Path Smoothing（刀轨光顺）：该值越大，刀轨越光顺，参见图14-15。

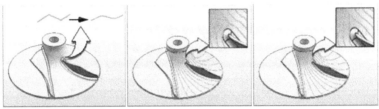

图14-15　设置刀轨光顺

- ➢ Max Blade Roll Angle（最大叶片滚动角。在Tool Axis Control选项卡中）：刀轴与叶片表面的夹角。
- ➢ Axis Smoothing%（轴光顺）：该值越大，摆轴越光顺，参见图14-16。

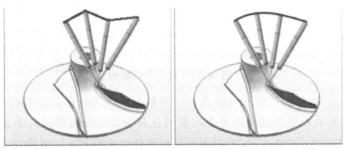

图14-16　设置摆轴光顺

- ➢ Max Tool Axis Change（最大刀轴更改）：用于避免刀轴摆动过于剧烈，参见图14-17。

图14-17　设置刀轴摆角

- ➢ Min（Max）Angle From Part Axis（与部件轴成最小或最大角度）：对刀轴的可摆动范围进行限制，以避免旋转轴超程，参见图14-18。

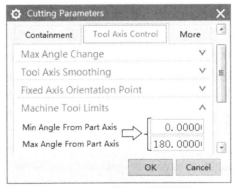

图14-18　刀轴摆动范围限制

07 > 把其他参数按照工艺要求设置完成后，生成五轴联动粗加工刀轨，如图14-19所示。

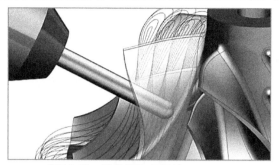

图14-19 叶轮粗加工刀轨

注 在编制工序刀轨的过程中，选择几何体时要按逆时针方向选取。

08 > 流道、叶片、叶根圆角的精加工工序操作方法和粗加工几乎一样，只是在初始的时候选择相应的工序子类型即可，参见图14-9。相应的刀轨参见图14-20和图14-21。

图14-20 叶片精加工刀轨

图14-21 叶轮流道精加工和叶根圆精加工刀轨

09 > 刀轨编制完成后，在工序导航器中，在相应的工序上单击右键，选择【对象】→【变换】对刀轨进行圆周阵列，从而完成整个叶轮几何体的加工。图14-22和图14-23分别为叶轮粗加工刀轨阵列结果和仿真切削效果。

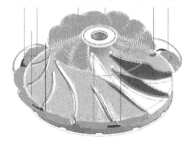

图14-22 圆周阵列复制叶轮粗加工刀轨

图14-23 叶轮粗加工仿真切削效果

189

10> 由于叶轮加工工序为五轴联动，因此计算刀轨耗时较长（与计算机硬件配置有关）。在必要的时候，可以考虑使用平行计算，方法为：在工序对话框中，当参数设置完成后，不要单击"生成"按钮，而是单击OK按钮；然后在工序导航器中右击此工序，选择Parallel Generate（并行生成）命令，参见图14-24。这样，系统便可用CPU冗余核心在后台进行刀轨运算，而在前台可以继续进行其他工作。

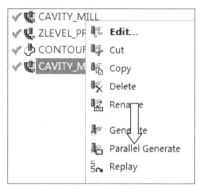

图14-24　并行计算

> **注** 现在的计算机都为多核处理器，因此可以选择【文件】→【实用工具】→【用户默认设置】，在加工选项卡中选择【操作】→【刀轨】，通过拖动并行进程最大数目滑块来确定由几个CPU核心参与刀轨的并行计算。

14.4　类叶轮工件的叶模块加工

使用叶轮模块加工类叶轮工件的方法如下。

01> 打开training\8\path.prt文件，使用叶轮模块对其进行粗加工，参见图14-25，过程参见前述。

> **注** 如果使用平铣刀或鼻刀进行粗加工，Axis（刀轴）最好改为Swarf Blade（侧刃铣），以减少刀具非切削部分的切削运动，参见图14-26。

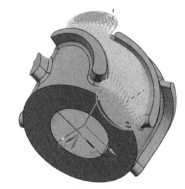

图14-25　类叶轮工件粗加工刀轨

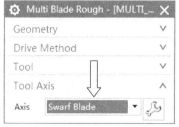

图14-26　侧刃刀轴

02 使用叶轮模块对叶轮轮毂面进行精加工，生成刀轨，如图14-27所示。但因为某些原因，刀轨在下端面并没有完全切出。

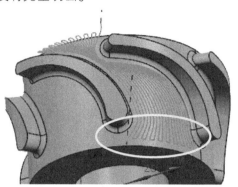

图14-27 类叶轮工件精加工刀轨

03 在叶轮流道精加工对话框，单击驱动方法栏中的轮毂精加工（扳手）按钮，进入Hub Finish Drive Method（轮毂精加工驱动方法）对话框，参见图14-28。将Tangential Extension（切向延伸）选项的值由默认的50%修改为100%。

04 确定后再次生成刀轨，此时刀轨在切向完全切出轮毂面，从而达到了工艺要求，参见图14-29。

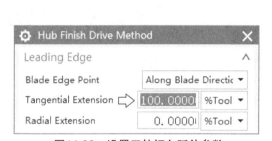

图14-28 设置刀轨切向延伸参数

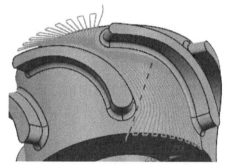

图14-29 延伸后的精加工刀轨

14.5 小结

在加工叶轮或类叶轮工件的时候，使用叶轮模块不但方便快捷，而且生成的刀轨的质量也要比使用通用方法好得多。因此，在加工此类工件时最好使用叶轮模块。

在加工某些类叶轮工件的时候，由于模型属性的问题，不能完全应用叶轮模块来完成所有加工工序。如，用叶轮模块进行粗加工是可以的，但精加工却不行，这时候，只能用通用方法来完成精加工部分。

在\training\8这个文件夹中，有好几个类叶轮工件，读者可以试着练习一下。

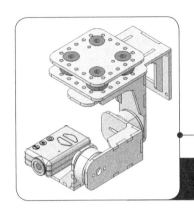

第15章

NX CAM新功能说明

随着西门子工业软件最新版NX的发布，也带来了许多让用户耳目一新的新功能，下面就介绍一下打至最高补丁的NX 9和未打至最高补丁的NX 10在CAM方面的部分新增功能。

15.1 新增功能1：刀轴向上的倒扣加工

在使用T型刀加工以倒扣特征为加工部分的工件时，最新版本的NX提供了一种新的工序方案。下面就NX铣加工新增功能之"刀轴向上"进行阐述。工况刀轨如图15-1所示。

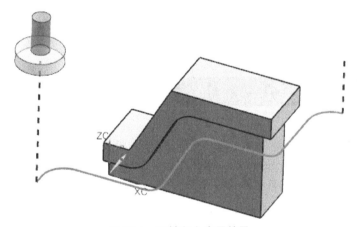

图15-1 刀轴向上应用效果

01> 打开training\14\ T-Cutter Undercut part.prt文件，参见图15-2。

> 🈲 想想看，在以往的NX版本中，如果要切削此工件倒扣部分，需要使用什么工序和方法。

02> 单击"创建工序"按钮，选择工序类型为固定轮廓铣。在固定轮廓铣对话框中，指定部件为倒扣部分的5个面（屋檐面），参见图15-3。

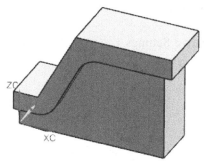

图15-2　屋檐工件

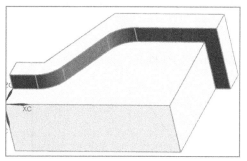

图15-3　指定部件

03> 指定驱动方法为边界，并单击其右侧的"编辑"按钮，从而进入Boundary Drive Method（边界驱动方法）对话框，单击Specify Drive Geometry（指定驱动几何体）按钮，参见图15-4。

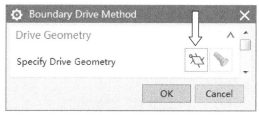

图15-4　指定边界

04> 在边界几何体对话框中，模式指定为曲线/边。在随后出现的创建边界对话框中进行如下设置。

➢ 指定类型为"开放的"选项；

➢ 指定平面为"用户定义"，然后选择此工件最底平面，并确保平面法向箭头方向朝向上方（如不是，选择反向），参见图15-5。

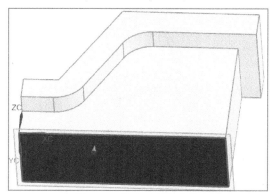

图15-5　指定边界投影面

说明 通过反向让平面法向箭头方向朝向上方的原因是，这个法向对后期进退刀圆弧的相关设置是有影响的，比如当进退刀设置为"圆弧垂直于刀轴"时，它决定着进退刀的圆弧向内生成还是向外生成。

05〉指定材料侧为"左",并从左向右顺序选择倒扣外侧的6条边缘线,参见图15-6。

注 想一想,为什么材料侧为"左",为什么要从左向右选?

06〉逐级确定后回到边界驱动方法对话框中,在Drive Settings(驱动设置)栏中,指定Cut Pattern(切削模式)为Profile(轮廓),如图15-7所示。

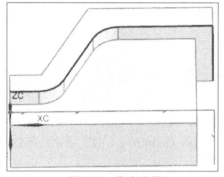

图15-6 指定边界

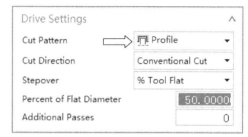

图15-7 选择切削模式

07〉单击OK按钮后回到固定轮廓铣对话框中,指定Projection Vector(投影矢量)为Tool Axis Up(刀轴向上),参见图15-8。

图15-8 指定刀轴

注 刀轴向上的作用为NX沿刀轴向上投射驱动边界,定位T型刀到倒扣面。

08〉在非切削移动对话框中,指定进刀类型为圆弧垂直于刀轴,退刀类型与之相同。其他参数按照加工工艺要求设置,生成T型刀加工倒扣的刀轨,参见图15-9。

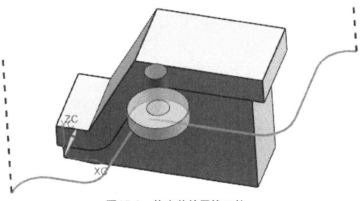

图15-9 待完善的屋檐刀轨

注 新的NX版本中,Linear Extension(线性延伸)数值将作为Extend before Arc(圆弧前延伸)和Extend after Arc(圆弧后延伸)的缺省数值。

09> 通过观察图15-9发现，刀具并没有切入倒扣区域，需要修改。因此在固定轮廓铣主界面中，单击驱动方法对话框中的"编辑"按钮，在边界驱动方法对话框中，指定Boundary Offset（边界偏置）值为-0.3，重新生成刀轨，参见图15-10。这时，刀具正常切入倒扣区域，参见图15-11。

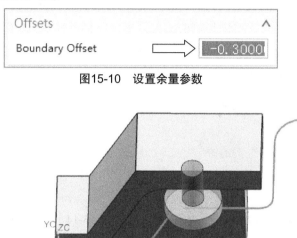

图15-10 设置余量参数

图15-11 最终T形刀的屋檐刀轨

注 想想看，为什么指定边界偏置为-0.3（此例为英制）？

此外，这种方法还可以变通为选择片体作为部件，投影其边缘到边界平面来创建驱动几何体，步骤如下，参见图15-12。

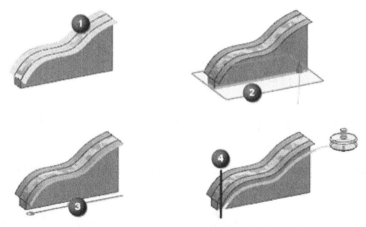

图15-12 创建屋檐刀轨步骤

01> 选取片体为部件。

02> 指定边界平面。

03> 指定驱动边。

04> 生成刀轨。

195

15.2 新增功能2：槽铣削工序

在使用以往NX版本进行倒扣槽的加工时，往往使用平面铣削的方法来完成，这样不得不在对许多参数的设置时进行谨慎考虑，而最新版的NX CAM提供了一种新的工序方案，可以大大提高针对倒扣槽的编程效率。下面就NX铣加工新增功能之槽铣削工序进行阐述。此工序刀轨效果如图15-13所示。

01> 打开training\14\ slot.prt文件，参见图15-14。

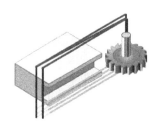 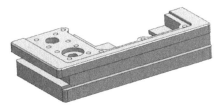

图15-13　槽铣效果　　　　　　　　　图15-14　槽铣削典型工件

02> 在加工模块中，指定类型为mill_planar，指定Operation Subtype（工序子类型）为槽铣，参见图15-15。

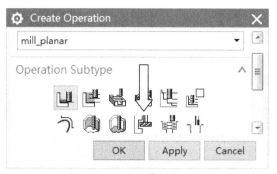

图15-15　指定槽铣削工序

03> 在槽铣削工序对话框中，指定下列相关几何体。

> 指定部件为图15-14中所示的实体。

> 指定槽几何体为部件侧面倒扣槽特征。在指定过槽几何体后，一个与槽最大X、Y、Z值相同尺寸的槽毛坯体显示出来，此时需要注意坐标系是否正确，参见图15-16。

> 在Feature Geometry（特征几何体）对话框中，在In Process Workpiece（处理中的工件）下拉列表框中，选择None（无）选项。

注 为了便于选取槽特征，可将过滤选项更改为"面"，然后单击倒扣槽内任意面即可。

说明 为什么处理中的工件指定为"无"。
由于之前对此槽未进行过任何加工和设置相关几何体操作，因此在"处理中的工件"下拉列表框中，指定其选项为"无"。

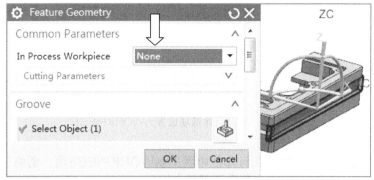

图15-16　指定槽几何体

04 > 在对话框中指定刀具（此工序只能使用T型刀）后，按照加工工艺要求设置其他参数，生成槽铣削刀轨，参见图15-17。

05 > 选中几何体视图，展开工序导航器，此时相关的几何体设置应该如图15-18所示。

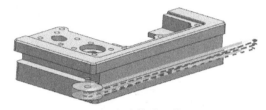

图15-17　生成槽铣刀轨

图15-18　此工步的工序导航器

06 > 在步骤4中，并未使用已经创建好的WORKPIECE（参见图15-18）。在这个WORKPIECE中，包含了部件和毛坯体，其中毛坯几何体在左侧略大于部件，参见图15-19。

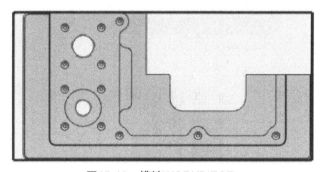

图15-19　槽铣WORKPIECE

07 > 在工序导航器中双击已经编制好的槽铣削工序，对其进行编辑。将几何体由默认的MCS_MILL改为WORKPIECE，参见图15-20和图15-21。

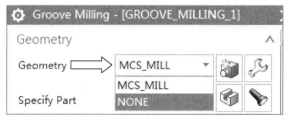

图15-20　将几何体选项设置为无

197

图15-21 将几何体选项设置为WORKPIECE

注 如果在槽铣削对话框中的几何体栏中看不到WORKPIECE项，请将已经指定过的部件清除即可（WORKPIECE中包含了部件）。

08> 重新指定槽几何体为侧面倒扣槽（注：此时处理中的工件指定为"使用3D"）。在指定过槽后，一个槽毛坯体预显出来，参见图15-22。

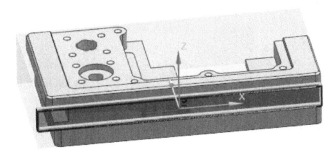

图15-22 使用3D的效果

此时槽毛坯体左边多出一块，且自动与WORKPIECE中的毛坯体对齐。

09> 重新创建一个新的槽铣削工序，进行如下相关设置，参见图15-23。

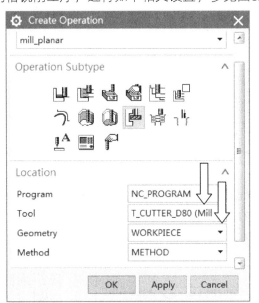

图15-23 设置刀具和几何体参数

> 设置程序为NC_PROGRAM；

> 设置刀具为T_CUTTER_D80（已经预创建）；

> 设置几何体为WORKPIECE（已经预创建）。

10 > 在槽铣削对话框中，指定部件，将过滤选项设置为Machining Feature（加工特征）（参见图15-24），然后选择左侧倒扣槽特征，一个槽毛坯体预显出来，如图15-25所示。

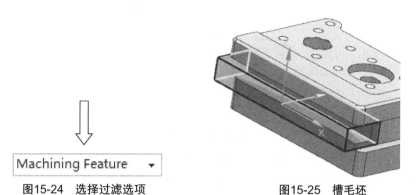

图15-24 选择过滤选项　　　　　　　　图15-25 槽毛坯

11 > 把其他参数按加工工艺要求进行设置后，生成最终刀轨，如图15-26所示。

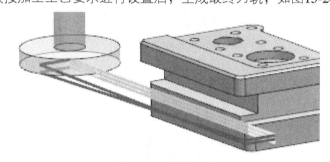

图15-26 槽铣刀轨

15.3 新增功能3：加工建模

在NX建模环境中，新增了一些用于加工或辅助加工的建模功能，下面就这方面内容的具体应用做详细说明。

15.3.1 倒圆腔体

此功能可针对加工刀具创建相应的倒圆角特征。

01 > 打开training\14\blend_pocket.prt文件，参见图15-27。

02 > 进入建模模块，选择【插入】→【航空设计】→【Blend Pocket（倒圆腔）】，进行如下设置。

> 指定Pocket Floor（腔体底面）为此壳体内腔底平面；
> 系统自动选中内腔各个Pocket Walls（侧壁面）；
> 在刀具类型中指定相应的加工刀具及其参数，系统将

图15-27 倒圆腔体工件　　**199**

基于此刀具创建加工后遗留的圆角特征，参见图15-28。

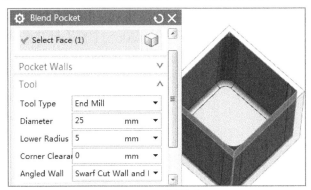

图15-28　倒圆腔

03> 倘若对图15-27中的实体内腔某个侧壁进行了负角度拔模操作，然后再按图15-28所示参数应用倒圆腔命令倒圆角时，系统将提示无法创建圆角，参见图15-29。

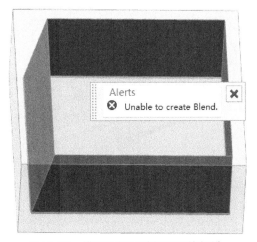

图15-29　模型倒扣导致倒圆腔体报错

04> 此时，可以将Angled Wall（斜角壁）选项更改为Swarf Cut Wall（侧刃切削壁），便可成功倒圆角，参见图15-30。

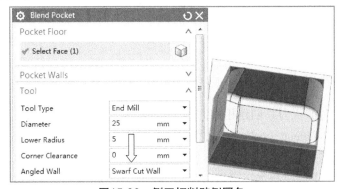

图15-30　侧刃切削壁倒圆角

05> 仔细观察发现，上一步骤"切削"出的倒圆角是刀具加工后的圆角，可能与通常情况下要求创建的圆角并不同，如图15-31所示。

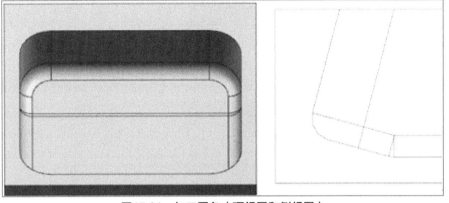

图15-31 加工圆角（顶视图和侧视图）

注 由于侧壁有倒拔模，因此这种圆角只能使用侧刃铣才能加工出来。

15.3.2 分析刀槽

此功能可分析加工腔体是否存在倒扣面。

01> 在建模环境中，打开training\14\ANALYZE_POCKET.prt文件，这个模型的内腔某个侧壁为负拔模角度，参见图15-32。

02> 选择【分析】→【分析腔】，并选择腔内底面为腔底面，这时系统会自动选中内腔各个侧壁面；然后在刀具类型中指定相应的刀具，单击OK按钮确定。这时系统将指出倒扣面所在位置，参见图15-33。

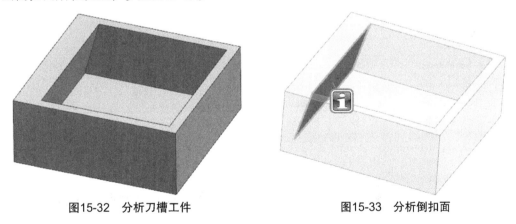

图15-32 分析刀槽工件   图15-33 分析倒扣面

注 更多的相关信息可在左侧导航器列中选择HD3D工具查阅。

03> 在建模环境中，打开training\14\ANALYZE_POCKET1.prt文件，这个模型的内腔具有T型倒扣特征，参见图15-34。

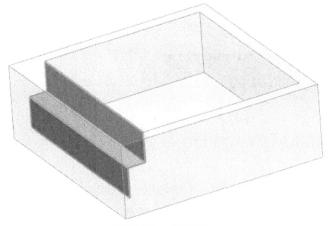

图15-34　T型倒扣

04 > 再次使用Analyze Pocket（分析腔）命令分析倒扣面，进行如下设置，参见图15-35。

> 选择Pocket Floor（腔底面）为内腔底平面，这时系统会自动选中内腔各个Pocket Walls（侧壁面）；

> 指定Tool Type（刀具类型）为T Cutter（T型刀）：设置Diameter（直径）为55mm，设置Lower Radius （上半径）和 Upper Radius（下半径）均为1，设置Neck Diameter（颈部直径）为5mm，设置Flute Length（刀刃长度）为10mm。

05 > 确定之后，系统分析出底切面，参见图15-36。

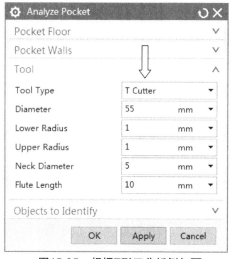

图15-35　根据T形刀分析倒扣面

图15-36　根据T形刀分析的结果

再介绍一个案例。

01 > 在建模环境中，打开training\14\ANALYZE_POCKET2.prt文件。在这个模型的内腔有一个离侧壁很近的柱状凸起特征，参见图15-37。

02 > 再次使用分析腔命令，并选择腔底面为内腔底平面，这时系统会自动选中内腔各个侧壁面，然后在刀具类型中指定端铣刀，直径为15mm，下半径为1mm。单击OK按钮确定之后，系统分析出有两个面为不可加工面，参见图15-38。

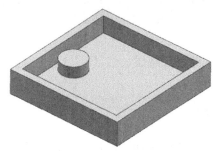

图15-37 带凸起特征的工件

图15-38 分析结果

15.3.3 3D曲线偏置

此命令可对空间曲线进行偏置，并在偏置的过程中修复因拓扑变化而导致的畸变。

01 > 在建模环境中，打开training\14\ 3D_CURVE_OFFSET.prt文件，参见图15-39。

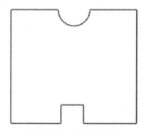

图15-39 偏置工件

02 > 选择【插入】→【派生曲线】→【3d Curve Offset（偏置3D曲线）】，参见图15-40。

图15-40 选择偏置曲线

03 > 选择图15-39中所示的曲线，选择Reference Direction（参考方向）为+ZC（此方向为法向，即实际偏置方向约为XY方向），指定偏置距离后向外进行偏置，偏置结果如图15-41所示。从图中可见，因偏置距离较大，导致拓扑结构发生变化，系统自动对自相交部分进行了处理。

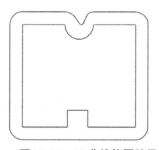

图15-41 3D曲线偏置结果

203

15.4　新增功能4：区域选择

下面将就NX铣加工新增功能之区域选择功能进行阐述。

15.4.1　增强的切削区域的选择功能

在使用诸如区域轮廓类切削工序时，往往需要确定切削区域，而在某些实例文件中，一些特定的切削区域往往不容易一次性批量选中。在以往版本的NX中，遇到此类情况时，一般采用比较原始的方法，甚至需要一个面一个面地去选。在NX新版本中，针对此类情况，进行了一些功能上的加强。

01> 打开training\14\ Cut Area Selection by Edge-Bounded Region part.prt文件，参见图15-42。

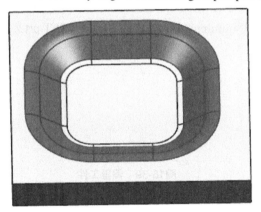

图15-42　区域选择练习工件

注 想想看，在以往的NX版本中，如果要指定图15-42所示的高亮面为切削区域，需要用什么方法？

02> 在加工模块中，选择一个需要指定切削区域的工序类型（如区域轮廓铣），并在这个工序类型对话框中，单击"指定切削区域"按钮，随后出现Cut Area（切削区域）对话框，参见图15-43。

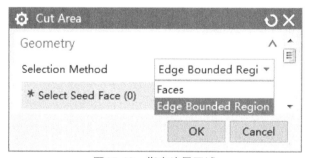

图15-43　指定边界区域

03> 在默认情况下，切削区域可选对象为面，本例使用边定界区域方式来选取图15-42中所示的高亮切削区域，方法如下。

（1）将Selection Method（选取方式）改为Edge Bounded Region（边定界区域）选项。

（2）设置Select Seed Face（选择种子面）为图15-44所示的高亮面（选取的种子面为切削区域中任意一面）。

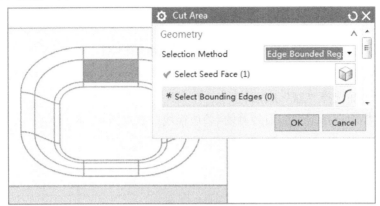

图15-44 区域混合选择面

04> 种子面确定之后，指定Select Bounding Edges（定界边）为切削区域最外和最内侧的相切边缘线，如图15-45所示。

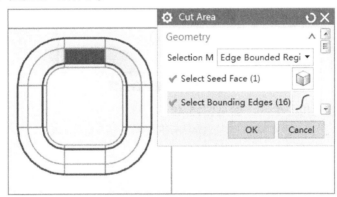

图15-45 区域混合选择线

05> 单击OK按钮之后，如图15-42所示的切削区域便选择完成。

06> 同理，如果要选择"盆"内所有面为切削区域，则种子面选择"盆"底面或其他欲切削面，再指定定界边为"盆"最外侧相切边缘线。操作过程和结果如图15-46所示。

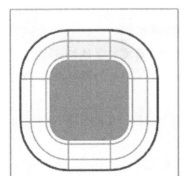

图15-46 区域混合选择结果

07> 在部件导航器中将EDGE BLEND（2）操作参数删除，这将导致"盆"顶部圆角特征消失，参见图15-47。

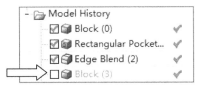

图15-47　在部件导航器中关闭特征

08> 重新进入切削区域对话框，再次选择边定界区域方式来选取切削区域。

（1）种子面选择"盆"底面。

（2）定界边选择顶平面最外侧的4条边缘线，参见图15-48。

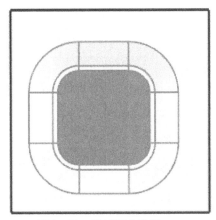

图15-48　区域混合选择

（3）指定下列相关参数，参见图15-49。

图15-49　使用相切边角度

> 勾选Use Tangent Edge Angle（使用相切边角度）复选框；
> 指定Angle Tolerance（角度公差）为25°（"盆"侧壁面与XY平面的角度经测量为30°）。

09> 确定之后，按照工艺要求设置其他参数，生成刀轨如图15-50所示。通过刀轨可见切削区域仅在"盆"内。

10> 重新进入切削区域对话框，指定角度公差为31°，再次生成刀轨，此时可见切削区域扩大至整个顶面，如图15-51所示。

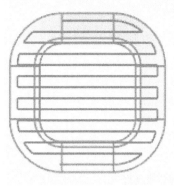

图15-50 结果刀轨

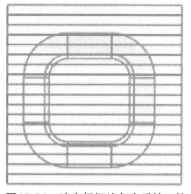

图15-51 改变相切边角度后的刀轨

11 > 在这个工件的中央部分创建一个凸台特征，如图15-52所示。

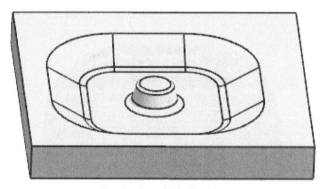

图15-52 创建凸台特征

12 > 在切削区域对话框中，选择边定界区域方式来指定切削区域。种子面依然选择"盆"底面，指定定界边为"盆"最外侧相切边缘线，参见图15-53。

注 此时请确认已经取消使用相切边角度复选框的选取。

13 > 重新生成刀轨。图15-54为此时的切削区域和最终刀轨。

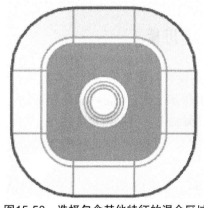

图15-53 选择包含其他特征的混合区域

图15-54 切削区域及刀轨

14 > 在切削区域对话框中，选中Traverse Interior Edges（游历内部边）复选框，参见图15-55。

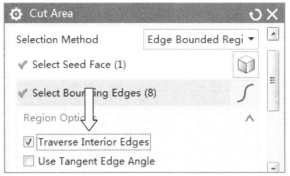

图15-55　选择游历内部边复选框

15> 重新生成刀轨。图15-56为此时的切削区域和最终刀轨。可以看到和图15-54有明显的不同：这时凸台也被视为切削区域进行了加工。

图15-56　包含其他特征的切削区域及其刀轨

15.4.2 增强的切削区域的陡峭指定功能

很多工件，例如模具类，往往陡峭特征与非陡峭特征集于一体。在使用以往的NX版本对这样的工件进行工序编程时，通常是对陡峭部分与非陡峭部分分别进行加工处理。在最新版本的NX中，一些工序，如区域轮廓铣中，可以指定陡峭与非陡峭区域，并且这两部分切削区域可以一同进行加工处理：陡峭部分按深度轮廓方式切削，非陡峭部分按区域轮廓方式切削。

01> 打开training\14\componet\deep_mold.prt文件，如图15-57所示，这个工件既存在明显的陡峭区域，也存在明显的非陡峭区域。

02> 图15-58所示为在大多情况下，使用以往NX版本编制的区域轮廓铣精加工刀轨。

很明显，在深腔处的刀轨有"踩刀"现象存在，而且还有底刃与侧刃同时切削的工况存在。

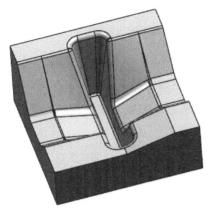

图15-57　陡峭与非陡峭混合区域工件

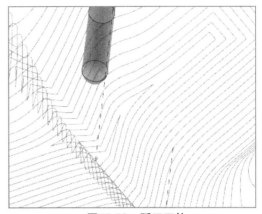

图15-58　踩刀刀轨

在新版本的NX区域轮廓铣工序中，对此进行了改进：可以在一个工序中定义陡峭处以深度轮廓方式切削，而在非陡峭处以区域轮廓方式切削。

03> 在区域轮廓铣工序对话框中，单击"指定切削区域"按钮，选择切削区域为除了侧壁面和底面以外的所有面，参见图15-59。

图15-59　分别选择陡峭与非陡峭区域

04> 在Drive Method（驱动方法）对话框中，单击"编辑"按钮，修改有关切削的参数，参见图15-60。

图15-60　分别为陡峭与非陡峭区域选择驱动方法

05> 在区域铣削驱动方法对话框中，将陡峭空间范围指定为Steep and Non-steep（陡峭和非陡峭）选项，并指定合理的Steep Angle（陡角）值，系统会据此区分陡峭与非陡峭区域，参见图15-61。

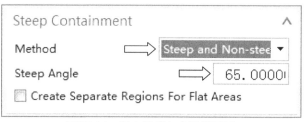

图15-61　指定陡峭与非陡峭区域

06 > 按照此参数生成刀轨后，可以看到在相应的陡峭处，刀轨以深度轮廓方式生成，而在非陡峭处以区域轮廓方式切削，参见图15-62。

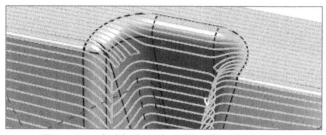

图15-62　陡峭与非陡峭区域分别指定后的刀轨

07 > 由于此工件还存在很多平面，因此在区域铣削驱动方法对话框中勾选Create Separate Regions For Flat Areas（为平的区域创建单独的区域）复选框（参见图15-61）。重新生成刀轨后，此工件上的各个平面均为独立的切削区域，参见图15-63。

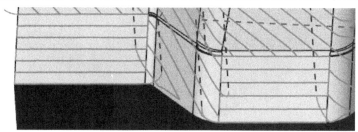

图15-63　平面区域

08 > 在NX区域轮廓铣对话框中，单击Cut Regions（切削区域）按钮，参见图15-64。

图15-64　切削区域按钮

注 切削区域与指定切削区域是不同的概念。

---

09 > 切削区域的主要功能为编辑已经使用指定切削区域按钮指定过的切削区域。在Cut Regions（切削区域）对话框中，单击Create Region List（创建区域列表）按钮，所有指定过的切削区域便以列表方式呈现在下面的表格栏中，参见图15-65。

10 > 在列表栏中的某个切削区域上单击右键，其快捷菜单中便会出现一些常用功能，如合并切削区域、删除切削区域、编辑切削区域等。图15-66所示为仅保留了第一个切削区域时的刀轨状态。

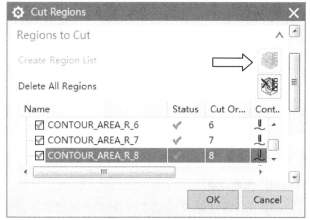

图15-65　编辑切削区域

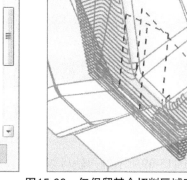

图15-66　仅保留某个切削区域时的刀轨

15.4.3　切削区域的列表编辑

本例将介绍切削区域列表的编辑方法。

01> 打开training\14\ die.prt文件，如图15-67所示。这个工件要加工的部分，既存在明显的陡峭区，也存在微小的非陡峭区域。

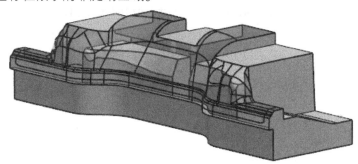

图15-67　切削区域编辑工件

02> 选择区域轮廓铣工序，指定部件为图15-67中所示的实体，指定切削区域为此实体正面的所有透明曲面部分。

03> 在区域铣削驱动方法对话框中，将陡峭空间范围指定为Steep and Non-steep（陡峭和非陡峭），并指定Steep Angle（陡角）为45°，参见图15-68。

图15-68　指定陡峭角

04> 其他参数按照加工工艺要求设置，生成刀轨如图15-69所示。

211

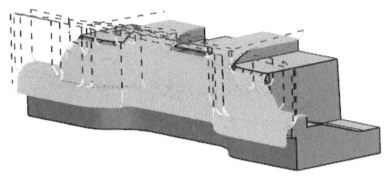

图15-69　生成刀轨

05> 从图15-69所示的刀轨可以看出，一些小的非陡峭区域其实完全可以忽略不计，参见图15-70。

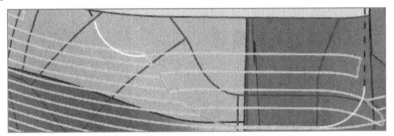

图15-70　微小区域刀轨与主区域刀轨模式不同

06> 在切削区域对话框中，单击创建区域列表，并在切削区域列表中，对其进行必要的合并操作：在绘图窗口中单击某个欲与主区域合并的微区域刀轨，其名字便高亮显示在区域列表中，参见图15-71。

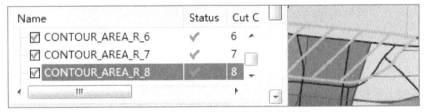

图15-71　在切削区域列表中进行编辑

07> 在区域列表中，右击高亮显示的区域，选择Merge（合并）命令，参见图15-72。

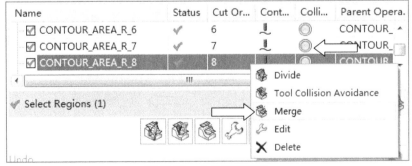

图15-72　合并切削区域

08> 随后在绘图窗口中单击其相邻的、欲与之合并的主切削区域刀轨，参见图15-73。

图15-73　指定合并区域

09〉在区域列表中，单击合并后的区域，预览一下刀轨工艺是否正确，参见图15-74。

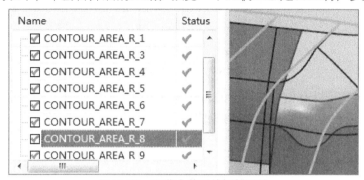

图15-74　预览合并后的切削区域

10〉通过图15-74所示的预览刀轨可以看出，刀轨走向并不合理，因此，右击此区域，选择Edit（编辑）命令，参见图15-72。

11〉在Edit（编辑）对话框中，将Containment Type（空间范围类型）由非陡峭修改为Steep（陡峭），参见图15-75。

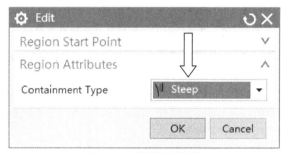

图15-75　编辑切削区域

12〉单击OK按钮后重新生成刀轨，此时可以看到两区域已经合并，微区域刀轨融入主区域中，参见图15-76（请与图15-73对比）。

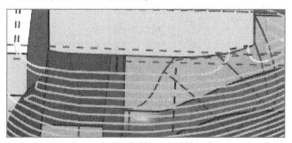

图15-76　合并区域后的刀轨

13> 在创建区域轮廓工序时，如果刀具设置了夹持器，那么通过切削区域也可以判断夹持器是否与工件碰撞。在区域轮廓铣对话框中，单击"切削区域"按钮（参见图15-64）后，在切削区域列表中可见其碰撞状态（默认碰撞情况为"未知"），再在绘图区单击图15-77中所示靠下（高亮显示）的刀轨。

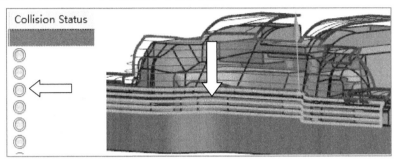

图15-77　检查碰撞区域

通过图15-77可以看出，被选中的切削区域高亮显示，同时，对应的切削区域的名称也在切削区域列表中高亮显示，参见图15-78。

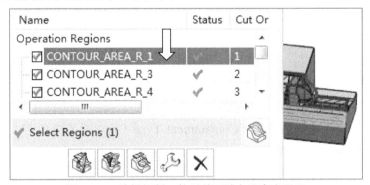

图15-78　选择切削刀轨后其区域名称高亮显示

14> 在此切削区域名称上单击右键，选择Tool Collision Avoidance（刀具碰撞避让）命令，参见图15-79。

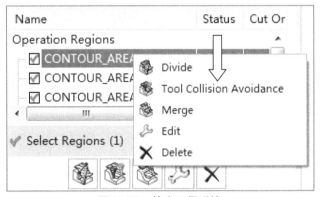

图15-79　检查刀具碰撞

15> 随后打开Tool Collision Avoidance（刀具碰撞避让）对话框，单击靠下的Display（手电筒）按钮，进行刀具碰撞预览。此时可以看出，夹头与工件发生碰撞，并且碰撞处刀轨高亮显示，参见图15-80。

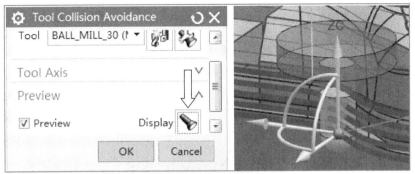

图15-80 碰撞预览

16〉单击图15-80中所示对话框的Tool Axis（刀轴）栏，将Axis（刀轴）改为Specify Vector（指定矢量）或Dynamic（动态）选项，以避免碰撞，参见图15-81。

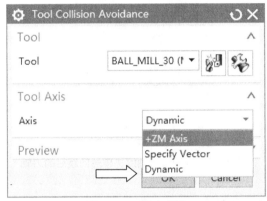

图15-81 解决碰撞

17〉本例选择Dynamic（动态刀轴），通过拖动刀轴手柄，使刀轴侧倾，从而让夹持器"离开"工件，避免碰撞，参见图15-82。

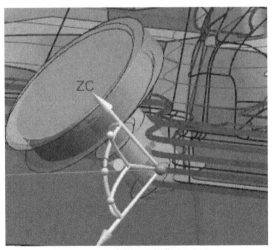

图15-82 侧倾刀轴避免碰撞

18〉确定后回到切削区域对话框，此时再看碰撞情况，已显示为Non-Colliding（无碰撞），参见图15-83。

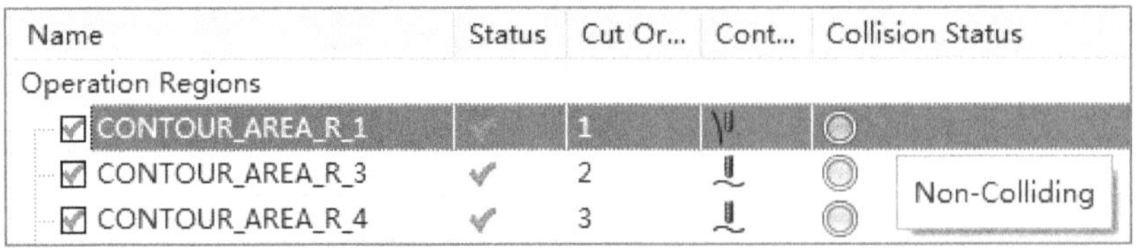

Name	Status	Cut Or...	Cont...	Collision Status
Operation Regions				
☑ CONTOUR_AREA_R_1	✓	1	∿	◎
☑ CONTOUR_AREA_R_3	✓	2	⬇	◎ Non-Colliding
☑ CONTOUR_AREA_R_4	✓	3	⬇	◎

图15-83　碰撞解决结果

19＞确定后重新生成刀轨，此时刀轨与刀轴全部侧倾，参见图15-84。

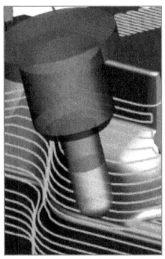

图15-84　以侧倾刀轴解决碰触问题后的刀轨

注 是全部刀轨的刀轴都将侧倾，而不仅仅是所编辑的那个切削区域。

本例部分内容可参见视频文件：training\NX_CAM_Cut_region_management.wmv。

15.5　新增功能5：旋转底面工序

下面就NX铣加工新增功能之旋转底面工序进行阐述。图15-85所示为旋转底面工序的加工效果。

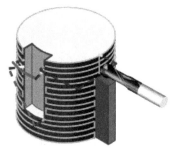

图15-85　旋转底面工序的加工效果

在新版本的NX中，新增了专门针对底面为圆柱特征的工件的精加工工序。该工序属于"四轴"工序范畴。下面通过两个实例来说明旋转底面工序的应用方法。

15.5.1 应用实例1

本实例具体步骤如下。

01 > 打开training\14\ Cylindrical Parts Finishing 1.prt文件，参见图15-86。

注 想想看，在以往的NX版本中，如果要切削这样的工件，需要使用什么工序和方法？

---

02 > 在数控加工环境中，打开几何体视图，并在工序导航器中指定MCS坐标系，同时创建对应的 WORKPIECE（部件和毛坯）。

03 > 单击Create Geometry（创建几何体）按钮，在图15-87所示对话框中指定Type（类型）为mill_rotary（旋转底面），注意父几何体的设置。

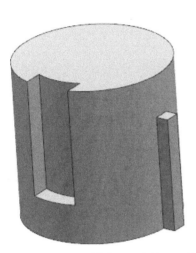

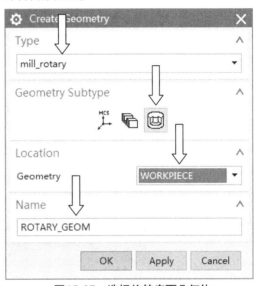

图15-86　旋转底面工序练习工件　　　　图15-87　选择旋转底面几何体

04 > 按图15-87进行参数设置后，单击OK按钮进入Rotary Geom对话框。在这个对话框中将Specify Floor（指定底面）指定为圆柱体最大直径面，参见图15-88。

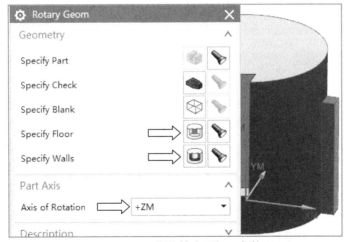

图15-88　设置旋转底面加工参数

05 > 设置Specify Walls（指定壁）为右侧小长方体侧壁面（参见图15-88）。可以以Preselect（预选）的方式自动选取，参见图15-89。

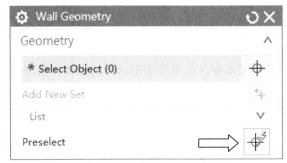

图15-89　设置自动选择侧壁面

06 > 设置Axis Of Rotation（旋转轴）为+ZM，参见图15-88。

07 > 确定之后，选中几何体视图，并展开工序导航器。此时的几何体设置应该如图15-90所示。

图15-90　旋转底面几何体在导航器中的设置结果

08 > 单击Create Operation（创建工序）按钮，选择子类型为旋转底面，设置Geometry（几何体）为前面步骤中已经设置好的ROTARY_GEOM，参见图15-91。

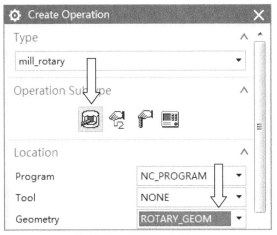

图15-91　设置旋转底面

09 > 在旋转底面工序对话框中，单击Rotary Floor Finish（旋转底面精加工）右侧的编辑按钮，进入Rotary Floor Finish Drive Method（旋转底面精加工驱动方法）对话框，设置相关参数，参见图15-92。

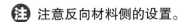 注意反向材料侧的设置。

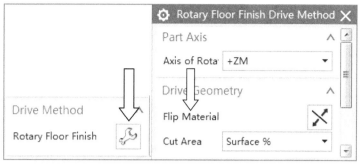

图15-92　指定旋转轴和区域

10> 回到对话框中，对Tool Axis（刀轴）栏的相关参数进行设置，参见图15-93。

图15-93　设置刀轴相关参数

11> 按照加工工艺设置相关参数之后，生成刀轨，如图15-94所示。

12> 以类似的方法，对小径面进行精加工：设置小径面为底面，指定壁为与小径面相邻的3个侧壁。最终生成的刀轨参见图15-95。

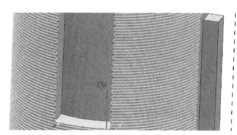

图15-94　旋转底面切削刀轨

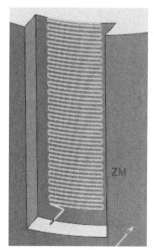

图15-95　小经面加工刀轨

15.5.2　应用实例2

本实例具体步骤如下。

01> 打开training\14\ Cylindrical.prt文件，参见图15-96。

> 🈲 想想看，在以往的NX版本中，如果要精加工这样的工件底面，应该使用什么工序和方法？

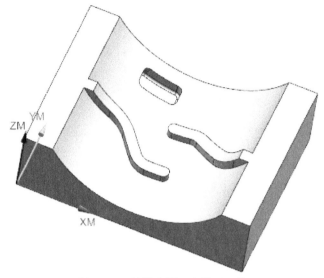

图15-96　旋转底面工序练习工件

02〉在旋转底面工序对话框中，指定下列相关几何体。

> ➤ 指定部件为图15-96中所示的实体；
> ➤ 指定底面为图15-96中所示的大圆弧面（高亮面）；
> ➤ 指定壁为条状凸起的侧壁面，参见图15-97。

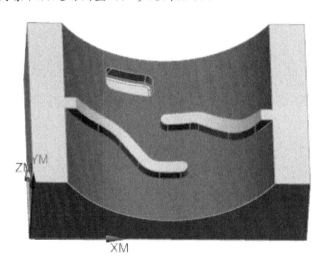

图15-97　选择旋转底面几何体

03〉进入Rotary Floor Finish Drive Method（旋转底面精加工驱动方法）对话框，进行如下设置，参见图15-98。

> ➤ 设置Axis of Rotation（旋转轴）为Specify（指定）；
> ➤ 设置Specify Vector（指定矢量）为+YM；
> ➤ 设置Specify Point（指定点）为大弧圆心点。

> **说明** 如果直接将旋转轴指定为+YM，则指定点不可用，并且也无法确定旋转轴心点。

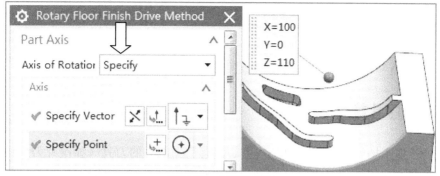

图15-98　指定旋转轴

04> 在Direction Type（方向类型）下拉列表框中，指定刀轨为Around Axis（绕轴向）
选项，参见图15-99。

图15-99　指定刀轨方向

说明 相对于沿轴向生成来说，刀轨以绕轴向方向切削，从加工工艺上讲更合理。

05> 根据加工工艺要求，完成其他参数的设置，生成刀轨，参见图15-100。

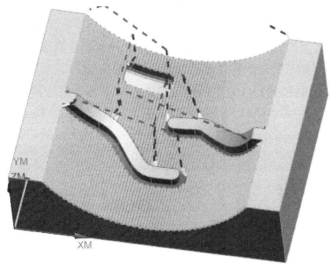

图15-100　生成刀轨

注 刀轴在默认的情况下前倾30°。

15.6　新增功能6：刀具接触偏移和左偏置

下面就NX多轴铣工序中曲线/点驱动新增功能进行说明。

15.6.1　刀具接触偏移

在一些加工场景中，当使用某些中心没有切削能力的刀具（如镶片刀）进行加工时，一定要避免出现刀具中心接触到工件进行切削的工况。在NX的曲线/点驱动中，针对此情况增加了一个"刀具接触偏移"的参数，其主要作用就是避免类似工况的产生。图15-101和图15-102所示为未设置此参数与设置此参数时，生成的曲线驱动刀轨。

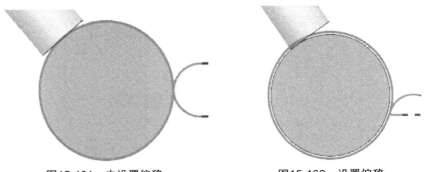

图15-101　未设置偏移　　　　图15-102　设置偏移

01> 在建模环境中，绘制一圆柱体，尺寸任意。

02> 进入加工模块，选择多轴铣类型中的可变轮廓铣工序。

03> 在可变轮廓铣工序对话框中，选择部件为圆柱实体，驱动方法选择曲线/点。

04> 在Curve/Point Drive Method（曲线/点驱动方法）对话框中，选择驱动体为圆柱底面边缘线（参见图15-101）。

05> 设置投影矢量为刀轴，设置刀轴为远离直线，同时指定直线为圆柱轴向矢量。

06> 其他参数按照加工工艺的要求进行设置，生成刀轨。

07> 此时生成的刀轨和图15-101中的是一样的，从工艺上讲这种刀轨并不理想或不可用。因此再次进入曲线/点驱动方法对话框，在此对话框中，为Tool Contact Shift（刀具接触偏移）选项设置一个合理的值，参见图15-103。最终生成的刀轨如图15-102所示。

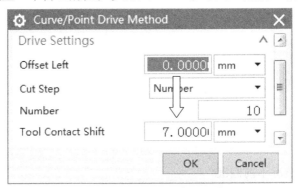

图15-103　设置刀具偏移距离

说明 刀具接触偏移是指，当希望刀具以非中心接触沿着驱动曲线切削时（例如中心没有切削能力的牛鼻刀、平刀等），可以指定刀具接触点沿相切方向偏移一定距离。

15.6.2 左偏置

在以曲线/点驱动方式加工图15-104所示的"花纹"侧壁时，在以往的NX版本中，通常是以"在面上偏置曲线"的方法先将曲线构置出来再生成刀轨，但这样无疑增加了工作量。在新版本的NX"曲线/点"驱动方式中，新增加了"左偏置"参数，通过这个参数，可以节省掉预先在建模环境中设置偏置曲线的环节，提高类似工序的编程效率。

图15-104 以曲线/点驱动方式加工的典型工件

01> 打开图15-104中所示的四轴压花工件模型文件（由于未得到此模型原作者允许，作者不便提供此工件，请读者谅解）。

02> 由于此工件最终需要用四轴机床加工，因此要注意WCS和MCS坐标系的设置是否正确。

03> 使用"旋转底面"工序对此工件进行粗加工和精加工底面操作，参见图15-105。

注 由于NX本身功能的限制，在使用此工序进行粗加工时，并不能一次粗加工到位。如果读者具有一定的二次开发能力，建议使用"用户定义的铣削"功能来完善。该功能由"用户定义的铣削"按钮激活，参见图15-106。

图15-105 旋转底面加工

图15-106 "用户定义的铣削"按钮

223

04 > 粗加工完成后，对"花纹"进行侧壁精加工，加工方式为曲线/点驱动方式。选择驱动曲线为凸起的"花纹"底部边缘，即其侧壁与圆柱小径面交线。

05 > 生成的刀轨肯定会有过切工件的问题，因此，在Curve/Point Drive Method（曲线/点驱动方法）对话框中，指定Offset Left（左偏置）选项的值为刀具半径值，参见图15-107。

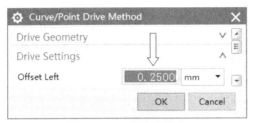

图15-107　左偏置距离

> **注** 如果指定左偏置值后，补正方向并不是正确的方向，那么在此选项的输入框中输入负数即可。

06 > 指定切削参数为多重深度切削，值设置得合理即可。

07 > 其他参数按工艺要求进行设置，生成花纹侧壁面精加工刀轨，如图15-108所示。

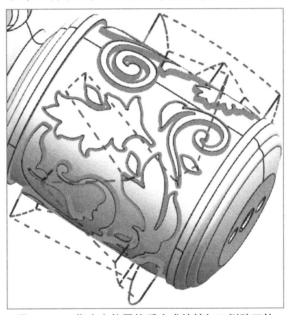

图15-108　指定左偏置值后生成的精加工侧壁刀轨

15.6.3　自动干涉避让

在刀具沿着曲线或点进行驱动切削的过程中，有时会遇到一些不希望被切削的对象，如凸台等，这时系统会自动进行计算，并予以跨越避让。

01〉打开training\14\Curve drive.prt文件，参见图15-109。

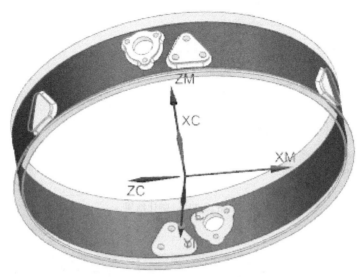

图15-109　需避让的特征

02〉在多轴工序中选择可变轮廓铣，指定部件为图15-109中所示的实体，指定切削区域为圆柱外侧面（凸台所在柱面，图15-109中的高亮面）。

03〉指定驱动方法为曲线/点，进入Curve/Point Drive Method（曲线/点驱动方法）对话框。在这个对话框中，选择Select Curve（选择曲线）选项，选取驱动曲线为靠法兰侧，切削区域的实体边缘，并指定Offset Left（左偏置）的值为1，如图15-110所示。

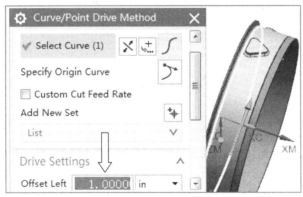

图15-110　指定驱动曲线和偏置值

注 指定左偏置值时要确保偏置方向为向右（+XC轴方向，参见图15-110）。如果偏置方向不正确，可通过偏置值的正负来进行调整。

04〉单击OK按钮后回到工序对话框中，指定投影矢量为刀轴，指定刀轴为远离直线，生成刀轨。此时可见刀轨对凸起特征进行了自动跨越避让，参见图15-111标注处。

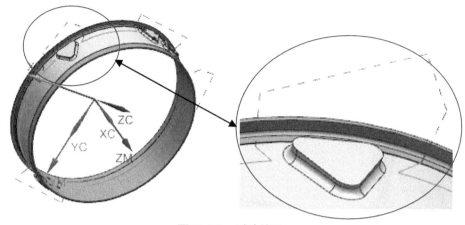

图15-111　避让结果

15.7　新增功能7：添加中心刀路

本节介绍NX多刀轨清根铣工序中的新增功能"添加中心刀路"。

在以前的NX版本中，在进行多刀路清根时，总会有一些"额外的"残余保留，如图15-112所示。可以想象得出，在现实生产中切削完成后，此处也会有"额外的"残余废料。

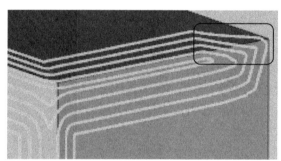

图15-112　未添加中心刀轨时会产生残余废料

01 > 在加工模块中，选择工序类型为多刀清根工序，如"清根参考刀具"，参见图15-113。

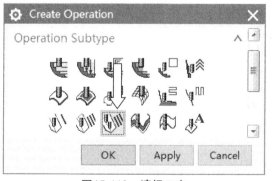

图15-113　清根工序

02 在清根参考刀具工序对话框中，单击"编辑"按钮，参见图15-114。

图15-114 编辑驱动方法

03 在随后出现的Flow Cut Drive Method（清根驱动方法）对话框中，将Non-steep Cut Pattern（非陡峭切削）和Steep Cut Pattern（陡峭切削）选项的切削模式改为Follow Periphery（跟随周边）后，即可出现Add Center Passes（添加中心刀路）复选框。此参数的意义在于尽可能地去除残余高度，参见图15-115。

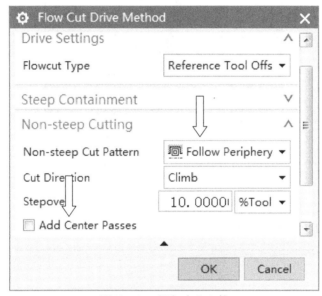

图15-115 添加中心刀轨

04 其他参数按照加工工艺要求进行设置，生成刀轨，参见图15-116。这时可见标注处增加了去除"额外的"残余废料的刀轨。

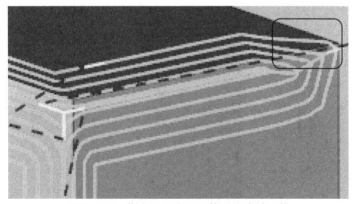

图15-116 指定添加中心刀轨后生成的刀轨

15.8　新增功能8：径向槽铣

对于一些处于实体"内部"的车槽特征，它的加工工艺显而易见：先加工避空孔，然后将T型刀潜入再进行切削，参见图15-117。

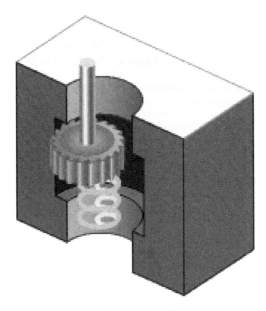

图15-117　径向槽铣刀轨加工效果

01 > 打开training\14\radial_groove_milling.prt文件，参见图15-118。

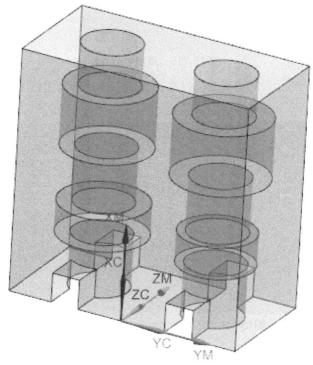

图15-118　径向槽铣工件

02 > 创建工序，选择Type（工序类型）为hole_making，Operation Subtype（工序子类型）为"径向槽铣"，参见图15-119。

图15-119　指定径向槽铣工序

03 > 在Radial Groove Milling（径向槽铣）对话框中，指定Specify Feature Geometry（特征几何体）为实体内部的4个车槽面（倒扣面），参见图15-120。

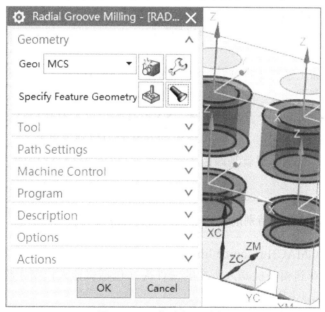

图15-120　指定加工特征

🈲 在指定特征几何体时注意"+Z"方向要指向刀轴方向，如果默认的方向是相反的，应选择反向进行修正。图15-120所示为正确的方向。

---

04 > 选择一把尺寸合适的T型刀。最终创建的刀轨如图15-121所示。

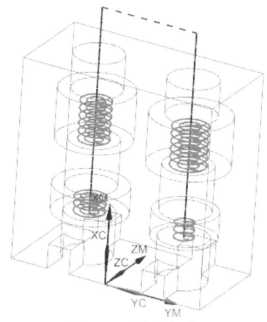

图15-121　径向槽铣刀轨

15.9　数控机器人

多轴机床在加工某些工件或特征时，也存在一些不便之处，这时包括NX在内的很多CAM系统，索性打破了"轴"的限制，提供对机器人进行数控加工的支持。

在将NX 10打到第二个升级补丁时，NX也开始提供了对数控机器人的支持（目前支持法那克、ABB和库卡），至此可以将编制好的刀轨利用机器人进行加工。NX对数控机器人的支持，具体地说就是西门子将其旗下TECNOMATIX中的一些机器人功能添加到了NX 10中。

> **注** 编制机器人刀轨并无特别的工序，利用现有工序即可。

打开X:\NX10\MACH\resource\library\machine\installed_machines文件夹（"X:"表示盘符），可以看到相关机器人所在的文件夹（包括机器人模型、机器人后处理以及驱动文件等），参见图15-122。

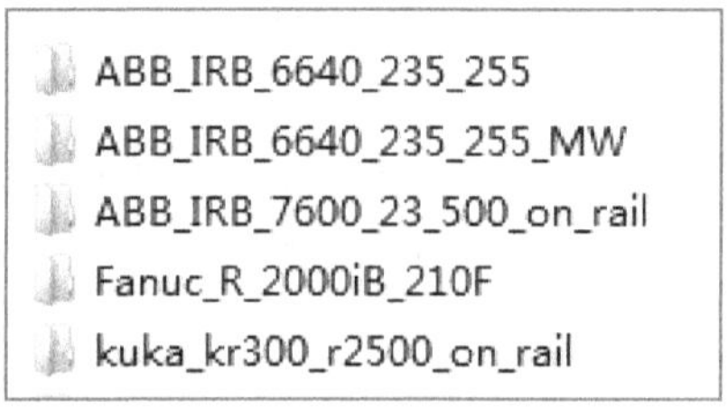

> ABB_IRB_6640_235_255
> ABB_IRB_6640_235_255_MW
> ABB_IRB_7600_23_500_on_rail
> Fanuc_R_2000iB_210F
> kuka_kr300_r2500_on_rail

图15-122　机器人所在目录

　　图15-123所示为在NX CAM系统中，法那克数控机器人的虚拟现实加工场景。

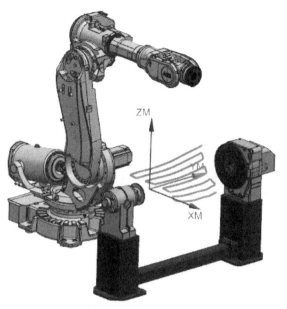

图15-123　数控机器人加工仿真

15.10　小结

在新版本的NX（NX 9到NX 10）中，有关CAM功能模块的新增功能作者在此只阐述了自认为比较实用的部分，其他如垂直于部件进退刀、单线修剪刀轨等"不起眼"的新功能以及在后台运算方面的改善，读者可参考其他资料或在学习以及实践中慢慢体会。

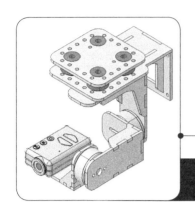

第16章

NX多轴铣综合练习

在前面的15章里，对NX五轴加工工序编程的功能和技巧基本上进行了阐述。如果读者对前面的知识已经了解和掌握，那么请参照下文中的案例说明，进行NX五轴加工工序编程的全面综合演练。

16.1 综合练习1：腔曲面的五轴精加工

本练习主要强化朝向点刀轴在实际编制工序时的应用，最终刀轨如图16-1所示。

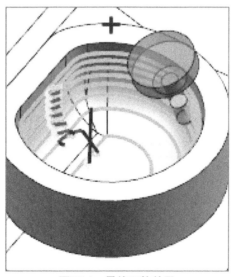

图16-1 最终刀轨效果

01 > 打开\training\practice\test_7.prt文件，参见图16-2。

工艺分析：此工件通过定轴粗加工过后，外侧壁可使用四轴精加工工序来处理，对内侧壁最好使用五轴精加工工序处理。对于此工件上存在的加工死角，也就是需要特种加工的区域，暂不处理。

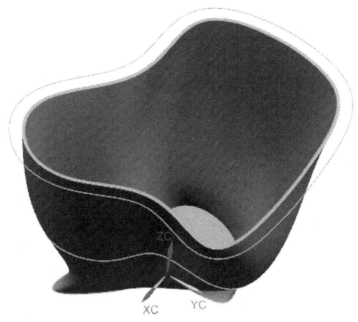

图16-2 侧壁曲面精加工工件

02> 进入数控加工模块，在Machining Environment（加工环境）对话框中，选择CAM Setup to Create（CAM设置）为mill_multi-axis（多轴铣），参见图16-3。

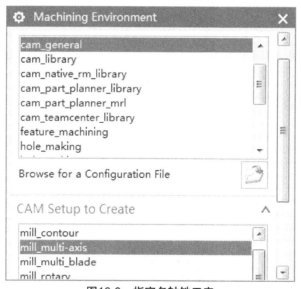

图16-3 指定多轴铣工序

03> 单击确定后，选择【插入】→【工序】，在Create Operation（创建工序）对话框中，选择Operation Subtype（工序子类型）为可变轮廓铣，参见图16-4。位置栏中的程序、刀具、几何体、方法以及名称全部使用默认值，单击OK按钮后，进入Variable Contour（可变轮廓铣）工序对话框，参见图16-5。

233

图16-4 选择可变轮廓铣

图16-5 设置相关参数

04> 在Variable Contour工序对话框中，选择Drive Method（驱动方法）为Surface Area（曲面）选项（对于此工件，部件非必须，因此不指定），参见图16-6。

05> 随后在出现的警示对话框中单击确定，进入Surface Area Drive Method（曲面区域驱动方法）对话框，参见图16-7。

图16-6 选择曲面驱动方法图

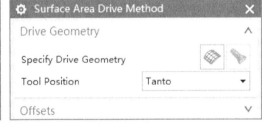

16-7 选择驱动曲面对话框

06> 在这个对话框中，指定Specify Drive Geometry（驱动几何体）为桶内侧壁面，单击OK按钮，参见图16-8。

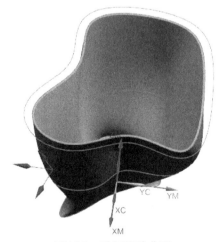

图16-8 选择驱动曲面

07> 在曲面区域驱动方法对话框中，单击Cut Direction（切削方向）按钮，再单击工件靠上边缘指向左的箭头，即图16-9中有一个小圈的箭头。

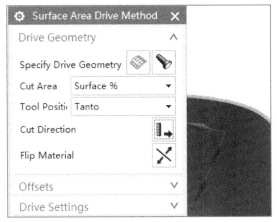

图16-9　指定方向

08 > 单击Flip Material（材料反向）按钮，确认指向箭头指向"桶"内，参见图16-8。在Drive Settings（驱动设置）栏中，设置其他切削参数，参见图16-10。

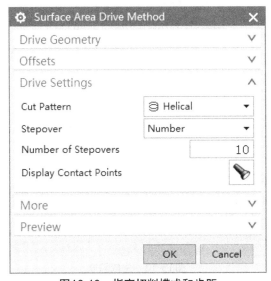

图16-10　指定切削模式和步距

09 > 单击OK按钮后回到可变轮廓铣工序对话框中，选择Axis（刀轴）为Toward Point（朝向点），参见图16-11。

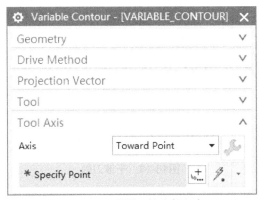

图16-11　设置刀轴为朝向点

10〉设置Specify Point（指定所朝向点）X为0，Y为0，Z为12mm（估计值，合理即可），单击OK按钮，参见图16-12。

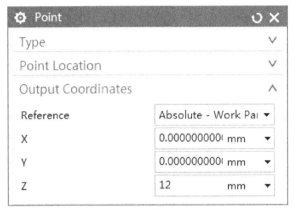

图16-12　指定点

11〉按照相关工艺要求，设置其他参数，单击生成按钮后生成刀轨。通过仿真回放，可以看到刀背在加工过程中始终指向设定的点，至此，内侧壁五轴精加工工序编程完成，参见图16-13。

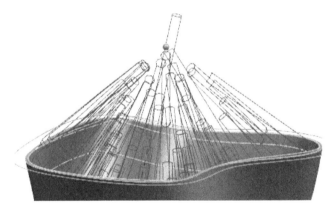

图16-13　生成刀轨

12〉通过回放刀轨发现，在工件的底部，由于存在加工死角，且此工序并未指定部件，因此存在不合理和发生干涉的刀轨，参见图16-14。

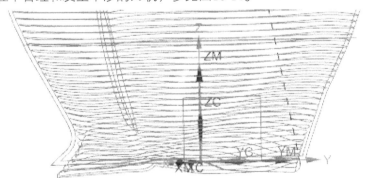

图16-14　干涉刀轨

13〉重新编辑此工序。进入曲面区域驱动方法对话框，在Cut Area（切削区域）下拉列

表框中选择Surface%（曲面%）选项，修改End Step%（结束步长%）值为80，也就是
刀轨切削至切削区域的80%处就停止，参见图16-15。

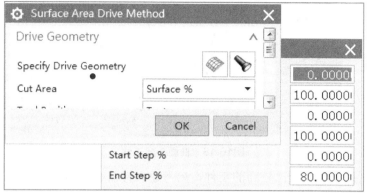

图16-15　指定切削范围

14> 重新生成刀轨后，工件底部的刀轨避开了加工死角，参见图16-16。

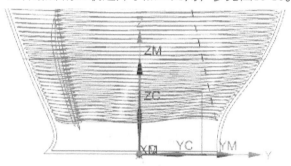

图16-16　修正后的刀轨

16.2　综合练习2：头盔工件的五轴精加工

本练习主要强调曲面驱动加工陡峭区域的应用方法，最终生成的刀轨如图16-17
所示。

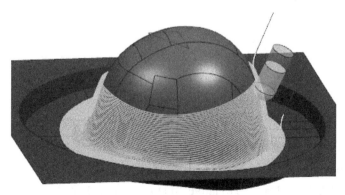

图16-17　头盔加工最终刀轨

01> 打开\training\practice\ tk_core.prt文件，参见图16-18。

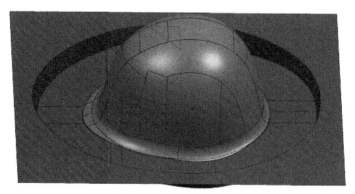

图16-18　曲面头盔工件

　　工艺分析：陡峭部分比较高的工件，要考虑夹持器或主轴与侧壁的干涉问题。在三轴铣粗加工的时候，刀具可以通过延长杆延长，但精加工头盔侧壁面的时候，最好用五轴铣，以刀轴倾斜的方式提高刚度和精度，同时提高加工效率。

　　根据前面的描述，头盔侧壁陡峭面最合适的加工工序为深度轮廓加工，并将其刀轨转换为五轴刀轨和深度加工5轴铣。

　　本练习使用曲面驱动的方法为头盔侧壁陡峭面创建精加工五轴铣刀轨工序。

02> 进入可变轮廓铣工序，指定部件为所有头盔片体，驱动方法选择曲面，并选择驱动面为图16-19所示的圆柱面（此面为事先绘制，大小比欲切削区域略大、略高即可）。

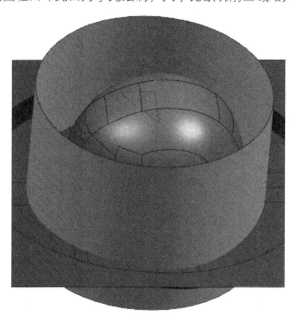

图16-19　创建驱动面

03> 在曲面区域驱动方法对话框中设置其他参数，并在对话框中进行如下设置。

> ➢ 选择Projection Vector（投影矢量）为Tool Axis（刀轴）；
> ➢ 选择Tool Axis（刀轴）为Relative To Drive（相对于驱动）；
> ➢ 指定一个合理的Tilt Angle（侧倾角）值（本例为-110°）和Lead Angle（前倾角度）值（本例中不需要刀具前倾，因此值为0），参见图16-20。

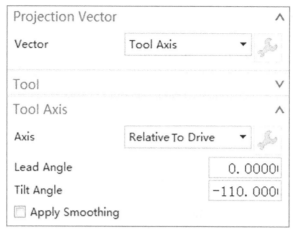

图16-20 指定投影矢量和刀轴参数

04 > 根据工艺要求设置其他参数，并生成刀轨，结果参见图16-17。

16.3 综合练习3：叶片工件的二轴半粗加工到五轴精加工

本练习主要强化多工序综合运用的能力。

打开\training\practice\streamline_4.prt文件，参见图16-21。

图16-21 叶片工件

工艺分析：由于此工件上存在倒扣部分，因此在二轴半型腔铣粗加工后使用五轴精加工工序来进行精加工处理。

16.3.1 型腔铣二轴半粗加工

创建型腔铣二轴半粗加工工序的步骤如下。

01 > 进入加工模块。首先使WCS坐标系正确，然后在几何体视图中通过工序导航器建立MCS坐标系和WORKPIECE，指定部件为图16-21中所示的工件实体，毛坯为包容圆柱体。

02> 单击"创建工序"按钮，工序类型选择mill_contour，工序子类型选择型腔铣工序。首先用型腔铣工序对工件进行二轴半铣粗加工，注意几何体选择步骤中创建好的WORKPIECE，并根据加工工艺设置型腔铣粗加工参数（步骤略）最终生成的粗加工刀轨如图16-22所示。

图16-22　型腔铣粗加工刀轨

16.3.2　二次开粗和清角加工

由于此叶片工件存在倒扣部分，经过第一次开粗之后，仍然有余料存在，不利于直接进行精加工，因此，需要二次开粗加工。

01> 由于此叶片工件存在明显的倒扣部分，因此，可直接用草图"圈"住倒扣区域，以便在工序中利用这个草图作为修剪区域来修剪多余的刀轨。图16-23中较粗的线条即为此草图。

02> 工序类型选择mill_contour，子类型选择深度轮廓加工。

03> 在深度轮廓加工工序对话框中，指定下列几何体和刀具，参见图16-24。

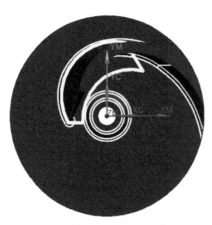

图16-23　指定修剪边界

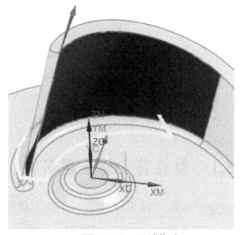

图16-24　区域指定

> 指定部件为叶片实体；
> 指定切削区域为叶片内侧面；
> 指定修剪边界为绘制的草图；
> 由于底部残料较多，因此在刀具直径的选择上，尺寸选择得略大一些，这样可以以精加工的方式对残料进行二次开粗加工。

04> 指定Axis（刀轴）为Dynamic（动态），并通过动态刀轴手柄指定一个工艺合理的刀轴方向，参见图16-25。

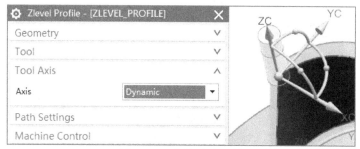

图16-25 指定动态刀轴

05> 其他参数按工艺要求进行设置，生成最终的二次开粗工序刀轨，参见图16-26。

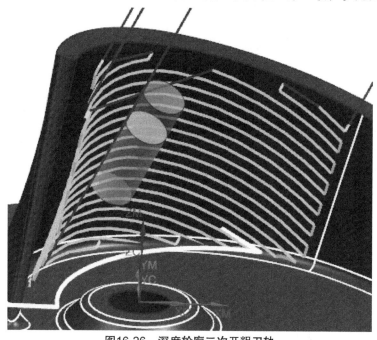

图16-26 深度轮廓二次开粗刀轨

使用mill_contour类型中的区域轮廓铣工序，以动态方式指定刀轴，也可以创建出二次开粗加工刀轨，参见图16-27。

06> 在工序类型中选择mill_multi-axis，子类型为可变轮廓铣，用此工序对叶片模型进行清角加工。在可变轮廓铣工序对话框中，指定相应几何体和参数，如图16-28所示。

> 指定部件为叶片工件实体；
> 选择驱动方法为曲面，并选择图16-28所示的曲面为驱动面（此驱动面为事先创

241

建的直纹面）；

指定切削方向和材料反向方向等参数。

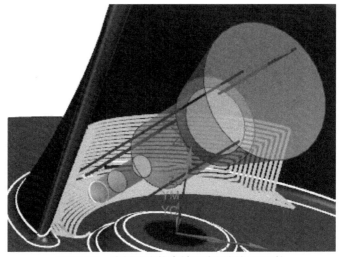

图16-27　残料深度轮廓铣二次开粗加工刀轨

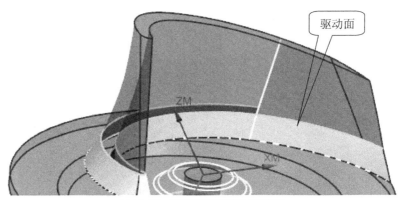

图16-28　创建和指定辅助驱动面

07 ▷ 指定如下刀轴相关参数，参见图16-29。

图16-29　指定投影矢量和刀轴参数

> 选择投影矢量为刀轴；

> 设置Axis（刀轴）为Relative to Drive（相对于驱动）；

> 指定合理的刀轴倾角（本例中Lead Angle为5°，Tilt Angle为45°）。

08 其他参数按照加工工艺要求设置，生成残料清理刀轨，参见图16-30。

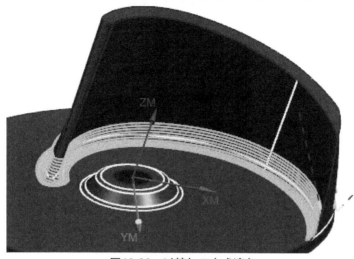

图16-30 以精加工方式清角

09 继续使用可变轮廓铣工序，设置驱动方法为曲面，并选择图16-31所示的叶片实体内侧面和相连圆角面为驱动面，然后指定切削方向和材料反向方向等参数。

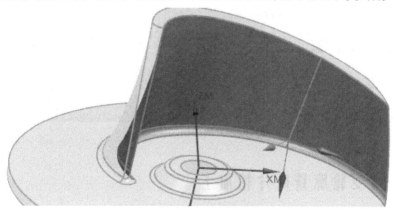

图16-31 叶片面驱动面

10 在Surface Area Drive Method（曲面区域驱动方法）对话框中，选择Cut Area（切削区域）为Surface%（曲面%）方式，参见图16-32。

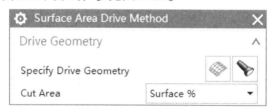

图16-32 指定切削范围

11 随后进入Surface Percentage Method（曲面百分比方法）对话框，指定Start Step%（起始步长）为40%，使得刀轨从选择的驱动面位置的40%处开始生成，到这个驱动面的End Step%（终止步长）为止，参见图16-33。

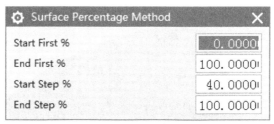

图16-33 切削范围指定为局部

12 > 确定后回到对话框中，指定Axis（刀轴）方向为Toward Point（朝向点），并指定一个符合工艺要求的点，参见图16-34。

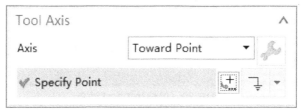

图16-34 指定刀轴

13 > 把其他参数按照加工工艺要求设置完成后，生成残料清理刀轨，参见图16-35。

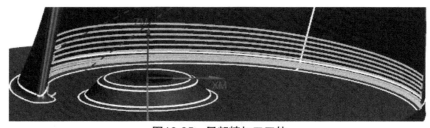

图16-35 局部精加工刀轨

16.3.3 可变轮廓铣叶片精加工

粗加工完成之后，由于叶片部分存在倒扣区域，因此考虑用五轴机床来进行精加工。

01 > 进入多轴加工工序，工序子类型选择可变轮廓铣工序，在位置栏中设置几何体为前面创建的WORKPIECE，而程序、刀具、方法以及名称等选项全部使用默认值。单击OK按钮后，进入可变轮廓铣工序对话框，进行如下设置，参见图16-36。

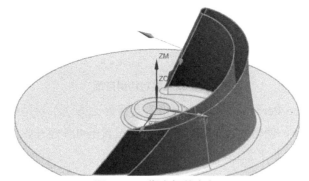

图16-36 指定相关方向

- ➤ 指定部件为叶片工件实体。
- ➤ 设置驱动方法为曲面，并选择驱动面为叶片的侧壁面（不含圆角面）。
- ➤ 在曲面区域驱动方法对话框中指定切削方向和材料反向方向以及步距数等参数。

02➤ 指定下列刀轴相关参数，参见图16-37。

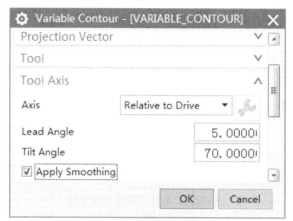

图16-37　指定刀轴倾角

- ➤ 指定Projection Vector（投影矢量）为刀轴；
- ➤ 设置Axis（刀轴）为Relative to Drive（相对于驱动体）（在本例中也可以选择其他类型的刀轴）；
- ➤ 设置Lead Angle（前倾角）为5°，Tilt Angle（侧倾角）为70°（度数符合工艺要求的范围即可）；
- ➤ 勾选Apply Smoothing（应用光顺）复选框，这样生成的刀轨效果相对来说更好；
- ➤ 其他参数按照加工工艺要求设置。

03➤ 单击"生成"按钮，生成刀轨，参见图16-38。

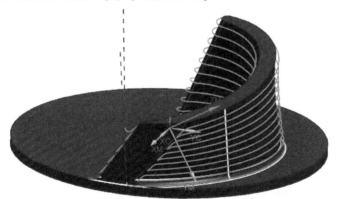

图16-38　叶片精加工刀轨

16.3.4　可变流线铣叶片精加工

本例介绍使用可变流线铣工序加工叶片的方法。

01〉打开training\practice\streamline_4.prt文件，然后选择多轴加工工序，工序子类型选择可变流线铣工序，参见图16-39。

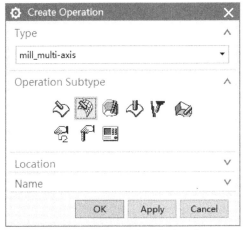

图16-39　选择可变流线铣工序

02〉在创建工序对话框中，位置栏中的程序、刀具、几何体、方法以及名称等选项全部使用默认值，单击OK按钮后，进入可变流线铣工序对话框，参见图16-40。

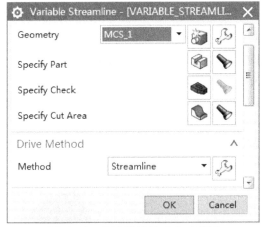

图16-40　可变流线铣工序对话框

03〉事先通过创建几何体功能，对加工坐标系MCS进行调整，使其与WCS坐标系重合即可。

04〉在该对话框中确定几何体是步骤3中的MCS坐标系的名称，并进行如下设置，参见图16-40。

> 指定部件为叶片工件实体。

> 指定切削区域为叶片侧壁面，但不含圆角面。

> 设置Drive Method（驱动方法）为Streamline（流线）。

05〉在Streamline Drive Method（流线驱动方法）对话框中设置Selection Method（选择方法）为Automatic（自动），参见图16-41。

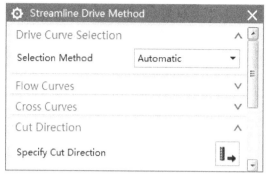
图16-41　选择自动方法

06> 在流线驱动方法对话框中指定切削方向为靠上向右，也就是单击选择靠上、指向右侧的箭头（这个箭头决定了刀轨的切削方向为由上到下，由左向右。选择这个方向比较符合工艺要求），参见图16-42。

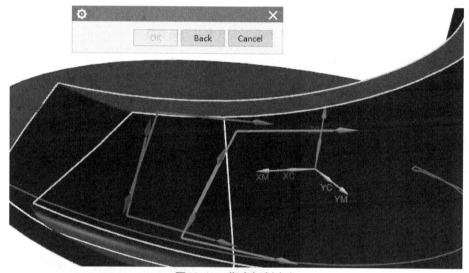
图16-42　指定切削方向

07> 在流线驱动设置栏中，进行下列刀轨相关参数的设置，参见图16-43。

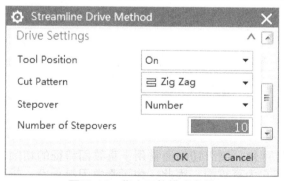
图16-43　指定刀轨模式参数

> 指定Cut Pattern（切削模式）为往复模式；
> 根据工艺要求指定Stepover（步距模式）选项；

247

> ➤ 根据工艺要求指定Number of Stepovers（步距数），即切削多少刀。

08 > 回到可变流线对话框中，进行下列刀轴相关设置，参见图16-44。

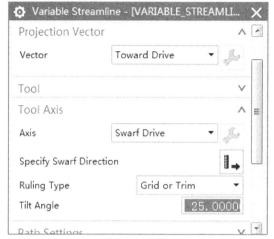

图16-44　指定投影矢量和刀轴参数

> ➤ 设置Projection Vector（投影矢量）为Toward Drive（朝向驱动体）；
> ➤ 设置Axis（刀轴）为Swarf Drive（侧刃驱动体）；
> ➤ 设置Tilt Angle（倾角）值为25°。

09 > 设置Specify Swarf Direction（指定侧刃方向）为图16-45中朝上的箭头（可简单地理解为刀具夹持器所在方向），指定侧倾角为25°，度数值符合工艺要求即可，参见图16-44。

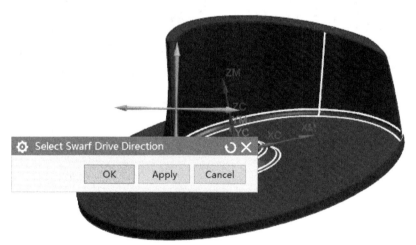

图16-45　指定侧刃方向

(说)(明) 由第4章内容可知，侧刃切削通常用于直纹面特征的切削，但此叶片面至少从目测上看，不能肯定它为直纹面，因此，为了避免刀具干涉，指定侧倾角这个参数，以使刀具在切削过程中，侧倾以避开工件侧壁面。

---

10 > 把其他参数按照加工工艺要求设置后，生成可变流线刀轨，参见图16-46。

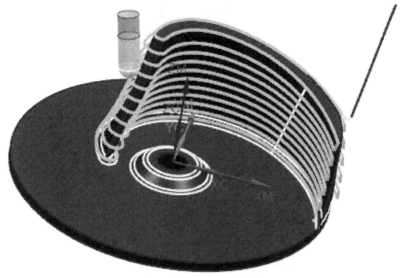

图16-46　可变流线刀轨

16.3.5　清根加工

创建清根加工刀轨的步骤如下。

01> 进入建模模块，选择【插入】→【扩大面】，对两个圆角面的外沿进行延伸操作（此操作会使曲面按照自身曲率进行延伸，从而利于创建加工刀轨），参见图16-47。

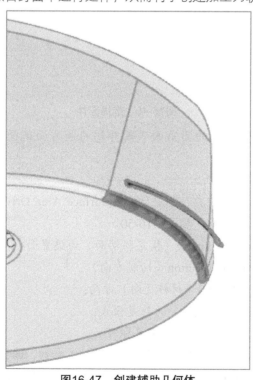

图16-47　创建辅助几何体

02> 选择【插入】→【偏置缩放】→【偏置曲面】，将圆角面向其法向进行偏置，从而得到创建工序需要的驱动面，参见图16-48。

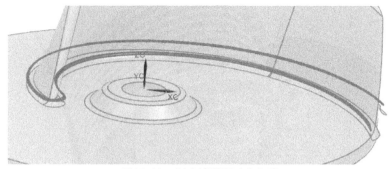

图16-48　创建辅助驱动几何体

03> 进入加工模块，调整WCS与MCS坐标系，工序子类型选择可变轮廓工序。在可变轮廓工序对话框中进行如下设置，参见图16-49。

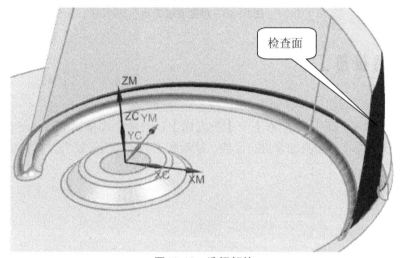

检查面

图16-49　选择部件

> 指定部件为叶片根部的圆角面（最外侧的圆角面选择步骤1中经过延伸的片体）；

> 指定检查面为侧壁立面。

04> 驱动方法选择曲面选项，并在随后出现的Surface Area Drive Method（曲面区域驱动方法）对话框进行如下设置，参见图16-50。

> 设置Specify Drive Geometry（指定驱动面）为偏置面；

> 选择符合工艺的Cut Direction（切削方向）；

> 选择合理的Flip Material（材料反向）方向；

> 设置Cut Pattern（切削模式）为往复模式；

> 其他参数按符合工艺要求进行设置即可。

05> 单击OK按钮后回到对话框中，指定下列刀轴相关参数，参见图16-51。

> 设置Projection Vector（投影矢量）为Tool Axis（刀轴）；

➢ 设置Axis（刀轴）为Normal to Drive（垂直于驱动）。

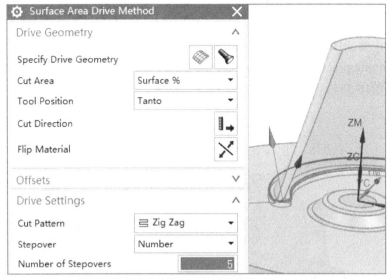

图16-50　选择驱动面和相关参数

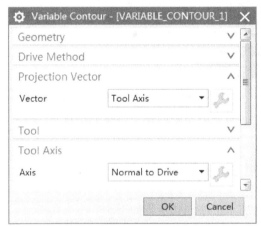

图16-51　指定投影矢量和刀轴参数

06 ▷ 其他参数按照加工工艺要求设置，生成清根刀轨，参见图16-52。

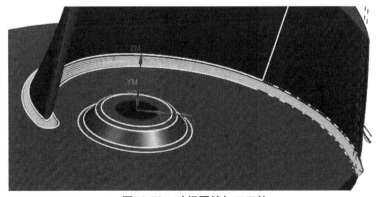

图16-52　叶根圆精加工刀轨

16.4 综合练习4：装配体粗加工到五轴精加工

本练习主要强化多工序综合运用的能力。

打开training\practice\5axis\hub_core_mfg_asmb.prt文件，这是一个包含装夹具的装配体，参见图16-53。

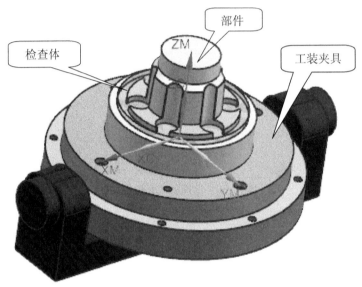

图16-53 多轴装配体工件

工艺分析：一个典型的要用到深度加工工序的工件。

16.4.1 型腔铣粗加工

该工件的型腔铣粗加工工序创建步骤如下。

01 > 在工序导航器中定义MCS_MILL以及WORKPIECE（部件和毛坯体，参考图16-53，其中毛坯为隐藏的圆柱体），参见图16-54。

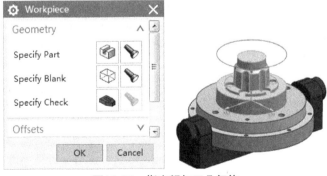

图16-54 指定粗加工几何体

02 > 通过型腔铣进行粗加工，余量设置为0.03英寸，生成刀轨，参见图16-55。

图16-55 型腔粗加工刀轨

16.4.2 二次开粗和侧壁精加工

二次开粗和侧壁精加工工序创建步骤如下。

01> 在mill_contour工序中，通过工序子类型ZLEVEL PROFILE进行深度轮廓精加工，余量设置为0.01英寸，将工件侧壁加工到位。生成的刀轨如图16-56所示。

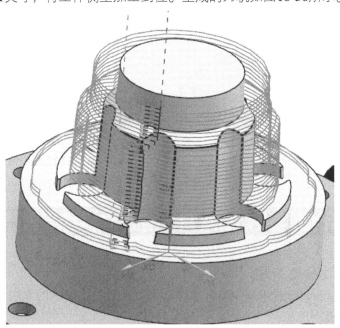

图16-56 深度轮廓精加工刀轨

02 > 在mill_planar工序类型中，使用planar mill工序子类型对局部进行二次开粗加工，并对刀轨进行阵列操作。生成的刀轨如图16-57所示。

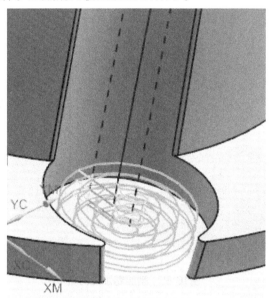

图16-57　局部开粗刀轨

03 > 在工序导航器中，对深度轮廓工序进行三轴转五轴操作，或使用ZLEVEL 5 AXIS（深度5轴铣。需指定检查体和切削区域，参见图16-53）进行侧壁切削。当然，也可以使用前面介绍过的其他工序方法。最终生成的刀轨如图16-58和图16-59所示。

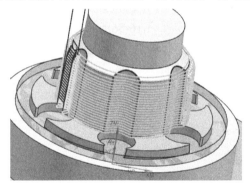

图16-58　深度5轴铣刀轨

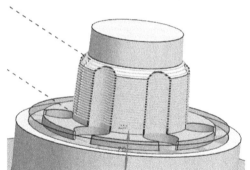

图16-59　三轴刀轴侧倾后变五轴

16.5　综合练习5：CATIA格式文件综合加工练习

本练习主要强化多工序综合运用的能力。

打开training\practice\Multi-Axis.CATPart文件，这是CATIA的专用多轴加工练习课件，参见图16-60。

工艺分析：假设已通过定轴方式完成此工件的粗加工，只需要进行孔加工和精加工。

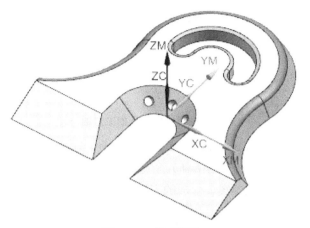

图16-60 练习课件

16.5.1 孔加工

创建该工件的孔加工工序步骤如下。

01 执行【文件】→【打开】，在打开对话框中选择CATIA V5格式，打开图16-60所示的文件，直接进入孔加工工序对话框，参见图16-61。

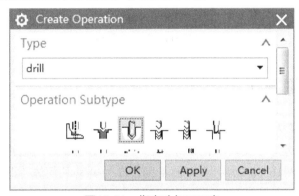

图16-61 指定孔加工工序

02 在孔加工工序对话框中，指定下列相关几何体，参见图16-62。

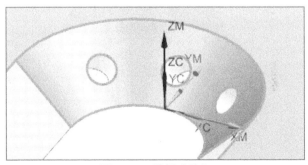

图16-62 选择孔特征

> 以面上所有孔的方式选择弧形面，即选择这个弧形面上的所有孔；
> 指定顶平面为此工件最高的顶平面。

255

03 > 指定Axis（刀轴）相关参数，参见图16-63。

图16-63　指定孔加工刀轴

➢ 选择Normal to Part Surface（垂直于工件表面）选项；

➢ 勾选Use Arc Axis（使用圆弧轴）复选框。

04 > 按照加工工艺设置其他参数，生成的刀轨如图16-64所示。

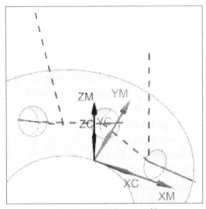

图16-64　孔加工刀轨

16.5.2　侧刃精加工

生成侧刃精加工刀轨的步骤如下。

01 > 从多轴工序中选择可变轮廓铣工序。在可变轮廓铣工序对话框中，选择驱动方法为曲面，然后选择图16-65中所示的U形斜侧壁面为驱动几何体（此工件预想不存在过切问题，因此无需指定部件）。

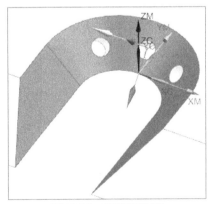

图16-65　指定驱动面

02 > 在随后出现的Surface Area Drive Method（曲面区域驱动方法）对话框中，指定下列刀轨相关参数，参见图16-66。

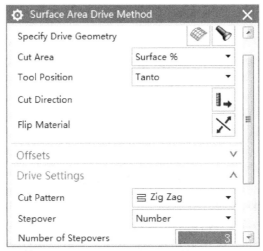

图16-66 指定相关参数

- 指定Cut Direction（切削方向）为由左向右；
- 指定Flip Material（材料反侧）方向为朝外；
- 指定Number of Stepovers（切削步距）数量为3（共3个切削层）。

03> 单击OK按钮后回到可变轮廓铣对话框中，指定刀轴为侧刃驱动体，指定侧刃方向为向上的箭头方向，然后按照工艺要求设置其他参数。生成的刀轨如图16-67所示。

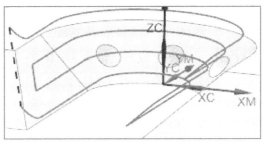

图16-67 侧刃刀轨

从图16-67可以看出，刀轨并不符合要求（第一刀浮于工件表面之上，造成空切）。下面继续修改相关参数，以使刀轨更加理想。

04> 通过生成的刀轨可以看出，刀轨切削面积的百分比并不正确。单击驱动方法右侧的"编辑"按钮，对切削百分比进行修改，参见图16-68。

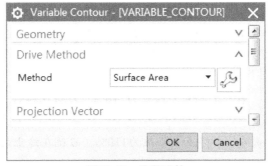

图16-68 完善刀轨

05〉 进入Surface Area Drive Method（曲面区域驱动方法）对话框后，选择切削区域中的Surface%（曲面%）选项，修改切削区域的百分比值，参见图16-69。

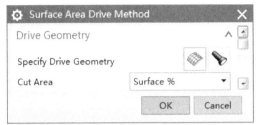

图16-69　修改切削区域百分比值

06〉 在Surface Percentage Method（曲面百分比）对话框中，将Start Step%（起始步长）修改为50%（从曲面一半处开始切削），End Step%（终止步长）修改为110%（将指定曲面区域底部略切透一点，以免底边有毛刺产生），参见图16-70。

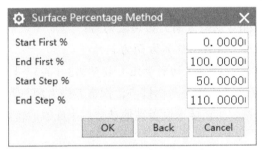

图16-70　指定局部切削区域

07〉 单击OK按钮后回到对话框，重新生成刀轨，参见图16-71。

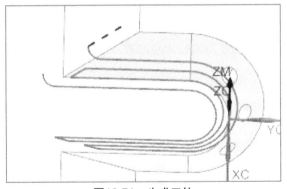

图16-71　生成刀轨

从图16-71中可以看出，刀轨仍然不理想：虽然上下两面已达到了理想的效果，但将从实际加工角度来讲，将两侧刀轨从切入切出处延伸出来，才是最理想的效果。

08〉 修改曲面区域切削百分比值如下，参见图16-72。

  ➤ 将Start First%（第一个起点）修改为-10%（刀轨在起始处延伸出刀具直径10%的距离）；

  ➤ 将End First%（第一个终点）修改为110%（刀轨在终止处延伸出刀具直径10%的距离）。

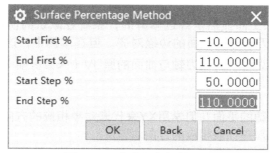

图16-72 指定局部切削区域

09> 单击OK按钮后回到对话框中，单击"生成"按钮，重新生成刀轨，参见图16-73。从图中可见，在刀轨的两端实现了切入切出的延伸。

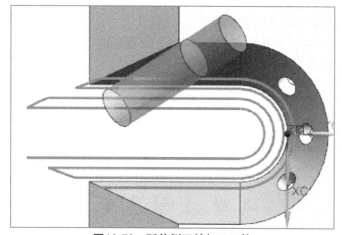

图16-73 延伸侧刃精加工刀轨

从图16-73中可以看出，刀轨仍然存在不足之处：在切削时，虽然刀具侧刃紧贴在工件壁面上，但刀具却严重地向右倾斜。

10> 再次回到可变轮廓铣工序对话框中，将刀轴的Ruling Type（划线类型）选项修改为Base UV（基础UV），并再次生成刀轨。这次生成了比较理想的侧刃铣刀轨：刀具在整个切削过程中角度都比较"正"，参见图16-74。

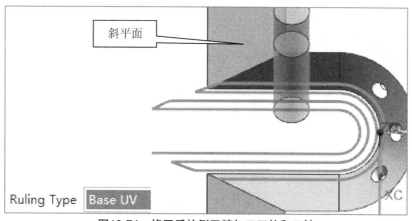

图16-74 修正后的侧刃精加工刀轨和刀轴

本例中的被加工面显然是经过修剪的，系统在默认的情况下画线类型为"栅格"或"修剪"，即刀轴与驱动面的边缘对齐。但在本例中，这显然导致了刀轴的歪斜，而"基础UV"可以理解为让刀轴与曲面的原UV（未修剪前）保持一致。

如果说欧几里德的平面几何学用XY来代表对象相应的方向，那么对应的，非欧几里德几何的曲面用UV来代表相应的方向。

16.5.3 斜平面的定轴加工

创建斜平面的定轴加工刀轨步骤如下。

01 > 此工件最前端的斜平面（参见图16-74）使用实体平面定轴铣工序就可以加工完成，因此首先选择平面工序，参见图16-75。

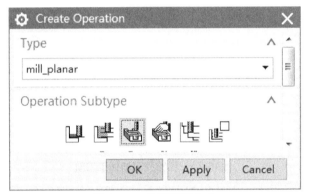

图16-75　选择平面工序

02 > 按前面介绍过的方法设置，生成刀轨后，却发现有一些瑕疵：由于两个斜平面之间是断开的，导致在一个工序中加工这两个斜平面的刀轨在此处产生跨越动作，参见图16-76。

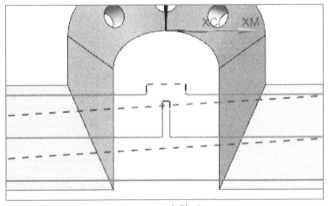

图16-76　空隙跳刀

03 > 如果希望刀轨更完美一些，在切削参数中，将Merge Distance（合并距离）修改为95%即可，参见图16-77。

| Merge Distance | 95.0000 | %Tool ▼ |

图16-77　设置合并距离参数

说明 在两个跨越抬刀动作之间，如果距离小于指定的距离（如本例是刀具直径的95%），两个跨越动作之间将不抬刀，而是直接以切削运动来连接，这就是"合并距离"参数的使用。

04> 再次生成刀轨，跨越动作消失，参见图16-78。

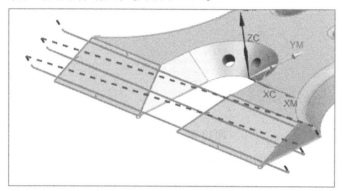

图16-78　修正后的刀轨

16.6 综合练习6：CATIA装配文件定轴综合加工练习

本练习主要强化带IPW的底壁加工工序定轴加工的运用能力。

打开training\3\CATIA\100001_PRODUCT_5XMILL_SCENARIO.CATProduct文件（此文件为CATIA V5装配格式），参见图16-79。

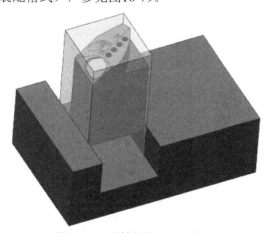

图16-79　定轴综合练习工件

工艺分析：假设最终部件的矩形毛坯已经通过铣床等机床加工完成，接下来需要进行孔与平面特征的定轴综合加工。

16.6.1 实体平面的粗加工与精加工

创建实体平面的粗加工与精加工刀轨的步骤如下。

01> 由于默认的坐标系并不能满足加工需求，因此首先调整WCS坐标系。展开几何体视图，在工序导航器中调整MCS坐标系使之与WCS坐标系一致（毛坯顶面分中），参见图16-80。

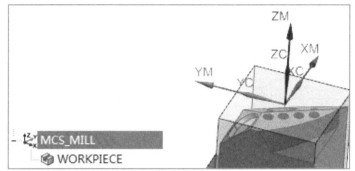

图16-80　坐标系调整

02> 在工序导航器中设置WORKPIECE，指定部件与毛坯几何体：部件为图16-80所示的加工部件，毛坯为矩形实体。

03> 单击"创建工序"按钮后，在类型中选择平面铣，在工序子类型中选择带IPW的底壁加工，Geometry（几何体）选择WORKPIECE，参见图16-81。

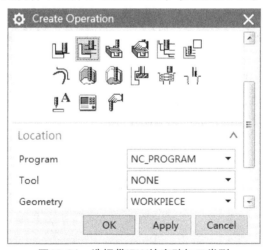

图16-81　选择带IPW的底壁加工类型

04> 在底壁加工IPW工序对话框中，指定切削区底面为大圆孔所在平面，即图16-82所示高亮面。

05> 将Axis（刀轴）设置为Specify Vector（指定矢量），单击"面/平面法向"按钮，将刀轴指定为切削区（图16-82中所示高亮平面）的面法向，参见图16-83。

06> 单击Cutting Parameters（切削参数）按钮，在Containment（空间范围）选项卡中，确认Blank（毛坯）选项为Blank Geometry（毛坯几何体），参见图16-84。

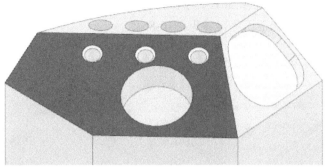

图16-82　指定切削区域

图16-83　指定平面法向刀轴

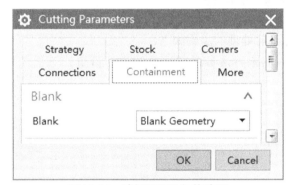

图16-84　选择毛坯几何体选项

07 > 其他参数根据工艺要求进行设置，生成粗加工刀轨，如图16-85所示。

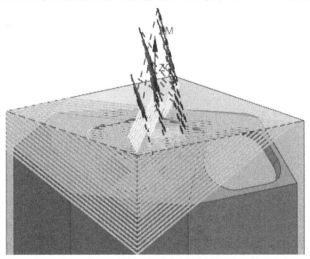

图16-85　与毛坯范围完全一致的粗加工刀轨

08> 在工序导航器中复制此粗加工工序，将其粘贴到该工序的下方，并对其参数进行修改，从而成为底面精加工工序，参见图16-86。

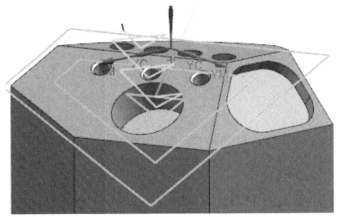

图16-86　带IPW的底壁加工精加工刀轨

16.6.2　加工模型前处理

对该模型进行加工前处理的步骤如下。

01> 其他平面特征的加工方法参考前面介绍进行设置，下面主要介绍曲面部分的加工，参见图16-87。

图16-87　指定曲面区域

02> 在加工这一区域之前，发现其边缘处有微几何特征，如图16-88所示的高亮面。

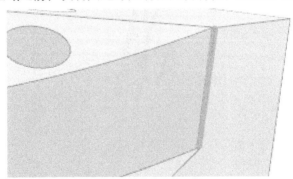

图16-88　设计瑕疵

03> 按照正常的设计工艺，此微特征应该属于设计瑕疵，因此，需要通过几何编辑功能将这个微特征去除。此处使用替换面功能将其去除：要替换的面为图16-88中所示的高亮显示的微特征面，替换面为相邻的弧形面，结果如图16-89所示。

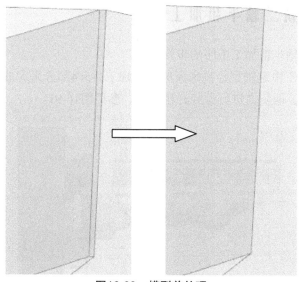

图16-89　模型前处理

04> 关于此工件上的其他诸如孔、面等特征的加工，由于都属于定轴加工，工序操作方法类同，在前面章节中都有描述，因此不再赘述。

16.7　综合练习7：维纳斯模型的粗加工到精加工

本练习主要强化的是定轴和四轴综合工序的应用能力。

在NX中新建文件后导入\training\practice\weinasi.igs，如图16-90所示。

图16-90　维纳斯加工模型

工艺分析：粗加工部分由定轴粗加工来完成，精加工则集成了定轴加工和四轴精加工工序。

注 由于加工此工件"工程浩大"，本节只对关键参数予以说明。

16.7.1 型腔铣二轴半粗加工

创建型腔铣二轴半粗加工工序的步骤如下。

01> 维纳斯的粗加工由定轴型腔铣来完成。粗加工共分4部分来完成，即分别对维纳斯的身体正面、背面、两侧面进行型腔开粗处理，参见图16-91。

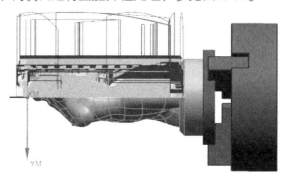

图16-91　定轴粗加工背面

02> 维纳斯的粗加工完成后，根据需要，对维纳斯的身体正面、背面、两侧面分别进行二次开粗处理，以去除较厚的粗加工残料，为精加工创建条件，参见图16-92。

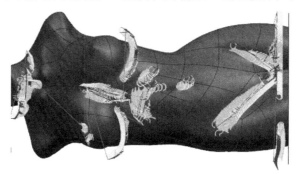

图16-92　定轴二次开粗正面

16.7.2 精加工

精加工刀轨的制作步骤如下。

01> 粗加工完成后，开始进行精加工。对于这个模型，精加工同样还是以定轴工序为主。首先对脖颈处进行深度轮廓精加工（限制切削层），参见图16-93。

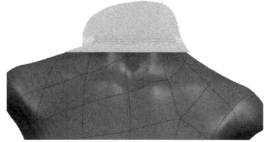

图16-93　精加工人像颈部

02> 用区域轮廓铣工序对肩膀等部分进行精加工，参见图16-94。

图16-94　精加工肩颈部

注 由于加工部件曲面比较碎，为了使刀轨达到理想状态，需要事先绘制修剪边界。

03> 使用多轴工序可变轮廓铣对底座倒斜角部分进行精加工，参见图16-95。

图16-95　底座倒斜角精加工

- ➤ 指定驱动方法为曲面；
- ➤ 指定驱动几何体为倒角斜面；
- ➤ 刀轴设置为垂直于驱动。

04> 使用多轴工序可变轮廓铣对底座上的平面进行精加工。

- ➤ 指定部件为维纳斯模型实体（与底座一体）；
- ➤ 指定驱动方法为流线（流线为大腿与底座上平面交线和底座上平面外边缘），
  参见图16-96；

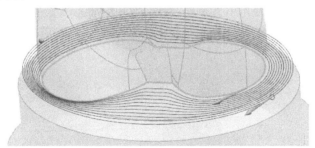

图16-96　底座平面流线精加工

- ➤ 指定投影矢量为刀轴；
- ➤ 指定刀轴为远离点方式。生成刀轨如图16-97所示。

图16-97　底座平面精加工

267

05 > 使用可变轮廓铣对维纳斯模型身体进行精加工。

- ➢ 指定部件为维纳斯模型实体；
- ➢ 指定切削区域为维纳斯模型身体表面；
- ➢ 指定驱动方法为曲面；
- ➢ 指定驱动几何体为与底座等直径且与维纳斯模型身高相等的辅助圆柱外表面；
- ➢ 投影矢量设置为刀轴；
- ➢ 设置刀轴为垂直于驱动。生成的刀轨如图16-98所示。

06 > 使用定轴深度轮廓工序对维纳斯模型前后裆部进行二次精加工，参见图16-99。

图16-98　整体精加工

图16-99　二次精加工

> **注** 为了使刀轨更完美，需要事先构建修剪边界。

07 > 对维纳斯模型臀沟处使用小型刀具进行二次开粗加工，参见图16-100。

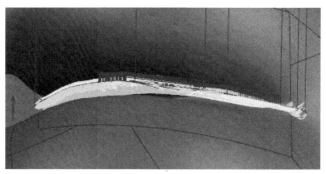

图16-100　臀沟处二次开粗

> **注** 为了使刀轨更完美，可能需要事先构建修剪边界。

08 > 二次粗加工完成后，再使用小型刀具对维纳斯模型臀沟处进行精加工。图16-101所示为参考刀具清根工序的刀轨。

> **注** 为了使刀轨更完美，可能需要事先构建修剪边界。

09 > 按照步骤8的方法对腹股沟进行精加工，参见图16-102。

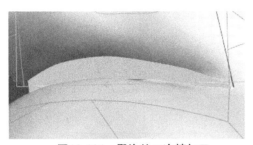

图16-101 臀沟处二次精加工

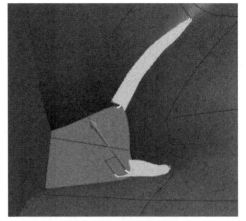

图16-102 腹股沟精加工

10 > 用小直径刀具对肚脐进行精加工。工序为定轴固定轮廓铣，驱动方法为螺旋式，参见图16-103。

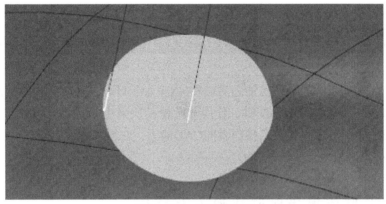

图16-103 肚脐精加工

11 > 使用与步骤10相同的方法，对乳头进行精加工，参见图16-104。至此，维纳斯模型基本加工完成。

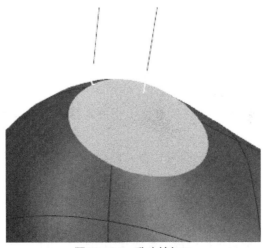

图16-104 乳头精加工

读者可在与维纳斯模型同文件夹中找到图16-105所示的两个模型，试着创建加工刀轨，工序思路与维纳斯近似。

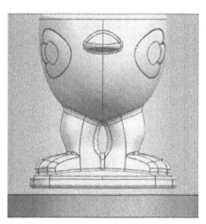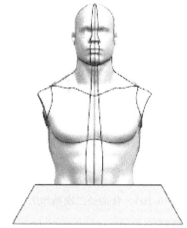

图16-105　其他练习案例

16.8　综合练习8：非叶轮模块的叶轮加工方法

自NX 7.5增加了叶轮模块功能之后，在NX里加工叶轮或类叶轮工件从此不再是一件麻烦的事情。但从学习的角度讲，使用非叶轮模块来生成完整的叶轮加工刀轨是一件很有挑战性的任务，它考验了操作者的CAD能力，三轴、四轴和五轴的CAM能力，当然还有CAD/CAM综合应用的能力。

16.8.1　非叶轮模块的叶轮加工方法1

下面以impeller.prt为例来描述在NX中使用非叶轮模块功能加工叶轮或类叶轮工件的具体方法。

16.8.1.1　叶轮定轴粗加工

创建叶轮定轴粗加工刀轨的方法如下。

01> 打开training\8\turbomachinery.prt文件，使用同步建模中的删除面功能删除所有叶片圆角面，这样可降低创建相关工序的难度（相关内容参见第14章《叶轮加工——叶轮模块》第3节）。

02> 将WCS和MCS坐标系调节至合理位置，然后使用型腔铣工序以三轴定轴方式进行开粗加工：指定部件为叶轮实体，毛坯为车削旋转体（此几何体隐藏），并指定切削区域（为指定理想的切削区域，可能需要对实体表面进行必要的切割），参见图16-106。

03> 其他参数按照工艺要求进行设置，生成定轴粗加工刀轨，参见图16-107。

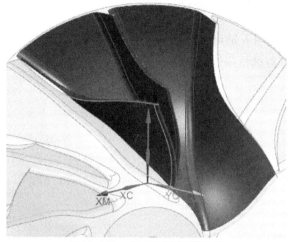

图16-106　指定定轴开粗区域

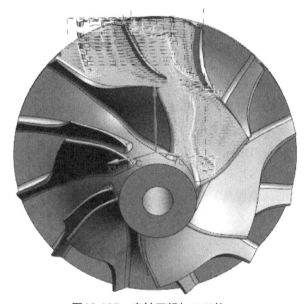

图16-107　定轴开粗加工刀轨

04〉顶部做补加工，使用的工序仍然是型腔粗加工，参见图16-108。

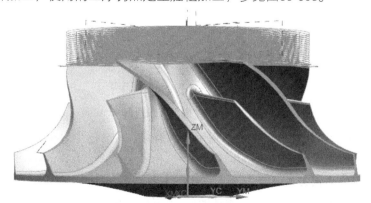

图16-108　顶部定轴开粗加工刀轨

271

16.8.1.2 可变轮廓铣叶片精加工

粗加工完成后，使用五轴可变轮廓铣工序对叶片侧壁面进行精加工。

01＞ 在可变轮廓工序对话框中进行如下设置，参见图16-109。

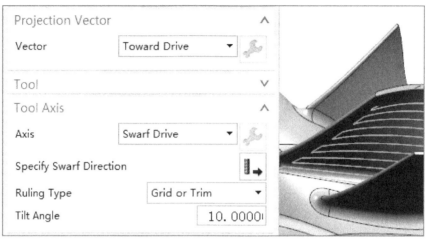

图16-109　叶片精加工

➢ 指定部件为整个叶轮实体；

➢ 选择驱动方式为曲面，驱动面为叶片单侧面（图16-109中被刀轨覆盖的面）；

➢ 设置投影矢量为Toward Drive（朝向驱动）；

➢ 设置刀轴为Swarf Drive（侧刃）；

➢ 侧刃方向指定为向外的箭头方向；

➢ 设置Tilt Angle（侧倾角）值为10°，以避免可能的干涉；

➢ 其他参数根据加工工艺进行设置，生成刀轨。

若要生成图16-109所示的刀轨，在NX中有很多方法，如指定部件为图16-109中所示的刀轨覆盖面，驱动方式为流线。由于未指定切削区域，所以需要手工选取流线。流曲线为几何体上下两侧的长边缘线，交叉线为左右两侧短边缘线，参见图16-110（此图为大叶片的某个侧面，其他几何对象均隐藏）。

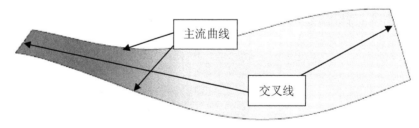

图16-110　指定流线几何体

然后回到可变流线铣对话框中，指定下列参数。

➢ 设置投影矢量为朝向驱动体选项；

➢ 设置刀轴为侧刃或插补矢量等，最终生成与图16-109中所示一样的刀轨。

02＞ 使用与步骤1相同的方法，创建其他面的刀轨，如图16-111所示（驱动面为刀轨覆盖面）。

16.8.1.3 叶轮流道精加工驱动面的创建

创建叶轮流道精加工驱动面的步骤如下。

01> 首先创建两条用于修剪的样条曲线：样条曲线的一个端点为叶轮顶面圆弧边缘线上的点（点的位置大致对应即可），另一端点为叶片边缘端点，同时设置样条与这条边缘保持G1连续，参见图16-112。

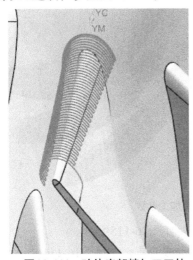
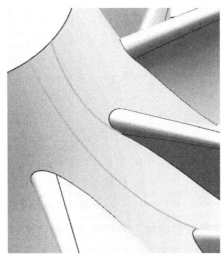

图16-111　叶片肩部精加工刀轨　　　　图16-112　驱动面修剪线

02> 抽取轮毂面，并用上一步骤创建的样条曲线对抽取的轮毂面进行修剪，参见图16-113。

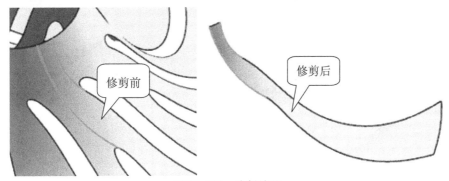

修剪前　　　　修剪后

图16-113　分割结果

16.8.1.4 流道精加工

创建流道精加工刀轨的步骤如下。

01> 继续使用五轴可变轮廓铣工序对流道进行精加工。

> 指定部件为整个叶轮实体；
> 选择检查面为可能会与切削区域（流道）干涉的面，参见图16-114中所示的高亮面；
> 驱动方式设置为Surface Area（曲面），驱动面为前面小节创建的修剪面；
> 设置Projection Vector（投影矢量）为Tool Axis（刀轴）；
> 设置Axis（刀轴）为Relative to Drive（相对于驱动）；

> 设置Tilt Angle（侧倾角）值为8°。

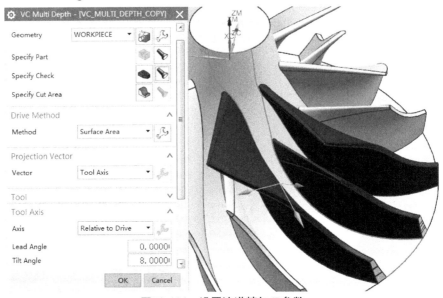

图16-114　设置流道精加工参数

02▷其他参数根据加工工艺进行设置，生成的刀轨如图16-115所示。

03▷使用相同的方法，对其他面进行工序设置，生成刀轨，参见图16-116。

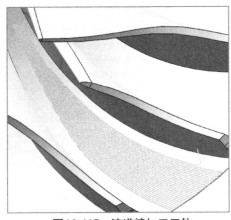

图16-115　流道精加工刀轨

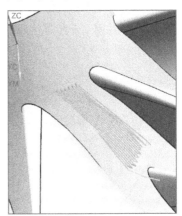

图16-116　流道精加工局部刀轨

16.8.2　非叶轮模块的叶轮加工方法2

16.8.2.1　使用多层精加工的方法进行叶轮粗加工

使用多层精加工的方法精加工叶轮的方法如下。

01▷打开training\8\yelun.prt文件，首先创建叶轮流道的粗加工工序。

02▷在可变轮廓铣工序对话框中指定下列相关几何体。

> 指定部件为流道底面；

> 指定检查面为部件面相邻面，即图16-117所示的高亮面。

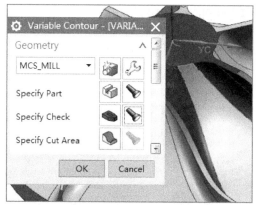

图16-117　部件和检查面

03 > 指定其他相关参数。

> ➢ 选择驱动方法为曲面，并指定驱动面为流道底面（和部件相同）；
> ➢ 设置投影矢量为刀轴；
> ➢ 设置刀轴为垂直于驱动；
> ➢ 在Cutting Parameters（切削参数）对话框中设置Multiple Passes（多层切削）选项卡中的选项，否则只会在流道底面生成一层精加工刀轨，参见图16-118。

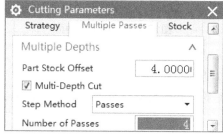

图16-118　设置多重深度

04 > 其他参数根据加工工艺设置后，生成刀轨，参见图16-119。

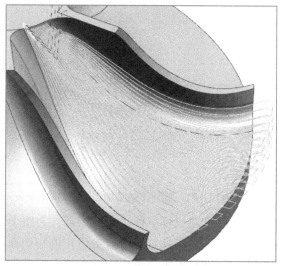

图16-119　流道粗加工刀轨

16.8.2.2 插补矢量的叶片圆角精加工

以插补矢量的方法对叶片圆角进行精加工的步骤如下。

01〉在可变轮廓铣工序对话框中，设置驱动方法为曲面，指定驱动面为圆角面，即如图16-120中所示的高亮面。

图16-120　指定驱动面

02〉在对话框中指定下列参数。

　➢　设置投影矢量为刀轴；

　➢　设置刀轴为插补矢量，并依次编辑各个矢量。生成的刀轨如图16-121所示。

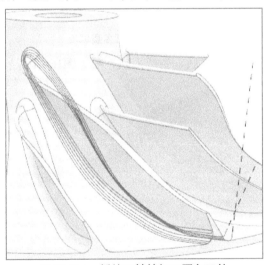

图16-121　插补刀轴精加工圆角刀轨

生成图16-121中所示刀轨的方法有多种，如指定部件为整个叶轮实体，驱动方法为流线，流曲线为圆角面边缘线（图16-122中箭头所在的相切曲线），在可变流线工序主界面中指定相关参数，如设置投影矢量为朝向驱动；设置刀轴为插补矢量等。最终生成和图16-121中所示一样的刀轨。

图16-122　指定流线

16.9　综合练习9：叶片半精加工与精加工

本练习主要强调模型优化和优化后驱动的应用方法。

通过前面章节的描述，读者想必已经熟悉叶轮模块的应用方法，但如果欲加工的模型只是一个叶片几何体，叶轮模块或叶片精加工工序是使用不了的——单单一个叶片几何体无法满足叶轮模块所要求的几何属性定义。是不是可以做一个辅助的轮毂几何体，然后将此叶片模型围绕这个轮毂进行圆周阵列就可以使用叶轮模块编制高质量的叶片刀轨了？理论上应该是可行的，实际上还有待测试。在此例中，将使用通用功能来完成叶片模型加工。

16.9.1　模型的优化处理和加工毛坯的创建

模型的优化处理和加工毛坯的创建步骤如下。

01〉打开training\6\YP.x_t文件，参见图16-123。

02〉为利于生成高质量的刀轨，使用同步建模中的删除面功能删除此叶片上下两端的局部曲面特征，结果如图16-124所示。

图16-123　模型前处理

图16-124　四轴叶片模型

03> 由于此模型为扫描数据，因此模型质量有些瑕疵。根据这样的几何体生成的多轴铣刀轨显然也会有问题。在图16-125中，高亮显示的是此模型的一个表面，它不是一个参数化的矩形面。

图16-125　有缺陷的表面

04> 通过创建辅助线分割实体表面，以使其规范。在模型的中间部位创建一基准平面，然后求此基准平面与叶片模型的交线，以供后续使用，如图16-126所示。

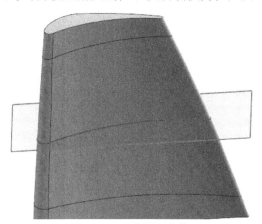

图16-126　分割面交线

05> 选择艺术样条曲线，通过捕捉相应的线上点绘制此叶片模型右（窄侧）侧"分界"线（此线尽量绘制得光顺，位置尽量居中），如图16-127所示。

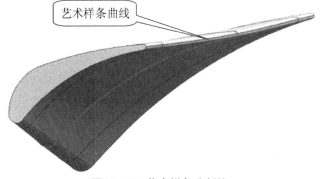

艺术样条曲线

图16-127　艺术样条分割线

06＞ 使用"分割面"功能，用步骤5绘制的艺术样条曲线对最右侧的3个表面进行分割操作，分割结果参见图16-128。

图16-128　面分割结果

07＞ 在搜索对话框中输入"Creat Box"（英文界面）或"创建方块"（中文界面），打开创建方块对话框，为叶片实体绘制一个包容毛坯，用于开粗加工使用，如图16-129所示。

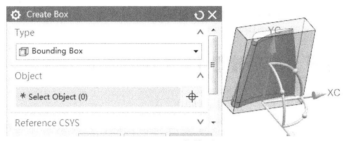

图16-129　方块毛坯

08＞ 通过同步建模移动面命令对此包容毛坯进行扩大处理，以使其与现实生产中的毛坯大小一致，如图16-130所示。

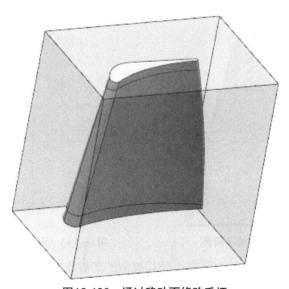

图16-130　通过移动面修改毛坯

09＞ 在合适的位置上构建基准平面，并对毛坯体进行拆分体操作。这样在对叶片模型正面进行型腔粗加工时，块2和块3为其毛坯。在对叶片模型背面进行型腔粗加工时，块1和块2为其毛坯，参见图16-131。

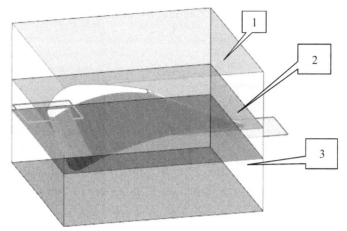

图16-131　叶片前面和背面定轴粗加工毛坯

16.9.2　叶片模型的定轴加工

叶片模型的定轴加工工序创建步骤如下。

01> 对叶片模型正面进行定轴粗加工（型腔铣）处理，注意对加工坐标系的设置。工序创建过程略，加工仿真结果如图16-132所示。

02> 对叶片模型正面进行定轴精加工（区域轮廓铣）处理，过程略。生成的刀轨如图16-133所示。

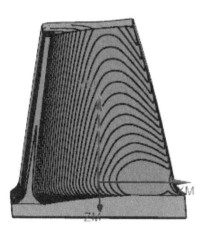

图16-132　定轴粗加工前面

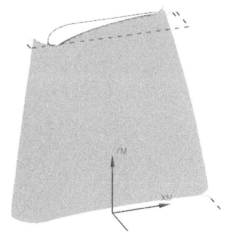

图16-133　定轴精加工模型正面

03> 图16-123中的小特征和叶片背面也使用类似的定轴铣方法进行加工处理。

16.9.3　叶片模型的多轴半精加工与精加工

叶片模型的多轴半精加工步骤如下。

01> 进入加工模块，选择可变轮廓铣工序。在可变轮廓铣对话框中，指定部件为叶片实体，驱动方法选择流线，并在流线驱动方法对话框中指定流线（主线为竖向3条，交叉线为横向5条），参见图16-134。

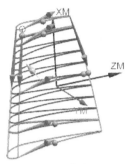

图16-134　指定流线

02 在可变轮廓铣对话框中，指定下列相关参数。

- 设置投影矢量为刀轴；
- 指定刀具为直径30mm的平铣刀；
- 将Axis（刀轴）指定为Optimized to Drive（优化后驱动），参见图16-135。

图16-135　指定投影矢量和刀轴

03 在Optimized to Drive（优化后驱动）对话框中指定下列相关参数，如图16-136所示。

图16-136　设置优化后驱动参数

- 设置Minimum Heel Clearance Distance（最小刀跟安全距离）为1mm；
- 设置Maximum Lead Angle（最大前倾角）为10°；
- 设置Nominal Lead Angle（名义前倾角）为None（无）；
- 设置Tilt Angle（侧倾角）为0。

04 通过上述参数设置，在加工叶身曲面时，平铣刀刀轴沿刀轨切削时始终以向前倾斜的姿态用侧刃进行切削，同时刀跟距离工件表面（叶身曲面）大于或等于1mm，以避免踩刀现象的产生（相关概念参照前文）。

05 其他参数按照加工工艺要求进行设置，生成多轴联动半精加工刀轨，如图16-137所示。

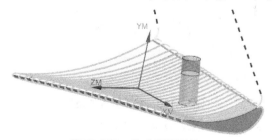

图16-137　生成半精刀轨

06> 在工序导航器中，复制生成的半精加工工序，并对复制的工序重命名后进行如下编辑。

> ➤ 将刀具新建为用于曲面精加工的球刀；
> ➤ 将刀轴更改为"4轴，垂直于驱动体"；
> ➤ 其他参数按照加工工艺要求进行设置，生产四轴精加工刀轨，参见图16-138。

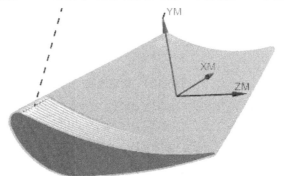

图16-138　生成精加工刀轨

16.10　综合练习10：旋转体底面加工

本练习主要强调旋转体底面加工的应用方法，工序为旋转底面工序。

旋转体底面加工在以前的NX版本中是一个很麻烦的过程，而在新版本的NX中，针对此类工件有一个专门的"旋转底面"工序（这个工序的详细说明参见第15章），可以大大简化此类工件的工序编制难度。

16.10.1　模型前处理

首先对模型进行前处理，步骤如下。

01> 打开training\practice\234.prt文件，参见图16-139。

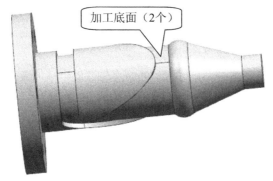

加工底面（2个）

图16-139　需前处理的模型

02> 由于目前版本的旋转底面工序在选择底面的时候，只能选择一个面，而此工件上的底面有两个。因此，需要通过替换面操作将两个底面变成一个底面，参见图16-140。

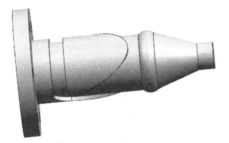

图16-140　前处理结果

16.10.2　旋转底面精加工

创建旋转底面精加工工序的步骤如下。

01 进入加工模块，选择Type（工序类型）为mill_rotary（旋转底面），参见图16-141。

图16-141　指定旋转底面工序

02 在旋转底面工序对话框中，指定下列相关几何体。

> ➢ 指定部件为工件实体；
> ➢ 指定底面为图16-142所示的替换底面（高亮面）。

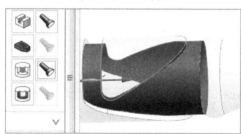

图16-142　指定加工底面

03 以预选的方式指定Wall Geometry（壁）（当然也可手工指定），参见图16-143。

图16-143　选取侧壁

04 在Drive Method（驱动方法）栏内，单击Rotary Floor Finish（旋转底面精加工）按钮，参见图16-144。

283

图16-144　旋转底面参数编辑

05 > 在Rotary Floor Finish Drive Method（旋转底面精加工）对话框中，指定Axis of Rotation（旋转轴）为**+XM**（此坐标轴与工件旋转轴心共轴，与机床坐标对应），参见图16-145。

图16-145　指定旋转轴

06 > 在旋转底面加工对话框中，设置下列参数，参见图16-146。

图16-146　设置刀轴

➢ 在Tool Axis（刀轴）栏中，将刀轴Lead Angle（前倾角）设置为0°；

➢ 将Minimum Lead Angle（最小前倾角）设置为0°（指定刀具在切削过程中的前倾角和当系统无法做到此前倾时允许的最小前倾角）；

➢ Fan Distance（风扇距离）选项采用默认值。

07 > 在Non Cutting Moves（非切削）对话框中设置跨越参数，以避免可能会发生的干涉问题，参见图16-147。

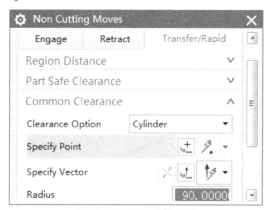

图16-47　设置圆柱跨越

> 设置Clearance Option（跨越）为Cylinder（圆柱）；
> 设置Specify Point（指定点）为原点（圆心）；
> 设置Specify Vector（指定矢量）为+XC（轴心旋转轴）；
> 设置Radius（半径）为90（安全即可）。

08> 为了使跨越刀轨光顺，在Non Cutting Moves（非切削移动）对话框中，选中 Smoothing（光顺）选项卡中的Apply Corners Smoothing（拐角光顺）项，参见图16-48。

09> 其他参数按照加工工艺要求设置，生产旋转底面精加工刀轨，参见图16-49。

图16-48　设置刀轨光顺选项

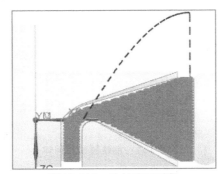

图16-149　旋转底面刀轨

16.11 综合练习11：四轴槽铣

在NX中，生成同一刀轨有多种工序方法，而选择何种工序方法，通常是以具备何种几何条件来决定的。有时，为了便于生成理想的，最合乎工艺的刀轨，需要再次构建加工几何体。

16.11.1 加工几何体的准备

本例加工几何体的准备步骤如下。

01> 在建模环境中，导入training\practice\ 4Xtest.stp文件，参见图16-150。

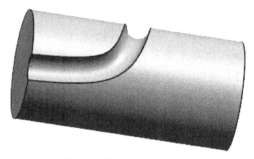

图16-150　四轴槽铣工件

通过图16-150可以看出，要想加工出工件上的这个槽，最理想的方法是用与此槽等直径的球形刀具沿其中心线进行切削，因此，首先抽取槽的中心线。

02> 选择【插入】→【基准/点】→【point set（点集）】，选择Curve Points（曲线点）选项，以Curve Percentage（曲线百分比）为50的方式将小圆弧边缘的50%处的点抽取出来，参见图16-151。

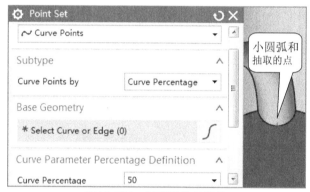

图16-151　创建辅助几何体

03> 以三点（小圆弧两端点和抽取的50%处的点）弧方式绘制一个整圆，如图16-152所示。

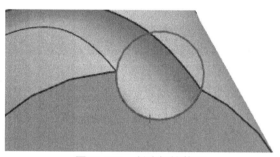

图16-152　创建扫掠截面

04> 以类似的思路在轴端面绘制与"圆柱"等直径的圆，如图16-153所示。

05> 选择【插入】→【扫掠】→【扫掠】：以图16-153中所示的整圆弧为截面线，以相邻的一条槽长边缘为引导线，绘制扫掠面，参见图16-154。

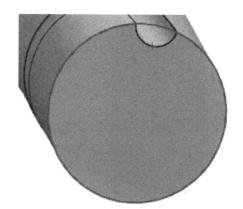

图16-153　创建修剪面

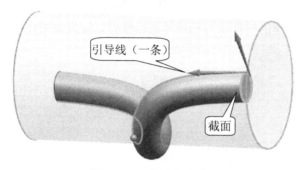

引导线（一条）

截面

图16-154　创建扫掠体

06> 由于图16-154中生成的造型达不到要求，因此需要对其进行再编辑：将Orientation（方向）选项更改为Face Normals（面法向），并设置Select Face（选择面）为槽表面。最终扫掠成形如图16-154所示，参数设置参见图16-155。

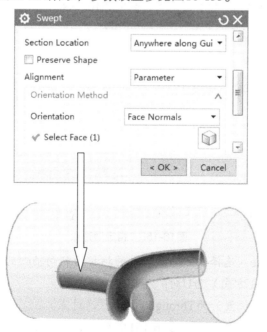

图16-155　设置扫掠参数

07> 将图16-153中的整圆曲线拉伸为曲面，长度大于此工件，如图16-156所示。

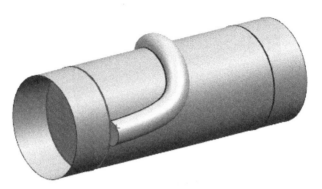

图16-156　创建修剪面

08> 使用上一步骤创建的拉伸面对扫掠体进行修剪，结果如图16-157所示。

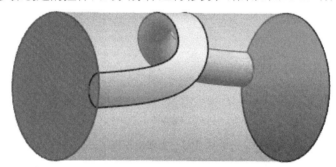

图16-157　修剪结果

09> 接下来抽取槽中心线。选择【插入】→【派生曲线】→【Isoparametric Curve（等参数曲线）】，打开等参数曲线对话框，参见图16-158。

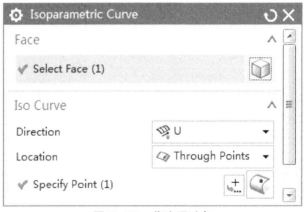

图16-158　指定通过点

> 设置Select Face（选择面）为修剪过的扫掠面朝向轴心的那一侧；

> 指定Direction（方向）为U向；

> 选择Location（位置）为Through Points（通过点）；

> Specify Point（指定点）为图16-151中所示小圆弧的中点（50%处的点），参见图16-159。

图16-159 参数线抽取结果

通过上面的步骤，切削所用的槽中心线抽取出来，参见图16-160。

图16-160 槽中心线

16.11.2 四轴刀轴的生成

选择【分析】→【最小半径】，分析出此槽的半径（用来确定球刀直径）后，利用此中心线编制四轴切槽工序（工序详细设置过程参见前述相关内容）。生成的切槽刀轨如图16-161所示。

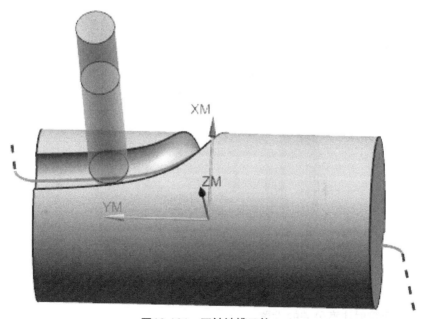

图16-161 四轴铣槽刀轨

16.12 综合练习12：四轴工件粗加工

本练习主要强化从CAD到CAM的综合运用能力。

要想创建理想的刀轨，有时不能仅依赖于系统的CAM功能，如果能做到CAD与CAM技术融会贯通，往往能很容易达到想要的目的。

16.12.1 毛坯和检查体的创建

本例创建毛坯和检查的步骤如下。

01> 打开training\6\2mam_2.prt文件。

02> 在建模环境中，将"杯子"顶面的边进行拉伸，长度能盖住需要加工的豁口即可，参见图16-162。

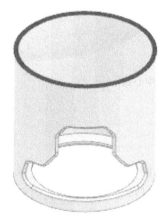

图16-162　模型前处理

03> 通过布尔差运算，对拉伸体进行修剪，只留下豁口内的部分，毛坯几何体创建完成，参见图16-163。

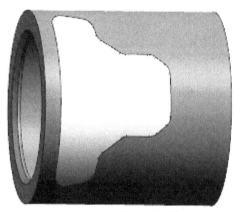

图16-163　局部毛坯体

注 在布尔运算时注意公差的设置。

04> 拉伸"杯"顶面的内孔面边缘,长度超出需要加工的豁口即可,检查几何体创建完成,参见图16-164(图中"杯"工件以半透明形式显示)。

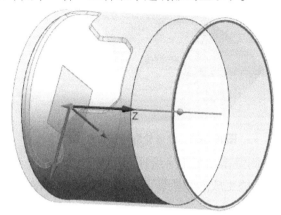

图16-164 创建检查体

16.12.2 豁口粗加工

创建豁口粗加工刀轨的步骤如下。

01> 进入加工模块,选择型腔铣工序。在型腔铣工序对话框中,指定下列相关几何体。

> 指定部件为"杯"工件实体;
> 指定毛坯为图16-163中完成的毛坯几何体;
> 指定检查体为图16-164中完成的检查几何体。

02> 注意刀轴的指向,其他参数按照工艺要求进行设置,最终生成的刀轨如图16-165所示。

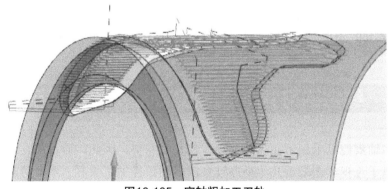

图16-165 定轴粗加工刀轨

16.13 综合练习13:外形轮廓铣和侧刃铣

本练习主要强调外形轮廓驱动和侧刃驱动在加工直纹侧壁特征方面的应用。

01 > 打开training\10\ Rib.CATPart文件（文件为CATIA V5格式），参见图16-166。

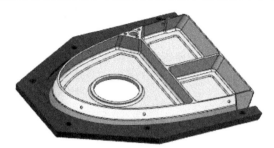

图16-166　外形轮廓或侧刃加工工件

02 > 进行孔加工和内外侧壁精加工工序编程。所涉及的工序为孔加工、流线侧刃、外形轮廓，具体过程略。最终生成的刀轨参见图16-167~图16-169。

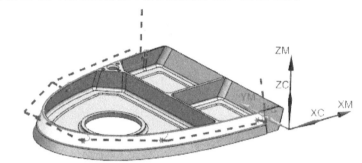

图16-167　孔加工刀轨

图16-168　外侧壁流线侧刃铣刀轨

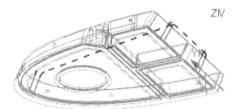

图16-169　内侧壁外形轮廓铣刀轨

16.14　综合练习14：国家多轴加工大赛题目

由于多轴数控机床加工在我国有逐渐普及的态势，因此，教育部、人保部等部门对此都予以了重视，在最近几年举办过多次多轴数控加工大赛。本节对就近两届多轴数控加工赛事的题目进行简要的介绍。读者如果有兴趣，可以参见课件试卷文件进行练习（大赛比赛时间为5~6小时，含数控加工和装配时间）。

多轴数控加工国赛的比赛流程大致如下。

（1）选手根据组委会提供的工程图（二维纸质试卷）绘制三维造型。

（2）将绘制好的三维模型在软件环境中进行虚拟装配。

（3）将每个组件经过数控加工后，生成成品，并将物理模型再次进行实物装配。

16.14.1 第四届全国多轴数控加工大赛

打开\training\practice\多轴国赛\第四届国家多轴加工大赛\第四届国家多轴数控大赛试卷.pdf文件。这是第四届国家多轴数控加工大赛的试卷（此处仅列出总装图，组件图参见PDF文件），参见图16-170。

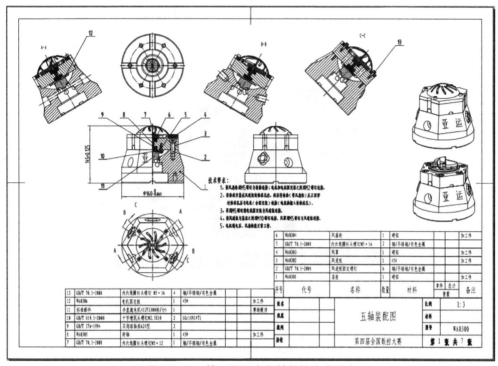

图16-170　第四届国家多轴数控大赛试卷

16.14.2　第五届全国多轴数控加工大赛

打开\training\practice\5.x_t文件。这是使用NX根据试卷以及相关要求已经绘制好的赛题三维模型，并对其进行了虚拟装配，参见图16-171。

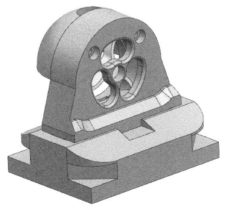

图16-171　第五届国家多轴数控大赛实体

图16-172为第五届国家多轴数控加工大赛的试卷（此处仅列出总装图，组件图请参见 \training\practice\多轴国赛\第五届国家多轴加工大赛\第五届全国数控技能大赛五轴样题.pdf试卷）。

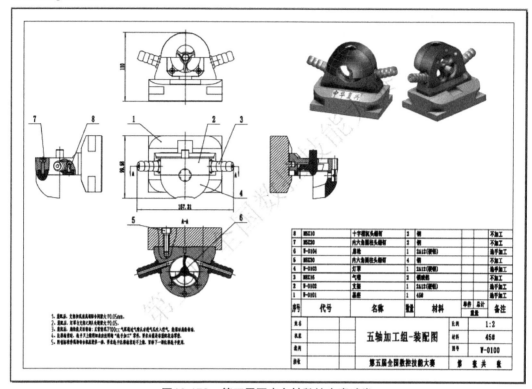

图16-172　第五届国家多轴数控大赛试卷

16.15　小结

本章由简至繁提到了14个多轴加工案例，其中除了单个工件的加工之外，还涉及到了装配体加工、模型优化处理、有瑕疵的叶片模型加工技巧以及国家多轴数控大赛案例题。关于多轴加工国赛赛题，本书并没有阐述具体的建模和加工过程，在此，请读者根据前面所学，结合NX的建模和装配知识，自行完成从建模、装配直到多轴加工编程的整个过程，为此次多轴学习做一个总结性练习。

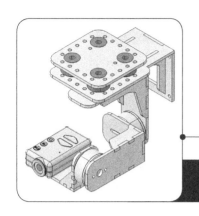

第17章
工序模型的创建

何为工序模型？它反映的是从毛坯到最终产品的各个中间工序状态。在工艺中，每个模型对应一个工序。如图17-1所示，工序模型分别为：①矩形毛坯（对应光大面工序）；②挖腔（对应粗加工工序）；③打孔（对应孔加工工序）；④最终产品（拐角处留有数控加工圆角）。

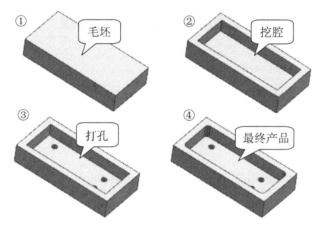

图17-1　工序流程模型

基于CAM的CAD是指在设计整个产品的过程中，一定要基于工艺考虑建立多个中间工序几何模型，以便在后期编制加工工艺时，每个模型可以分别对应相应的工序。在NX中，工序模型一般是以建立WAVE关联装配的方式呈现的。

17.1　WAVE关联工序模型的建立

建立WAVE关联工序模型的步骤如下。
01> 打开NX，选择新建Assembly（装配）选项，单位为英寸（本节所用文件为英制），名称和路径按需填写，参见图17-2。

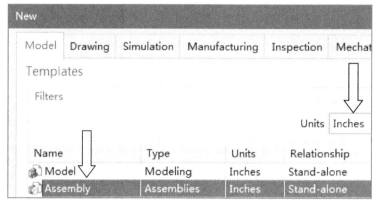

图17-2　新建装配

02> 单击添加组件按钮，在Add Component（添加组件）对话框中，打开文件 training\17\wav_housing_cast.prt，选择Positioning（定位）为Absolute Origin（绝对原点），参见图17-3。此时可在鹰眼框中预览到wav_housing_cast组件。

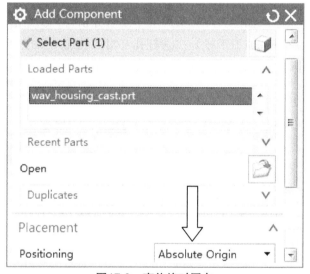

图17-3　定位绝对原点

03> 单击"应用"按钮后将加工件毛坯几何体添加到坐标原点处，参见图17-4。

图17-4　添加组件

04> 在左侧的资源条中，将装配导航器打开。在导航器的空白处单击右键，确保WAVE模式选项是被选中的，即WAVE Mode选项前有对号出现，参见图17-5。

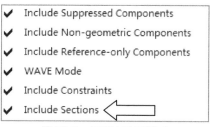

图17-5　打开WAVE模式

05> 在装配导航器中，右击wav_housing_cast组件，选择【WAVE】→【Copy Geometry to New Part（将几何体复制到新部件）】，参见图17-6。

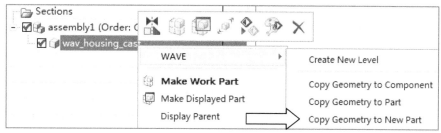

图17-6　将几何体复制到新部件

06> 随后出现Create a Position Independent Linked Feature（创建一个与位置无关的链接特征）对话框，其提示信息为：此链接部件在位置上与父组件无关联。单击OK按钮确认，参见图17-7。

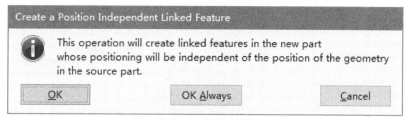

图17-7　链接提示

07> 随后出现Create New Part（新建部件）对话框（注意这里是部件，而非组件），在此新建名称为"1"（名称随意）的部件，参见图17-8。

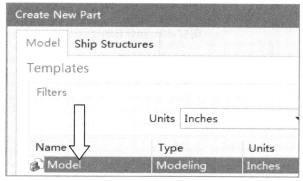

图17-8　新建部件

297

08> 确定后，出现Interpart Copy（部件间复制）对话框，选择绘图窗口内的实体后单击确定。这样，实体被复制到一个叫"1"的部件内，参见图17-9。

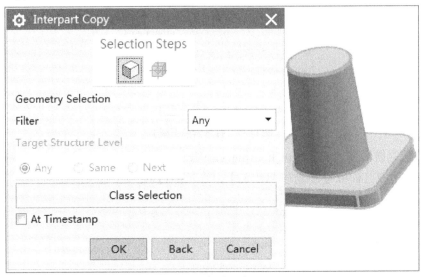

图17-9　部件间复制

09> 单击Add Component（添加组件）按钮，在已加载的部件中选择1.prt，选择Positioning（定位方式）为Move（移动），参见图17-10。

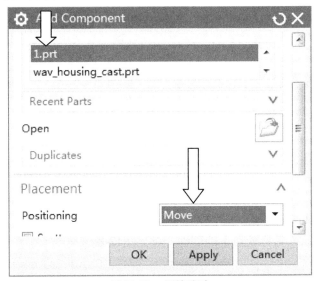

图17-10　组件移动

10> 由于在添加组件对话框中定位方式选择了移动，因此在单击确定之后，又出现了指定点位置对话框，在此输入X4，Y4，Z0，确定后又出现一个移动组件对话框，再次单击OK按钮即可。这样，装配导航器中出现了一个名称为"1"的组件，并且它被加载到当前绘图区中，参见图17-11。

11> 在装配导航器中双击组件1，使其成为工作组件。单击打孔命令，在组件1实体上加工4个孔，意思是在第一个加工工艺步骤中，加工对象为4个孔，对应的工序模型为组件1，参见图17-12。

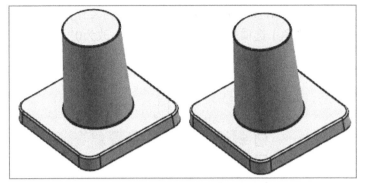

图17-11 WAVE新的组件

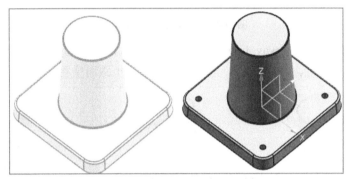

图17-12 激活新组件并进行编辑

12> 在装配导航器中双击总装名称，使总装成为工作组件。在组件1上单击右键，重复步骤5~步骤10，但此次新建的部件名称为"2"。复制关联的对象为组件1实体，并最终将部件2装配到当前绘图区，参见图17-13。

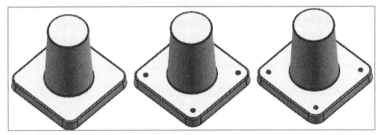

图17-13 继续WAVE新的组件

13> 在装配导航器中双击组件2，使其成为工作组件。单击"沟槽"命令，在组件2实体上加工车槽。意思为在第二个加工工艺步骤中，加工对象为车槽，对应的工序模型为组件2，参见图17-14。

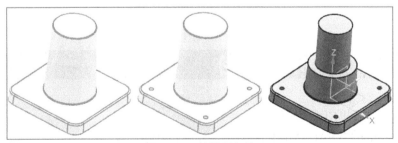

图17-14 编辑新组件

14> 在装配导航器中双击wav_housing_cast项，使其成为工作部件。在部件导航器中编辑Draft（3）（凸台拔模角）选项的参数，由原来的3°改为0°，参见图17-15。

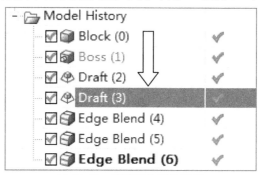

图17-15　编辑工作部件特征

15> 此时可以发现，随着wav_housing_cast（毛坯几何）凸台拔模角的修改，组件1和组件2同样的特征也随之关联变更，当然，其子特征也跟着变更，参见图17-16。

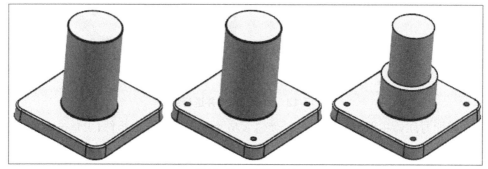

图17-16　关联变更

16> 保存此装配。在保存目标文件夹中可以看到一共有4个文件，它们分别是加工毛坯几何体，工序1几何体，工序2几何体和总装。至此，工序模型创建完成，参见图17-17。

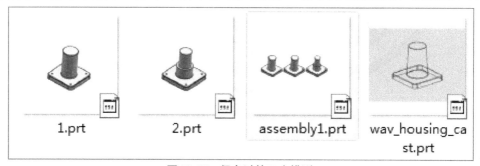

图17-17　保存过的工序模型

17.2　建立工序模型练习

建立工序模型的步骤如下。

01> 打开training\17\ FACEMILL.prt文件，如图17-18所示。

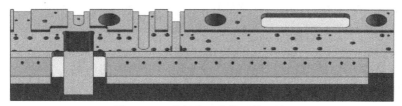
图17-18　需创建工序模型的工件

02> 加工此工件时需要建立工序模型，否则就会出现如图17-19所示问题：按工艺顺序来说，此处刀轨应该正常切削过去才对，但因为此处多了一个下一道工序才加工的凹槽，导致此工序凹槽处的刀轨出现了不应有的跨越。

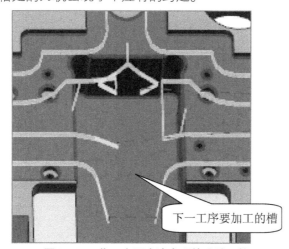

下一工序要加工的槽

图17-19　此工序不应该出现的跨越刀轨

03> 为此工序单独建立一个与原模型关联的工序模型，并使用同步建模功能去除此凹槽，然后重新生成此工序刀轨，问题解决，参见图17-20。

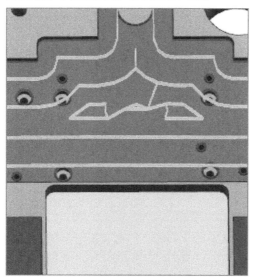

图17-20　工序模型前处理后更新刀轨

注 同步建模为非参命令，因此不要作为父参数使用。

17.3　小结

产品从计算机中的虚拟设计到最终成为现实世界中的产品，需要经历很多的加工步骤，因此，对每一加工步骤最好都要设计一个针对性的工序模型。有读者问，每一个工步所用模型都以编辑相应特征后另存为来实现，这样行不行？这样当然是不行的，原因主要有以下3点。

> ➤ 它们之间并不是一个金字塔级的控制关系，无法实现并行工程和版本同步更新。
> ➤ 工作量大，效率低下。
> ➤ 存储空间巨大。

在前期产品设计过程中要考虑到后期的工艺需要，建立工序模型可能导致工作量加大，但在后期加工制造过程中，就可以大大提高工艺效率。

第18章

刀轨虚拟仿真验证

由于多轴机床价格昂贵，各个组件精密程度很高，所加工的产品也具有较高的附加值，再加上应用多轴CAM系统对于使用者有一定的技能要求，因此，在使用多轴机床进行实际加工前，一定要在计算机里进行虚拟的加工验证。只有在虚拟环境下验证通过之后，才可以进入实际加工生产阶段。

通过使用刀具路径验证环节可以帮助优化刀具路径，检查可能存在的错误，同时检查是否存在冲突和干涉。

在NX CAM环境中集成了虚拟加工仿真的相关功能。通过集成仿真与验证，编程人员能够在NC编程对话中检查刀具路径，以确保最终工序的正确性。在NX CAM环境中，虚拟加工验证主要有以下四种方式。

> 刀轨验证。这是在数控加工中最常用的一种方式，在这种验证方式中，可以验证刀具夹持器、刀柄、刀颈与工件的干涉问题，以及通过云图来显示残料厚度，但不包含机床和工装夹具，一般用于比较成熟的定轴加工的验证，如图18-1所示。

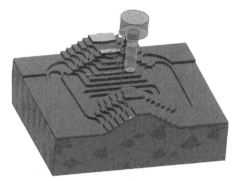

图18-1　刀轨验证

> NX ISV加工仿真。在这种仿真环境里，机床（包括工件、夹具和刀具）的3D模型将按照实际机床的切削方式进行移动。分为基于未经过后处理的刀轨驱动的仿真和基于后处理的刀轨的仿真。前一种模式只是单纯地验证刀轨的正确性，而后者则是贴合现实的刀轨验证方式。图18-2为NX ISV仿真机床模型。

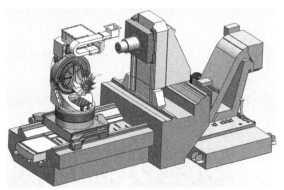

图18-2　ISV仿真机床

> NC代码仿真。在G代码基础上进行基于集成机床实体的仿真。在这种仿真环境里，可以调入NX自己或非NX加工系统生成的加工代码来进行虚拟切削验证。

> VNCK仿真。是一款独立于NX的基于机床控制器内核进行驱动仿真，与真实加工状态完全一致手段，提供了和车间环境一样的仿真能力，用于NC代码验证、同步与优化，属于最高级的刀轨仿真验证手段，如图18-3所示。

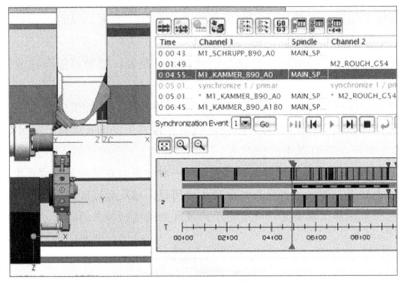

图18-3　NX VNCK仿真

18.1　NX机床加工仿真所需的各项配置文件

在NX软件的安装目录中，系统内置了很多用于机床仿真的已经构建了完整运动关系的机床装配体以及后处理文件等。内置机床装配体以及所需文件的详细路径如下。

> X:\NX9\MACH\resource\library\machine\installed_machines（注：X为盘符）。

> 其中机床装配模型路径为：（以三轴举例）

X:\NX9\MACH\resource\library\machine\installed_machines\sim01_mill_3ax\graphics。

> 对应的后处理路径为：（以FANUC三轴举例，机床代码仿真适用）

X:\NX9\MACH\resource\library\machine\installed_machines\sim01_mill_3ax\
postprocessor\fanuc。

> 对应的驱动文件路径为：（以FANUC三轴举例）

X:\NX9\MACH\resource\library\machine\installed_machines\sim01_mill_3ax\cse_
driver\fanuc。

> 对应的机床配置库文件路径为：

X:\NX9\MACH\resource\library\machine\ascii。

18.2　NX ISV机床加工仿真加工的应用方法

NX ISV机床加工仿真的应用方法如下。

01＞ 打开training\15\files\fanuc\machine_test\cam_demo.prt文件，如图18-4所示。在这个文件里，工装夹具都已经按实际加工要求装配设置完成，刀轨准备就绪。

图18-4　机床仿真工件

02＞ 准备调入仿真用机床程序。单击机床视图（MCHINE TOOL VIEW）按钮，并在左侧导航器列表中展开工序导航器，这时可见工序导航器最顶端有NULL_MACHINE选项（NX9打过某个补丁后此处变为"GENERIC_MACHINE"，即通用机床），参见图18-5。

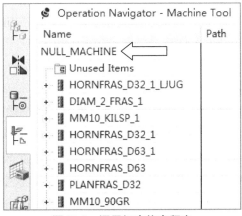

图18-5　调用机床仿真程序

305

03> 添加机床仿真程序到当前绘图窗口，步骤如下。

（1）在"NULL_MACHINE"图标上单击右键，选择EDIT（编辑）命令。

（2）在Null Machine对话框中单击Retrieve Machine from Library（从库中调机床）按钮，参见图18-6。

图18-6　从库中调机床

04> 在随后出现的Library Class Selection（库类选项）对话框中，从Class to Search（要搜索的类）列表中选择MILL（铣），单击确定，参见图18-7。

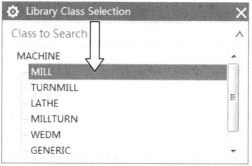

图18-7　在类选项中选择铣床

05> 在随后出现的对话框中，在匹配项中指定机床类型为"sim06_mill_5ax_fanuc_mm（5轴公制立式法那克），BC工作台"类型，参见图18-8。

图18-8　选择立式五轴法那克公制机床

06> 加载机床的时候，必须要确定工件以及工装夹具与机床的安装位置和关系。指定机床类型后，出现Part Mounting（部件安装）的对话框。在这个对话框中，需要确定加工组件与机床之间的安装位置，如图18-9所示。此时，Positioning（定位方式）指定为Use Part Mount Junction（使用部件安装联接）选项。

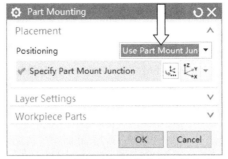

图18-9　设置机床与部件夹具安装方式

07> 在指定部件安装联接后，动态坐标系被激活。将这个动态坐标系原点指定在夹具底板底平面中心处的孔圆心点上。注意各轴向与WCS坐标系对齐，参见图18-10。

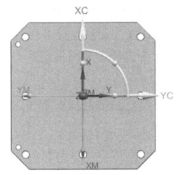

图18-10　指定链接坐标系

> **注** 在此例中，WCS坐标系原点也在底板底平面中心圆心点上，因此联接动态坐标与WCS坐标系完全重叠即可。

08> 确定之后，系统自动将机床配置完成：部件被安装在机床指定位置，参见图18-11。

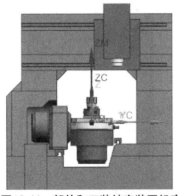

图18-11　部件和工装被安装至机床

> **注** 对于此间出现的任何信息对话框，直接单击确定即可。

09> 在操作导航器列中展开机床导航器，依次展开MACHINE_BASE（机床设置）→X_SLIDE（X轴）→B_SLIDE（B轴）→C_SLIDE（C轴）→SETUP（容器）选项，参见图18-12。

307

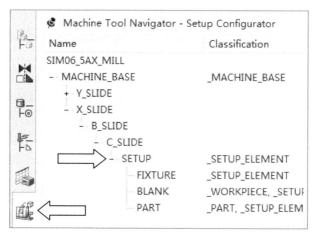

图18-12　设置机床参数

10 > 双击SETUP列表中的FIXTURE（工装夹具）选项后，出现Edit Machine Component（编辑机床组件）对话框，在其中选择工装夹具组件（3个爪，卡盘和2个底板），参见图18-13。

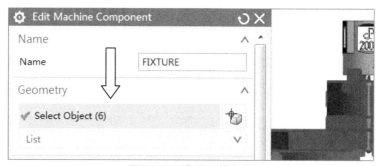

图18-13　确认工装夹具

11 > 使用同样的方法，双击SETUP列表中的PART（工件）选项后，出现编辑机床组件对话框，在其中将加工工件指定为工件，参见图18-14。

图18-14　指定工件

12 > 回到工序导航器中，在要检查的工序名称上单击右键，选择【刀轨】→【仿真】。在Simulation Control Panel（仿真控制面板）对话框中，所有参数均采用默认值，单击"播放"按钮，此时动态切削仿真开始进行，参见图18-15。

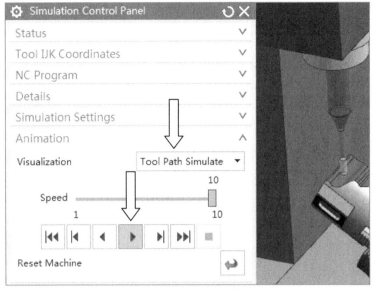

图18-15　刀轨仿真

18.3　安全距离的设置方法

在仿真加工时，为了避免组件发生碰撞，可以设置一个安全距离，当指定的两个组件距离等于或小于此值时，系统立即报警，参见图18-16。设置安全距离的方法如下。

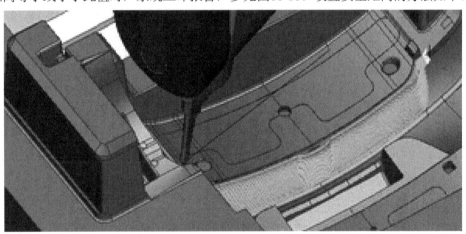

图18-16　第四轴与工件有可能发生碰撞

注　图18-16中第四轴由于依然处于切削过程中，因此与模具有发生碰撞的可能。此工件文件参见第8章、9章内容，机床为龙门式双摆头机床。

01 > 在Simulation Control Panel（仿真控制面板）中，单击Simulation Settings（仿真设置）按钮，参见图18-17。

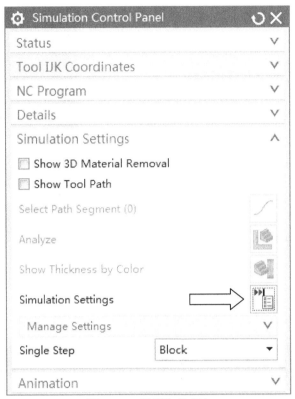

图18-17　设置仿真碰撞

02> 在Simulation Settings（仿真设置）对话框中，将Collision Detection（碰撞检查）设置为On（开），单击Specify Collision Pairs（指定碰撞对）按钮，参见图18-18。

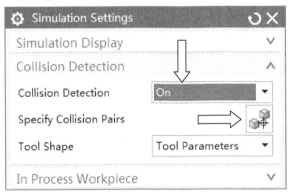

图18-18　设置碰撞检查参数

注 碰撞对就是碰撞识别区，当两个组件的距离趋近到一定程度时，系统会予以警告。如果不设置碰撞对，则两组件直到碰撞发生时，系统才会予以警告。

03> 在Specify Collision Pairs（指定碰撞对）对话框中进行如下设置，参见图18-19。

> 选择Select Object（碰撞对象）为第四轴组件和工件实体（注意过滤选项）；

> 设置Collision Clearance（碰撞安全距离）值（两组件距离小于等于此值时系统报警）。

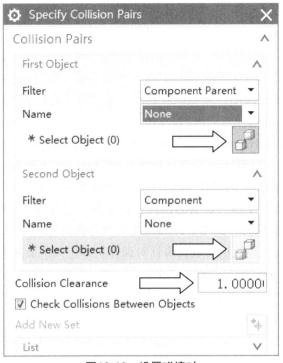

图18-19　设置碰撞对

04 > 当指定过的组件在切削仿真过程中距离等于或小于安全距离时，系统会予以警示，并停止机床仿真，等待下一步命令，参见图18-20。

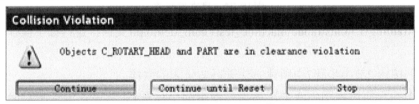

图18-20　超过碰撞对距离警告

18.4　机床代码仿真的设置与应用

在第一节中谈到的仿真，只是单纯地对刀轨本身正确与否进行验证，而在实际生产的过程中，加工代码必须经过后处理进行转换才能应用。也就是说只有对经过后处理转换过的代码进行仿真，才是最接近真实的仿真。

在NX加工仿真环节中可以针对机床代码，也就是经过后处理转换过的代码进行仿真，参见图18-15。但如果想要进行机床代码仿真，必须事先进行一些设置，如将已经定制好的后处理程序设置为默认后处理程序等，这样才可进行机床代码仿真。

01 > 在training\15\files\fanuc文件夹中，已经存在针对start_machine_parts文件夹中的机床定制好的后处理文件（此后处理文件仅供测试机床代码仿真使用）。

02 > 复制training\15\files\fanuc文件夹中的ucp800_sim_fanuc_mm.def和ucp800_sim_ fanuc_mm.tcl文件到X（盘符）:\NX9\MACH\resource\library\machine\installed_machines\sim08_mill_5ax\postprocessor\fanuc文件夹中。

这样，后期在使:\NX9\MACH\resource\library\machine\installed_machines\sim08_mill_5ax\graphics文件夹中的机床进行机床代码仿真时，会将cp800_sim_fanuc_mm.def和ucp800_sim_fanuc_mm.tcl作为默认后处理。也就是说在机床代码仿真时，仿真的是经过这两个后处理文件转换过的代码。

使用X:\NX9\MACH\resource\library\machine\installed_machines\sim08_mill_5ax\graphics文件夹中的仿真机床程序进行机床代码仿真，而不直接使用training\15\files\fanuc\start_machine_parts中的课件机床程序仿真的原因是：如果想用课件机床，也就是使用自己定制的机床程序进行仿真的话，还需要事先进行一些定制才能完成；而使用graphics文件夹中的机床程序则不必，因为各项内容已经定制好。另外，此机床主结构和课件机床结构接近，因此也可以认为针对课件机床定制的ucp800_sim_fanuc_mm.def和ucp800_sim_fanuc_mm.tcl也适用于这个机床。关于定制机床的内容后述还有介绍。

03 > 用记事本软件打开X:\NX9\MACH\resource\library\machine\installed_machines\sim08_mill_5ax中的sim08_mill_5ax_fanuc_mm.dat文件，将其中涉及到后处理名称的部分改为自己定制的后处理名称，其他信息保持默认值即可，如图18-21中涂色部分。

MILL_5_AXIS,${UGII_CAM_LIBRARY_INSTALLED_MACHINES_DIR}sim08_mill_5ax\postprocessor\fanuc\ucp800_sim_fanuc_mm.tcl,${UGII_CAM_LIBRARY_INSTALLED_MACHINES_DIR}sim08_mill_5ax\postprocessor\fanuc\ucp800_sim_fanuc_mm.def↵

图18-21　库文件修改

04 > 打开training\15\files\fanuc\machine_test\ cam_demo.prt文件，进行如下操作，参见图18-4）。

（1）按18.2节中步骤7中所述方法进行与机床的联接。

（2）在几何体视图中双击工序导航器中的坐标系1，然后在出现的对话框中直接单击确定以激活此坐标。

（3）按18.2中的步骤10和步骤11来确定工装夹具和部件，最终结果如图18-22所示。

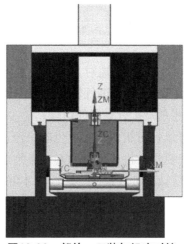

图18-22　部件、工装与机床对接

05 ❯ 执行机床代码仿真，步骤如下。

（1）在左侧工序操作导航器中，右击工序名称VARI_CONT_FRIF，选择【刀轨】→【仿真】命令。

（2）在仿真控制面板对话框中，将可视化选项更改为Machine Code Simulate（机床代码仿真），此时可在详细信息栏中看到默认后处理内容，参见图18-23。

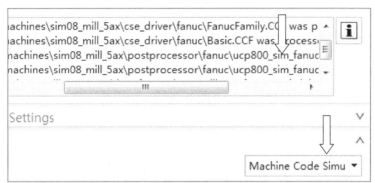

图18-23　机床代码仿真

> **注** 在开始仿真前，系统会出现一个警告框，这是因为此工序中未设置主轴转速导致的。由于此文件仅用于机床仿真测试，且此值对仿真过程无任何影响，因此可以不予理会，直接单击确定即可。

06 ❯ 单击"开始播放"按钮，系统开始执行机床代码仿真。通过仿真动画，可以看出各组件之间是否有干涉问题，以及残料的分布情况等。当然，在仿真控制面板对话框中还有一些其他的选项，如是否显示3D毛坯、是否显示刀轨、是否需要设置安全距离（参见18.3节）等，如果需要，可以予以设置。此次机床代码仿真最终结果如图18-24所示。

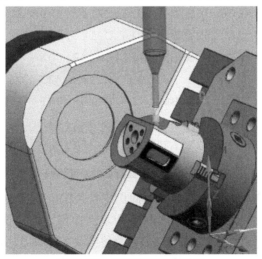

图18-24　机床代码仿真过程

关于ISV仿真，如果希望将某些参数设置为默认的，可以在用户默认设置对话框中进行设置。方法为：选择【文件】→【实用工具】→【Customer Defaults（用户默认设置）】，在Manufacturing（加工）列表中修改和ISV有关的参数即可，如图18-25所示。

313

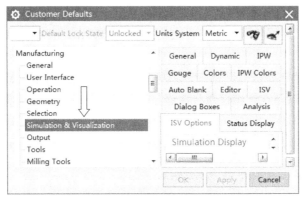

图18-25　设置ISV机床仿真默认值

18.5　外部加工代码的仿真

在training\15文件夹中有一个ucp800_post_test_1.nc文件，如图18-26所示。这个加工代码是一个由其他人或其他CAM系统制作的叶轮流道粗加工代码。在使用这个代码进行实际加工前，由于其可靠性未知，因此，需要事先对其进行仿真验证。

```
N21 X-57.097  Z50.648 B33.362 C-142.668
N22 X-70.045  Z55.101 B36.313 C-143.347
N23 X-84.056  Z59.12  B39.472 C-144.122
N24 X-97.658  Z62.253 B42.511 C-144.891
N25 X-114.663 Z65.148 B46.296 C-145.842
N26 X-129.657 Z66.769 B49.633 C-146.658
N27 X-145.297 Z67.524 B53.114 C-147.514
N28 X-165.474 Z67.099 B57.622 C-148.606
N29 X-184.957 Z65.174 B61.997 C-149.733
N30 X-197.021 Z63.234 B64.715 C-150.545
N31 X-211.966 Z60.009 B68.111 C-151.632
N32 X-226.671 Z55.932 B71.482 C-152.889
```

图18-26　需仿真验证的外部代码

01＞在NX加工环境中，打开叶轮模型（此例中使用的叶轮模型为\training\8\impeller. prt），并按前述方法配置相应的机床联接（本例中用于虚拟仿真加工验证的机床为 sim06_mill_5ax_fanuc_mm，参见图18-8），最终结果如图18-27所示。

注　由于需要仿真的外部加工代码为法那克公制，且已知为BC转台五轴后处理生成，因此仿真时选择这台与要求结构近似的机床进行仿真。当然，也可用定制过的机床进行更真实的仿真（关于定制机床，参见后述内容）。

注 另外，本例中并没有事先设计工装夹具组件，因此在按图18-10所示指定动态坐标系时，将Z轴向负方向移动100。意思是在假想中，工装夹具是存在的，所占的厚度值为100（如图18-27所示，叶轮因此"浮"在转台上）。

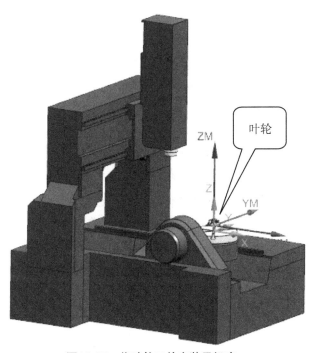

图18-27 将叶轮工件安装于机床

02> 选择【工具】→【Simulate Machine Code File（机床仿真代码文件）】，在随后的对话框中单击浏览按钮，找到外部加工代码文件ucp800_post_test_1.nc，参见图18-28。

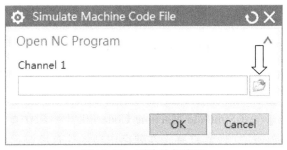

图18-28 浏览外部代码

03> 选择外部加工代码文件后，单击OK按钮，这时会出现一个报错对话框，大意为坐标系设置得不正确，如图18-29所示。

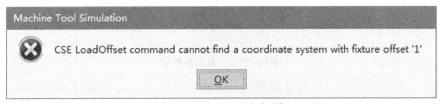

图18-29 坐标设置报错

315

04> 单击图18-29所示对话框的OK按钮之后，又会出现一个报错对话框，大意为相关运动组件，如部件并未正确设置，如图18-30所示。

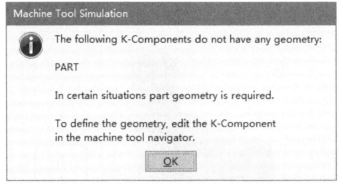

图18-30　运动组件设置报错

05> 继续单击OK按钮之后，出现仿真控制面板对话框。由于之前两度出现报错，因此在这个对话框中单击取消按钮，等问题修正之后再进行仿真。

06> 在几何体视图下，展开工序导航器，双击MCS选项。在MCS对话框中，将Fixture Offset（装夹偏置）选项设置为1，以解决图18-29所示的报错问题，参见图18-31。

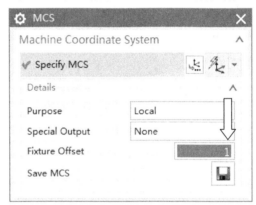

图18-31　修正加工坐标系

07> 按18.2节中介绍的相关内容在机床导航器中设置部件（本例中工装夹具为空）。参见图18-12~图18-14，以解决图18-30所示的报错问题。

08> 再次选择【工具】→【Simulate Machine Code File（机床仿真代码文件）】，找到ucp800_post_test_1.nc代码文件并打开，在随后出现的仿真控制面板对话框中单击播放按钮，此时系统再次报错，如图18-32所示。

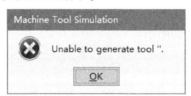

图18-32　刀具信息报错

09> 此报错原因显然和刀具的设置相关，考虑到此模型并没有编制过相关加工工序，也未定义过刀具，因此，要从ucp800_post_test_1.nc代码中，与刀具相关的代码和刀具定义这两方面着手予以解决。

10 用记事本软件打开ucp800_post_test_1.nc文件，将代码中的 ":6 T2 M06" 修改为 "N6 T2 M06" （不包括双引号），参见图18-33。

```
ucp800_post_test_1.nc - 记事本
文件(F)  编辑(E)  格式(O)  查看(V)  帮助(H)
00001
%
N1 G40 G17 G90 G49 G21
N2 (3_8R4_BLADE_ROUGH)
N3 G91 G28 Z0.0
N4 G91 G28 X0.0 Y0.0
N5 G90 G53 G00 B0.0 C0.0
:6 T2 M06
N7 G97 G90 G54
N8 B23.098 C-139.703
N9 G43.4 H02 S8000 M03 M08
N10 G94 G90 X-30.599 Y1.091 Z79.018
N11 X-9.923 Z30.539
N12 G01 X-10.457 Y.745 Z30.254 F3000.
N13 X-11.025 Y.378 Z30.083
N14 X-11.608 Y0.0 Z30.032
```

图18-33　修正代码

11 由于在机床仿真时，系统不知道该用什么刀具来进行仿真加工，因此，还需要事先定义刀具。从文件ucp800_post_test_1.nc的代码中可以看到，此工序使用的是直径为8mm的球刀。因此，在机床视图中，选择创建刀具选项，创建一把直径8mm的球刀。注意T，H值的设定要与ucp800_post_test_1.nc文件中一致（本例中未涉及半径补偿，因此 "D" 值为空），即设置为 "2" ，参见图18-34。

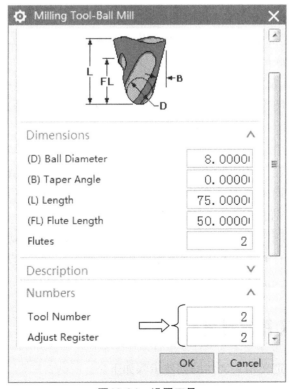

图18-34　设置刀具

317

12 > 此时便可对ucp800_post_test_1.nc文件进行正确的ISV仿真验证，参见图18-35。

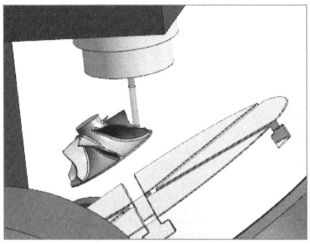

图18-35　外部代码仿真

18.6　ISV仿真机床自定义

18.6.1　构建ISV仿真机床的前期准备

在前述的课程中，凡是需要机床的仿真，所需机床都是从NX机床库中调取。但在有些时候，所需仿真机床模型NX机床库中并没有或没有与之类似的，这时候，就需要自定义ISV仿真用机床。

在定制仿真机床前，需要对现实中的物理机床进行测绘，从而得到所需尺寸。然后在NX中根据测绘尺寸构建该机床的装配数字模型。对于机床数字模型的设计，通常只设计关键组件即可。

在构建机床数字模型装配体时，注意相关的装配约束设置一定要按照实际物理机床的运动结构进行赋值。如X轴组件需要与相关滑轨组件贴合但滑动向自由，Z轴组件所需的与相关组件同轴但旋转向的自由量（装配约束在构建ISV仿真机床的过程中，尽管不是必须，但从严谨的角度讲，最好予以赋值）。

机床装配总装与相关约束完成后，还需要对相关组件赋予运动关系，如X轴的运动行程限制，C轴依附于A轴，A,B,C轴的旋转角度限制等。这些运动关系的赋予，需要在机床构建器模块中完成。

18.6.2　相关文件的创建

ISV仿真机床自定义相关文件的创建步骤如下。

01 > 在NX建模环境中，打开training\15\files\test_machine\ucp800_sim.x_t文件，这是一

个已经绘制完成的五轴摇篮式机床装配模型，参见图18-36。

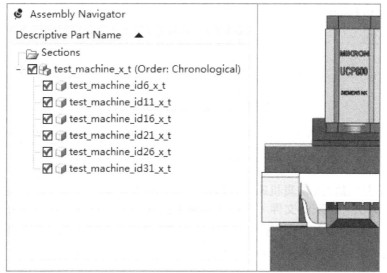

图18-36　机床装配

02> 在装配导航器中，分别在每个组件上单击右键，选择【设为唯一】。在设为唯一对话框中选择名称独特部件，分别对每个组件进行重命名，以使仿真机床装配模型看上去更直观，以便于后续操作。对组件分别重命名的结果参见图18-37。

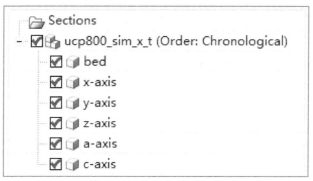

图18-37　机床组件重命名

> **注** 为了便于操作，可以将除总装以外的所有组件全部选中再执行设为唯一命令。

```
TEST_MACHINE_ID6_X_T──bed（床身）
TEST_MACHINE_ID11_X_T──X-axis（X运动轴）
TEST_MACHINE_ID16_X_T──Y-axis（Y运动轴）
TEST_MACHINE_ID21_X_T──Z-axis（Z运动轴）
TEST_MACHINE_ID26_X_T──A-axis（第四运动轴）
TEST_MACHINE_ID31_X_T──C-axis（第五运动轴）
```

03> 保存重命名过的机床装配组件，并在保存目标文件夹中将文件ucp800_sim_x_t.prt（参见图18-37）更名为ucp800_sim.prt。

04> 打开X:\NX9\MACH\resource\library\machine\installed_machines文件夹，在此路径下，建立ucp800_sim文件夹，参见图18-38。

图18-38 建立自定义机床结构文件夹

05> 将X:\NX9\MACH\resource\library\machine\installed_machines\sim08_mill_5ax文件夹中的所有内容复制到ucp800_sim文件夹中。

说明 由于在构建ISV仿真机床的过程中，需要一些相应的底层文件的支持，如后缀名为.ccf、.pyc、.MCF的文件（这些文件需要由西门子工业软件Tecnomatix中的一些软件才能生成或编辑）。由于这些文件NX系统本身无法创建，因此可利用主结构与自定义机床近似的后台文件来创建，同时，还可利用它的文件夹结构。

06> 在ucp800_sim文件夹中将多余文件删除。

> 在cse_driver配置文件夹中只保留FANUC文件夹和其中的文件；
> 将graphics机床几何体文件夹中的PRT文件全部删除；
> 在postprocessor后处理文件夹中只保留FANUC文件夹，并删除其中的文件；
> 在ucp800_sim主文件夹中，库文件只保留sim08_mill_5ax_fanuc_mm.dat，其余两个文件删除。

至此，文件夹结构创建完成，结果如图18-39所示。

名称	修改日期	类型
cse_driver	2014/9/3 12:11	文件夹
graphics	2014/9/3 12:15	文件夹
postprocessor	2014/9/3 12:16	文件夹
sim08_mill_5ax_fanuc_mm.dat	2013/9/18 5:39	DAT 文件

ACH ▸ resource ▸ library ▸ machine ▸ installed_machines ▸ ucp800_sim

图18-39 自定义机床文件结构

07> 将training\15\files\fanuc文件夹中的3个后处理文件（ucp800_sim_fanuc_mm.def、ucp800_sim_fannc_mm.tcl和ucp800_sim_fanuc_mm.pui）复制到图18-39中所示的postprocessor\fanuc文件夹中。

08> 将重命名过的机床装配文件复制到图18-39中所示的graphics文件夹中。

09> 打开ucp800_sim\cse_driver\fanuc文件夹，将其中文件的文件名sim08_mill_5ax_fanuc.MCF修改为ucp800_sim_fanuc.MCF，将sim08_mill_5ax_fanuc-Main.ini修改为cp800_sim_fanuc-Main.ini。

10> 将ucp800_sim文件夹中的sim08_mill_5ax_fanuc_mm.dat库文件名更改为ucp800_sim_fanuc_mm.dat。用记事本软件对该文件进行编辑，将其中涉及到名字和路径的字段，如显示名称、后处理文件和路径等修改为自己的内容，编辑结果如下。

```
    ucp800_sim,${UGII_CAM_LIBRARY_INSTALLED_MACHINES_DIR}
ucp800_sim\postprocessor\fanuc\
    ucp800_sim_fanuc_mm.tcl,${UGII_CAM_LIBRARY_INSTALLED_
MACHINES_DIR}ucp800_sim\
    postprocessor\fanuc\ucp800_sim_fanuc_mm.defCSE_FILES,
${UGII_CAM_LIBRARY_INSTALLED_MACHINES_DIR}ucp800_sim\cse_
driver\fanuc\
```

18.6.3 运动组件的创建

创建运动组件的步骤如下。

01> 在建模环境中，打开ucp800_sim\graphics文件夹中的文件ucp800_sim.prt，并选择【启动】→【所有应用模块】→【Machine Tool Builder（机床构建器）】，进入机床构建器模块。在这个模块里，为机床组件赋予运动学属性，参见图18-40。

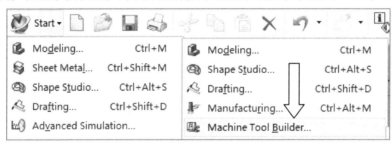

图18-40　进入机床构建模块

注　请确保拥有此模块的授权。

02> 在机床构建器模块中，单击左侧资源条中的机床导航器，并固定此导航器列，为数字机床相关组件赋予运动属性，参见图18-41。

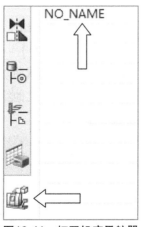

图18-41　打开机床导航器

03> 双击图18-41中所示的选项NO_NAME，更名为ucp800_sim，随后右击这个名字，选择【Insert（插入）】→【Machine Base Component（机座组件）】，参见图18-42。

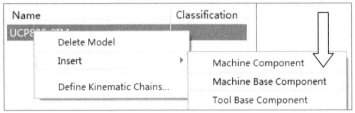

图18-42　创建机座组件

04> 在Edit Machine Component（编辑机床组件）对话框中，名称采用默认值，在绘图区选择机床床身组件（最大的那个工件），如图18-43所示（为了便于查看，多余组件进行了隐藏）。

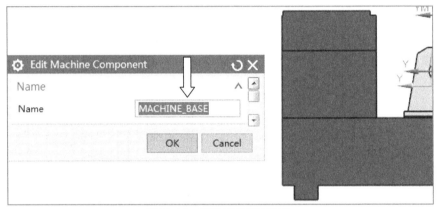

图18-43　确认机床基础组件

05> 机床的基础床身定义完成后，此时机床导航器中会增加一个名为MACHINE_BASE的组件，参见图18-44。

图18-44　确认基础组件

06> 右击组件名称MACHINE_BASE，选择【插入】→【机床组件】。在创建机床组件对话框中，输入名称X_SLIDE，并在绘图区选择X轴组件（参见图18-37），这样便确定了X轴组件，如图18-45所示（为了便于查看，其他组件进行了隐藏）。

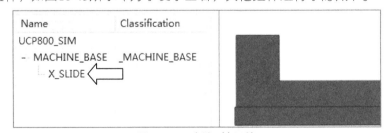

图18-45　确认X轴组件

注 此时X_SLIDE成为MACHINE_BASE的子组件，因为在此机床结构中，X轴依附于床身组件。

07> 由于Y轴依附于X轴，因此，右击X_SLIDE名称，选择【插入】→【机床组件】。在创建机床组件对话框中，输入名称Y_SLIDE，并在绘图区选择Y轴组件，这样便确定了Y轴组件，如图18-46所示（为了便于查看，其他组件进行了隐藏）。

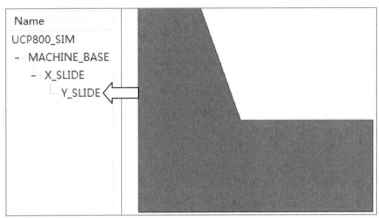

图18-46 确认Y轴组件

08> 使用同样的方法定义Z_SLIDE（Z轴）和SPINDLE（主轴）（Z轴依附于Y轴，主轴依附于Z轴。由于主轴和Z组件为同一组件，因此定义主轴时，其值为空即可，即只有名字，无几何对象）后，此的机床导航器如图18-47所示。

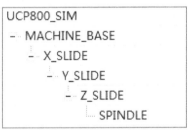

图18-47 X，Y，Z和主轴此时的设置结果

09> 使用同样的方法定义A_TABLE（主动轴）、C_TABLE（转台），对应的组件分别为 A-axis 和 C-axis。但要注意A_TABLE依附于MACHINE_BASE，C_TABLE轴依附于A_TABLE。定义完成后，此时的机床导航器如图18-48所示。

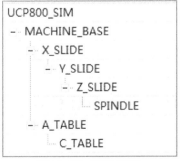

图18-48 设置AC轴

10 > 使用同样的方法定义SETUP（部件、毛坯、工装夹具总容器，值为空。它依附于C轴）。但在分类上，它属于_SETUP _ ELEMENT（选中此项），参见图18-49。

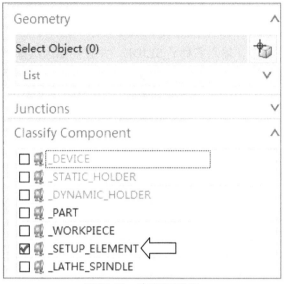

图18-49　定义SETUP

11 > 使用步骤10的方法定义PART、BLANK和FIXTURE（部件、毛坯和工装夹具，值为空。它们依附于SETUP）。分类上分别属于_PART（一旦选取_PART 类型，系统会自动选取_SETUP _ ELEMENT 类型）、_WORKPIECE（一旦选取_WORKPIECE 类型，系统会自动选取_SETUP _ ELEMENT 类型）、_SETUP _ ELEMENT。定义完成后，此时机床导航器如图18-50所示。

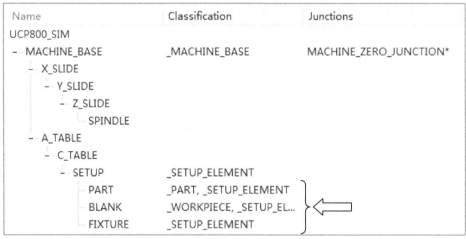

图18-50　定义部件、毛坯和工装夹具

18.6.4　各运动组件联接坐标系的创建

创建各运动组件联接坐标的步骤如下。

01 > 在机床导航器中，右击MACHINE_BASE，选择【编辑】→【机床组件】，在Edit

Machine Component（编辑机床组件）对话框中，进行下列相关设置，参见图18-51。

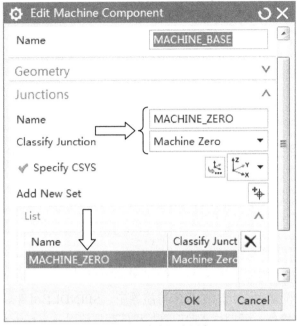

图18-51 设置机床原点

> 在Junctions（联接点）栏中将默认的名称改为MACHINE_ZERO；
> 指定Classify Junction（分类联接）为Machine Zero（机床零点）；
> 指定CSYS到主轴端面中心点（圆心点）。至此，机床原点设置完成。

02> 经过上一步设置后，此时机床导航器中的**MACHINE_BASE**组件后显示出一个名为**MACHINE_ZERO**的联接点，参见图18-52。

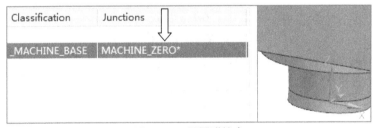

图18-52 设置联接点

📝 机床原点的位置和各轴方位应参照机床说明书进行设置，缺省是换刀点。

03> 右击SPINDLE，选择【编辑】→【机床组件】，在Edit Machine Component（编辑机床组件）对话框中，进行如下相关设置，参见图18-53

> 在Junctions（联接点）栏的名称输入框中输入名称S；
> 指定Classify Junction（分类联接）为Tool Mount（刀具安装）；
> 指定CSYS到主轴端面中心点。这样，刀具安装联接点便设置完成。

📝 此处要求X轴矢量与主轴共线对齐（也许是出于车床刀具安装的考虑）。

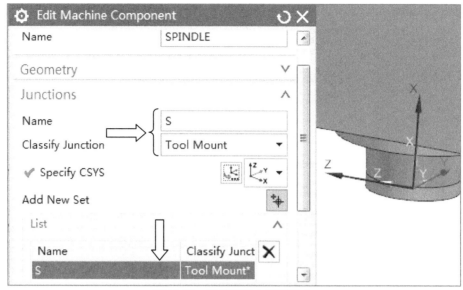

图18-53　设置刀具安装联接点

04〉 经过上一步的设置后，此时的机床导航器中，SPINDLE组件后面显示出一个名为
"S"的刀具安装联接点，后期仿真时刀具与机床联接将以此坐标为准，参见图18-54。

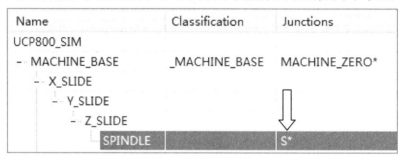

图18-54　设置刀具联接点结果

05〉 在机床导航器中，右击SETUP组件，选择【编辑】→【机床组件】，在编辑机床
组件对话框中，进行下列相关设置，参见图18-55。

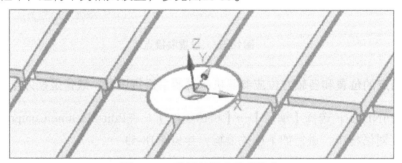

图18-55　设置部件安装联接点

> 在联接点中输入名称PART_MOUNT_JCT；

> 指定CSYS到转台顶平面中心点。这样，部件安装联接点便设置完成，后期仿
真时部件与机床联接将以此坐标为准。

06〉 将WCS坐标系恢复至绝对坐标系，此时的机床导航器应该如图18-56所示。

Name	Classification	Junctions
UCP800_SIM		
- MACHINE_BASE	_MACHINE_BASE	MACHINE_ZERO*
- X_SLIDE		
- Y_SLIDE		
- Z_SLIDE		
- SPINDLE		S*
- A_TABLE		
- C_TABLE		
- SETUP	_SETUP_ELEMENT	PART_MOUNT_JCT
- PART	_PART, _SETUP_E...	
- BLANK	_WORKPIECE, _S...	
- FIXTURE	_SETUP_ELEMENT	

图18-56　仿真机床基本架构

18.6.5　运动轴的定义

定义运动轴的步骤如下。

01> 在机床导航器中，右击X_SLIDE组件名称，选择【Insert（插入）】→【Axis（轴）】，参见图18-57。

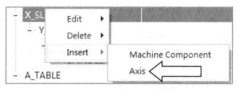

图18-57　定义运动轴

02> 在Create Axis（创建轴）对话框中，进行如下相关设置，参见图18-58。

图18-58　定义X轴运动属性

> 设置Axis Name（轴名称）为X；
> 设置Junction Name（联接点名称）必须为MACHINE_BASE@MACHINE_ZERO，即X轴是相对于前面步骤中定义过的机床原点坐标系来进行移动的。

327

注 在定义 X、Y、Z 线性运动轴时，需要注意沿轴的正向还是负方向。如果是主轴移动，选取正向；如果是床身运动，则选取负向。

03 在图18-58所示对话框中，进行运动轴相关设置（有些值的设定需参考机床说明书）。

➢ 设置Junction Axis（联接轴）为+X；

➢ 设置Axis Motion（轴运动）为Linear NC（线性移动）；

➢ 设置Initial Value（初始值）为0；

➢ 设置Upper Limit 和Lower Limit（轴行程限位）为±400；

➢ 设置Maximum Velocity（最大速度）为10000；

➢ 为Step Size（步长值，播放速度）确定一个合理的值（此处取默认值）。

04 在图18-58所示对话框中所有参数设置完成后，单击最下面的播放按钮。通过虚拟运动来查看绘图区中的X轴组件运动是否正确。最终结果参见图18-59。

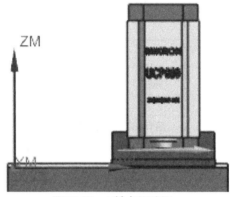

图18-59　X轴虚拟验证

注 初始值是主轴端面相对于机床坐标系原点的数值。由于主轴端面中心与机床绝对坐标原点一致，因而初始值为 0。

05 经过上一步设置后，此时机床导航器的X_SLIDE组件后面多出了一些关于X运动轴的信息，如轴名称、初始值等，参见图18-60。

e	Classification	Junctions	Axis Name	Initial Value	NC A>
00_SIM					
ACHINE_BASE	_MACHINE_...	MACHINE_ZER...			
X_SLIDE			X	0	

图18-60　X轴设置结果

06 使用同样的方法设置Y轴，参见图18-61。

➢ 设置Junction Axis（联接轴）为+Y；

➢ 设置Axis Motion（轴运动）为Linear NC（线性移动）；

➢ 设置Initial Value（初始值）为0；

➢ 设置Upper Limit 和Lower Limit（轴行程限位）为±300。

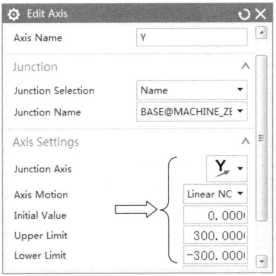

图18-61 定义Y轴运动属性

07 > 使用同样的方法设置Z轴，参见图18-62。

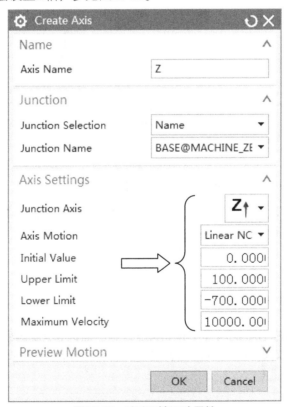

图18-62 定义Z轴运动属性

➢ 设置Junction Axis（联接轴）为+Z；

➢ 设置Axis Motion（轴运动）为Linear NC（线性移动）；

➢ 设置Initial Value（初始值）为0；

➢ 设置Upper Limit（上限）为100，Lower Limit（下限）设置为-700。

08 > 经过前面步骤的设置后，此时的机床导航器中增加了关于Y轴和Z轴的运动轴相关信息，参见图18-63。

Name	Classification	Junctions	Axis Name	Initial Value	NC Ax
UCP800_SIM					
− MACHINE_BASE	_MACHINE_...	MACHINE_ZER...			
− X_SLIDE			X	0	✓
− Y_SLIDE			Y	0	✓
− Z_SLIDE			Z	0	✓

图18-63　X、Y、Z轴运动属性定义完成

09 > 对A轴旋转坐标系进行如下设置，参见图18-64。

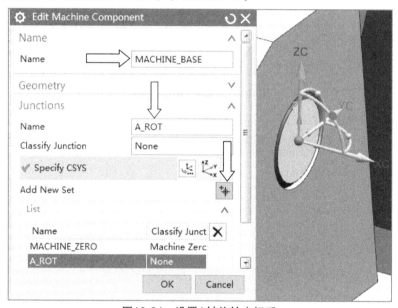

图18-64　设置A轴旋转坐标系

➢ 在机床导航器中，右击MACHINE_BASE组件，选择【编辑】→【机床组件】，在Edit Machine Component（编辑机床组件）对话框中，单击Add New Set（添加新集）按钮，以便在列表中增加所需项目；

➢ 在Name（联结点名称）输入框中输入新名称A_ROT；

➢ 指定CSYS到右侧面摇轴圆心点。至此，A轴联接点设置完成。

说明 在MACHINE_BASE组件上设置A旋转轴的原因是A旋转轴依附于MACHINE_BASE。另外，在指定CSYS时要注意各轴矢量是否正确，如刀轴、A轴的旋转中心轴X轴等。

10 > 经过上一步的设置后，机床导航器中的MACHINE_BASE组件后面增加了关于A旋转运动轴的联结坐标，参见图18-65。

Name	Classification	Junctions
UCP800_SIM		
− MACHINE_BASE	_MACHINE_BA...	MACHINE_ZERO*, A_ROT

图18-65　A轴旋转坐标设置结果

11> C轴联接点的设置如下，参见图18-66。

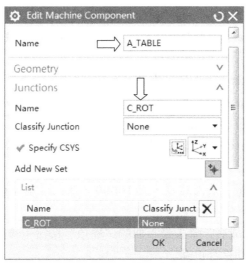

图18-66　设置C轴旋转坐标系

➤ 在机床导航器中，右击A_TABLE 组件，选择【编辑】→【机床组件】，展开
Edit Machine Component（编辑机床组件）对话框；

➤ 在联结点名称输入框中输入C_ROT；

➤ 指定CSYS到工作台上表面中间的圆心点。这样，C轴联接点便设置完成了，最
终结果参见图18-66。

12> 经过上一步的设置后，机床导航器中的A_TABLE组件后面多了一个关于C旋转运
动轴的联结坐标，参见图18-67。

图18-67　C轴旋转坐标系的设置结果

13> 继续进行A运动轴的设置，参见图18-68。

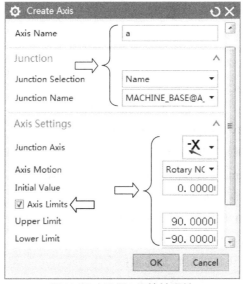

图18-68　设置A旋转轴属性

> 在机床导航器中，右击A_TABLE组件，选择【插入】→【轴】；

> 在Create Axis（创建轴）对话框中，输入Axis Name（轴名称）为a；

> 指定Junction Name（联接点名称）必须为MACHINE_BASE@A_ROT，即A轴以A_ROT坐标系进行旋转运动。

> 设置Junction Axis（联接轴）为-X；

> 设置Axis Motion（轴运动）为Rotary NC（旋转移动）；

> 设置Initial Value（初始值）为0；

> 勾选Axis Limits（轴限制）复选框，Up per Limit和Lower Limit（轴限位）设置为±90°；

> 设置Max Speed（最大速度）为10000（注：这些值的设定均需参考机床说明书）。

14> 所有参数均设置完成后，单击最下面的"播放"按钮（参阅图18-58），通过虚拟运动来查看A轴组件运动是否正确。

15> 设置C运动轴参数，参见图18-69。

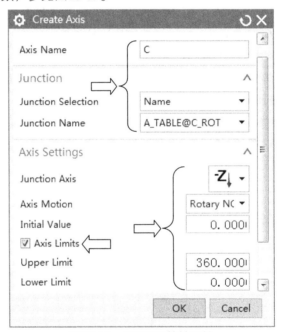

图18-69　设置C旋转轴属性

> 在机床导航器中，右击C_TABLE组件，选择【插入】→【轴】；

> 在Create Axis（创建轴）对话框中，设置Axis Name（轴名称）为C；

> 指定Junction Name（联接点名称）必须为A_TABLE@C_ROT。

> 设置Junction Axis（联接轴）为-Z；

> 设置Axis Motion（轴运动）为Rotary NC（旋转移动）；

> 设置Initial Value（初始值）为0；

> 选择Axis Limits（轴限制）复选框；

> 设置Upper Limit（上限）为+360°，Lower Limit（下限）为0°。

16 > 所有参数设置完成后，单击最下面的"播放"按钮，通过虚拟运动来查看轴组件运动是否正确。

17 > 至此，运动轴定义完成，此时的机床导航器如图18-70所示。保存此时的装配机床文件到X:\NX9\MACH\resource\library\machine\installed_machines\ucp800_sim\graphics文件夹中。

me	Classification	Junctions	Axis Name	Initial Value	N
P800_SIM					
MACHINE_BASE	_MACHINE_BA...	MACHINE_ZERO*, A_ROT			
─ X_SLIDE			X	0	✓
─ Y_SLIDE			Y	0	✓
─ Z_SLIDE			Z	0	✓
─ SPIN...		S*			
─ A_TABLE		C_ROT	A	0	✓
─ C_TABLE			C	0	✓
─ SETUP	_SETUP_ELEME...	PART_MOUNT_JCT			
─ PART	_PART, _SETUP...				
─ BLA...	_WORKPIECE, _...				
─ FIXT...	_SETUP_ELEME...				

图18-70　ISV机床架构设置完成

18.6.6　仿真机床的注册

注册仿真机床的步骤如下。

01 > 将已经配置好各个运动轴的仿真机床复制至指定文件夹后，确定相关后处理文件也复制至指定文件夹中。对于驱动等文件，除了复制到指定文件夹外，还需要更名（参见前述内容）。

02 > 确认ucp800_sim.dat已经进行过了修改（参见前述内容）。

03 > 用记事本软件编辑X:\NX9\MACH\resource\library\machine\ascii文件夹中的machine_database.dat文件，复制sim08_mill_5ax_fanuc_in所在字段，并将粘贴字段中凡是涉及到名称的部分都修改为ucp800_sim，参见图18-71涂色部分的文字，保存此文件。至此，自定义仿真机床注册完成。

```
DATA|sim08_mill_5ax_fanuc_in|MDM0101|5-Ax Mill Vertical
AC-Table|Fanuc|Example|${UGII_CAM_LIBRARY_INSTALLED_MACHINES_DIR}si
m08_mill_5ax\sim08_mill_5ax_fanuc_in.dat|1.000000|${UGII_CAM_LIBRARY_I
NSTALLED_MACHINES_DIR}sim08_mill_5ax\graphics\sim08_mill_5ax↵
    DATA|ucp800_sim|MDM0101|5-Ax Mill Vertical
AC-Table|Fanuc|Example|${UGII_CAM_LIBRARY_INSTALLED_MACHINES_DIR}uc
p800_sim\ucp800_sim_fanuc_mm.dat|1.000000|${UGII_CAM_LIBRARY_INSTA
LLED_MACHINES_DIR}ucp800_sim\graphics\ucp800_sim↵
```

图18-71　ISV机床注册信息

18.6.7 自定义ISV仿真机床的应用

应用自定义ISV仿真机床的步骤如下。

01> 关闭并重新启动NX，使库文件初始化完成。

02> 再次打开training\15\files\fanuc\machine_test\ cam_demo.prt，对自定义的ucp800_sim仿真机床进行测试。

03> 按照前述方法载入机床，这时可以看到自定义的仿真机床ucp800_sim出现在目录内，参见图18-72。

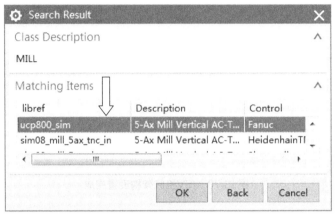

图18-72　载入ISV机床

04> 按照前述方法对其进行仿真测试。在针对**VARI_CONT_FRIF**工序的刀轨仿真部分测试成功，最终结果如图18-73所示。

05> 继续对**VARI_CONT_FRIF**工序进行基于后处理的机床代码仿真（参见前述内容），这时系统初始化检查提示主轴转速为0，参见图18-74。因此，重新编辑此工序，将主轴转速修改为正常值。

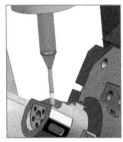

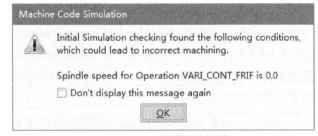

图18-73　自定义机床仿真切削验证　　　　　图18-74　主轴转速报错

06> 修改好主轴转速并重新生成刀轨后，再次进行机床代码ISV仿真，此时再次又出现提示，内容大意为CSE文件不正确，参见图18-75。

图18-75　CSE文件报错

07> 由于CSE文件不正确，导致无法继续机床代码仿真。这时可将X:\NX9\MACH\ resource\library\machine\installed_machines\ucp800_sim\cse_driver\fanuc文件夹中的内容全部删除，然后复制training\15\fanuc文件夹中的所有内容（这些驱动文件也和自定义机床结构类似），结果如图18-76所示。

图18-76　覆盖CSE文件

08> 关闭并重启NX，继续测试机床代码仿真，此时再次报错，如图18-77所示。

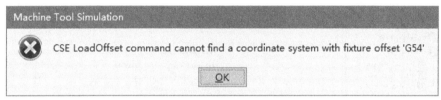

图18-77　坐标系不一致报错

09> 此报错为后处理中关于坐标系的定义与工序中不一致所致，因此将视图调整为几何体视图后，在工序导航器中双击坐标系1，对其进行编辑，参见图18-78。

10> 在Mill Orient对话框中，将Fixture Offset（装夹偏置）参数改为0，参见图18-79。

图18-78　调整坐标系　　　　　　　　　图18-79　调整装夹偏置

11> 再次对VARI_CONT_FRIF工序进行基于后处理的机床代码仿真，此时会再次出现关于装夹偏置的报错，由于此报错信息对仿真结果影响不大，因此直接确定即可。此时在仿真控制面板对话框中，详细信息栏内将显示自定义的默认后处理等信息，参见图18-80。

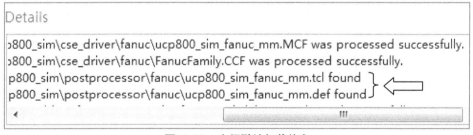

图18-80　查阅默认加载信息

12> 播放后参阅图18-15，通过虚拟切削运动可以看到自定义的ISV仿真机床定制成功。

335

注 为了更好的使用ISV机床仿真，需要构建机床控制器文件（最近版本的NX才具有此功能）。此文件的生成方法是在后处理模块中的Virtual N/C controller中选中Generate Virtual N/C controller（VNC）选项，这样便生成了一个XXXX_VNC.TCL（XXXX为后处理文件名称）文件。通过该文件可以控制机床运动模型中各个组件的真实加工模拟，从而达到检验整个加工过程有无干涉和碰撞的目的，参见图18-81。

在构建虚拟机床时，相关名称不能随意取，因为需要与机床控制器相关联。

图18-81　生成VNC文件

18.7　小结

　　由于多轴机床价值昂贵，其生产的产品也具有较高的附加值，并且目前多轴CAM相对于三轴CAM而言还不是那么智能的情况下，在使用多轴机床加工前，一定要进行ISV机床仿真切削，将潜在的损失在计算机的虚拟环境下排除掉。

　　本章介绍了在NX中如何进行仿真切削以及自定义ISV仿真机床的相关内容。对于定制仿真机床，由于作者本人并没有TECNOMATIX相关软件（这些软件隶属于西门子工业软件机床事业部），因此无法阐述有关驱动文件的定制过程。如果读者需要定制自己的专属仿真机床，建议一定要找专业人士用专业的工具来做，那样才能做到"工欲善其事，必先利其器"的效果，才能为后期的多轴加工的安全性保驾护航。

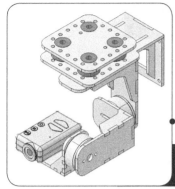

|第19章

Sinumerik优化控制输出

NX系统自2007年被西门子工业自动化部门收购之后，由于自此成了"一家人"，因此在NX CAM中针对西门子Sinumerik数控系统内置了一些优化配置选项。

19.1 Sinumerik优化控制输出选项功能说明

CAM/CNC集成Sinumerik的优化控制输出功能，包括以下一些内容。

➤ User Defined Tolerance Status：通用CAM/CNC公差设置。

➤ Compressor：压缩器开关控制。

➤ Smoothing：光顺化开关控制。

其中压缩器的功能是使刀轨更加光顺，即在用户指定的公差带范围内，将很多短的直线插补，拟合成光顺的曲线，以使其适应高速加工，从而得到更高的表面加工质量。图19-1为此功能关闭时的情景，图19-2为此功能打开时的情景。

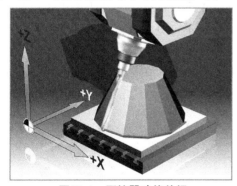

图19-1　压缩器功能关闭

图19-2　压缩器功能打开

其中的光顺化的功能作用在工件拐角处，当打开此功能时，刀轨在拐角处走圆弧形，参见图19-3。

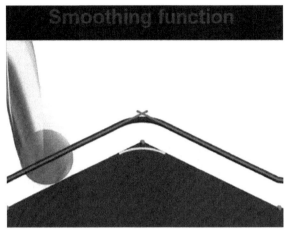

图19-3　光顺化功能示意图

相关的选项参数如下。

> TRAORI：定义方位转换，以独立于机床运动实现简单的五轴刀具轨迹编程。通过此功能，可基于Sinumerik 840D提供的针对性编程功能，简化五轴编程的复杂性。

> CYCLE832：提供针对性能、精加工和精度的最佳参数设置。

> CYCLE800：需要与转动工具一起使用，支持对坐标系进行的转换、旋转、扩展和镜像操作。

SINUMERIK优化控制输出的意义如下。

> 应用Sinumerik压缩器技术得到最优的性能。

> 应用Sinumerik光顺化算法得到最好的表面质量。

19.2　Sinumerik优化控制输出选项的调用和使用方法

针对西门子数控系统的优化控制输出选项在工序对话框主界面中的机床控制选项中可以看到。但由于在通常情况下，这些功能处于不可见状态，如果需要用到这些功能，需要更改有关的用户定义设置。

01> 打开X:\nx10\MACH\resource\user_def_event文件夹，用记事本软件打开ude.cdl文件，参见图19-4。

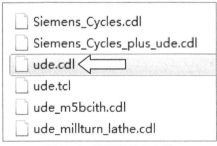

图19-4　编辑相关库文件

02> 在ude.cdl文件中，找到“#INCLUDE{$UGII_CAM_USER_DEF_EVENT_DIR/Siemens_Cycles.cdl}”（不包括双引号），参见图19-5，将这段文字最前面的注释符“#”（不包括双引号）删除。

```
#INCLUDE {$UGII_CAM_USER_DEF_EVENT_DIR/Siemens_Cycles.cdl}
```

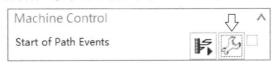

图19-5　要删除注释符的语句

03> 经过上一步骤的修改后，在工序对话框中的Machine Control（机床控制选项）栏单击start of path events（开始刀轨事件）按钮，参见图19-6。

图19-6　编辑开始刀轨事件

注 最好重置CAM模块或重启NX程序。

04> 在随后出现的User defined Events（用户定义事件）对话框中，增加了一些针对Sinumerik系统的控制输出选项，参见图19-7。

05> 选择Sinumerik 840D选项，然后单击Add new event（添加新事件）按钮，随后出现关于Sinumerik 840D的优化控制输出选项对话框，其中的参数可根据需要进行修改（相关参数具体释意参见本章前述内容），参见图19-8。

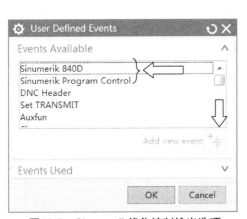

图19-7　Sinumerik优化控制输出选项

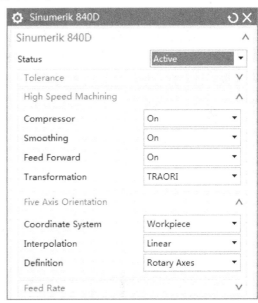

图19-8　Sinumerik　840D优化控制输出选项

19.3　针对SINUMERIK数控系统的特定后处理

在最近版本的NX后处理构造器模块中，提供了优化的SINUMERIK选项。在

此选项中，内置了相关的专用变量和代码，通过这些变量和代码，可访问高级的SINUMERIK相关功能，同时也更便于为SINUMERIK系统机床构建新的后处理文件，参见图19-9。

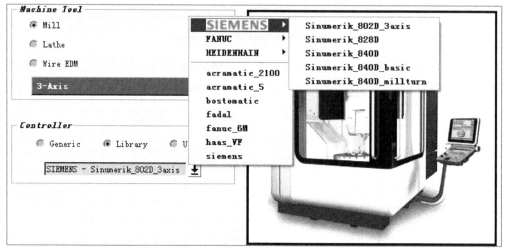

图19-9　NX后处理构造器中的SINUMERIK后处理

19.4　小结

由于西门子公司收购了NX（具体说是西门子为了其机床事业部而收购），通过不断地整合开发，将西门子自身的数控系统Sinumerik渐渐融入到NX——在NX中对其开发了很多针对性功能，真正的做到了"一家人"。这对于市场占有率很高的NX和西门子数控系统，无疑都是一个双赢的结果。当然，对于其用户而言，也乐得坐享其成。

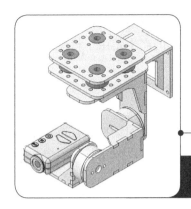

第20章

NX多轴加工辅助功能

在使用NX进行创建多轴刀轨时，可能会需要相关的辅助功能的支持，才能达到更理想的效果。

20.1 利用锁定轴清除多余代码

本例将介绍通过机床控制选项中的锁定轴功能来消除不必要的代码的方法。

01> 打开training\6\four_axi.prt文件，进入多轴加工模块。

02> 选择可变轮廓铣工序，驱动方法选择曲面，指定驱动几何体为图20-1中刀轨所在的表面，刀轴为侧刃驱动体，创建一个"四轴"加工刀轨，如图20-1。

03> 在可变轮廓铣对话框中，单击Actions栏最右侧的 "列表"按钮，如图20-2所示。

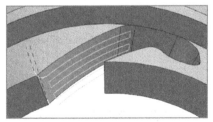

图20-1 生成多轴铣刀轨

图20-2 单击列表生成GOTO代码按钮

04> 随后GOTO原代码列表显示出来，如下所示。这时可以看出，这个所谓的"四轴"加工刀轨本质上是一个五轴加工刀轨，除了X、Y、Z参数坐标代码之外，还有两个轴向代码。

```
GOTO/-3.1071,-0.9929,22.8129,-0.0891540,0.0000084,0.9960179
GOTO/-3.6155,-1.5063,22.7375,-0.1113608,0.0000095,0.9937800
GOTO/-4.1220,-2.0197,22.6508,-0.1335131,0.0000102,0.9910471
GOTO/-4.6265,-2.5331,22.5528,-0.1555998,0.0000103,0.9878202
```

通过上面GOTO代码可以看出，虽然是五轴刀轨，但是第四轴的位移变动量非常小，小到基本上可以忽略不计。因此可以判断，第四轴代码的产生是由于模型本身或工序的误差等原因导致的。

05 在可变轮廓铣对话框中，单击Start of Path Events（开始刀轨事件）选项右侧的编辑（扳手）按钮，参见图20-3。

06 随后进入User Defined Events（用户定义事件）对话框。在此对话框中，选择Lock Axis（锁定轴）选项，单击Add new event（添加新事件）按钮，单击OK按钮，参见图20-4。

图20-3　选择开始刀轨事件

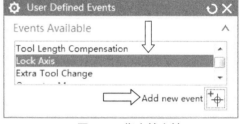

图20-4　指定锁定轴

07 在Lock Axis（锁定轴）对话框中，指定Locked Axis（锁定的轴）为Aaxis（A轴），参见图20-5。

08 逐级单击确定后回到可变轮廓铣工序对话框中，单击"生成"按钮，重生成刀轨。

09 在操作导航器中，右击此工序，选择Post Process（后处理）选项，参见图20-6。

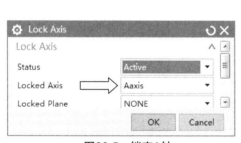

图20-5　锁定A轴

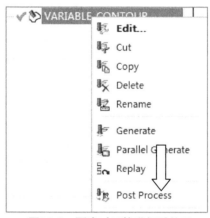

图20-6　再次对刀轨进行后处理

10 在后处理库中，指定MILL_5_AXIS后处理后生成此工序的NC代码，参见图20-7。

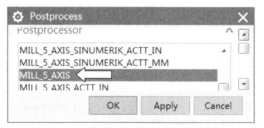

图20-7　指定后处理生成加工代码

11 随后将出现如下加工代码。可以看到，A轴代码全部被屏蔽。

```
N0120  X.0673  Y.4131  Z.7529  B7.596
N0130  X.0697  Y.3978  Z.7489  B6.181
N0140  X.0717  Y.3814  Z.746   B4.777
N0150  X.0735  Y.3642  Z.7438  B3.385
N0160  X.0749  Y.346   Z.7425  B2.007
N0170  X.076   Y.3271  Z.7418  B.642
N0180  X.0769  Y.3075  Z.7417  B359.289
N0190  X.0775  Y.2873  Z.742   B357.948
N0200  X.0778  Y.2665  Z.7427  B356.62
N0210          Y.2452  Z.7438  B355.302
N0220  X.0777  Y.2235  Z.7451  B353.995
```

在NX中，能达到同一目的的方法有多种，对于本节强调的屏蔽某个轴向位移代码也是一样，例如也可以在后处理中屏蔽A值。

20.2 以ACS为准摆正模型

本例将介绍以ACS（绝对坐标系）为准来摆正模型的方法。

在使用NX CAM创建工序之前，需要将WCS坐标系和MCS坐标系相对于加工工件放置在一个便于对刀找正的位置上。但因为某些原因，在很多时候必须将模型以绝对坐标系为准，将其摆放在合理的位置上——在这种情况下，单纯调整WCS坐标系或MCS坐标系是不允许的，因此，只能在将WCS设置为绝对坐标系的前提下进行移动工件操作。

01＞ 打开training\ practice \move_objec.prt文件，进入建模模块，如图20-8所示。

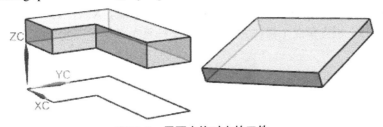

图20-8 需要变换对齐的工件

02＞ 选择【Format（格式）】→【WCS】→【Set WCS to Absolute（设置WCS为绝对坐标系）】，如图20-9所示。

03＞ 由于坐标系默认为隐藏，这时可按"W"键来显示坐标系。可以看出，相对于绝对坐标系而言，有一个工件的位置是"歪"的，如图20-8所示。

04＞ 由于在特定的条件下是不允许移动坐标系的（如模具装配设计环境下），因此，只能移动工件。选择【编辑】→【Move Object（移动对象）】来调整工件位置，使其达到符合工况的需要，参见图20-10。

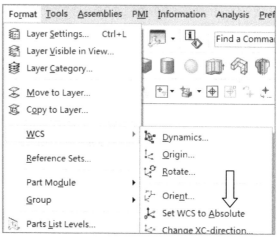

图20-9　设置WCS为绝对坐标系

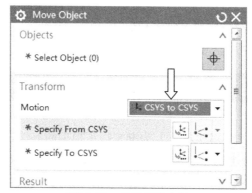

图20-10　从坐标到坐标

05> 在Move Object（移动对象）对话框中，选择欲调整位置的工件（在本例中选择的是图20-8中右侧的矩形实体），并选择Motion（运动方式）为CSYS到CSYS（从坐标到坐标）选项，参见图20-10。

06> 指定Specify From CSYS（起始坐标）选项为"原点，X点，Y点"方式后，选择矩形实体顶面的3个相应角点（操作方式同构建坐标系），参见图20-11。

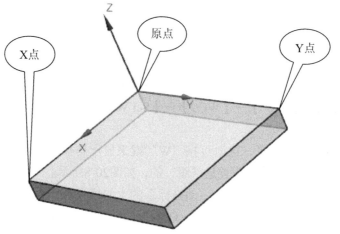

图20-11　根据3点确定开始坐标

07> 以同样的方式指定**Specify TO CSYS**（目标坐标）为左侧实体底面对应的3个角点（此实体相对于ACS坐标来说，位置是正的，因此，以此实体为参照对齐，实际上就是相对于ACS坐标摆正欲移动对象），参见图20-12。

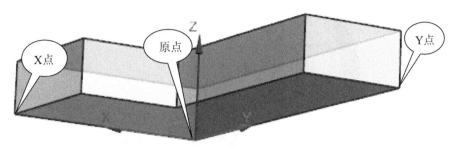

图20-12　根据3点确定目标坐标

08> 确定后，对齐的结果如图20-13所示。

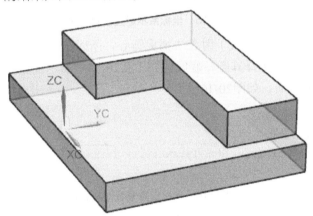

图20-13　变换对齐的结果

对于来自其他CAD系统的曲面工件在使用类似方法摆正时，可根据需要构建辅助线（有些IGS或STEP格式模型，因为数据转换造成的误差，导致无法捕捉其圆心点，这时可抽取圆边缘线后对其进行简化，之后即可捕捉），参见图20-14。

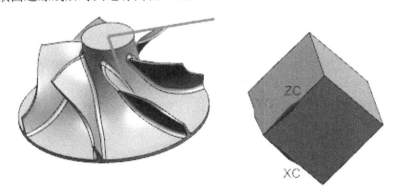

图20-14　其他格式文件变换技巧

对于某些来自其他CAD系统或通过IGS或STEP格式进行转换的模型，在使用类似方法摆正时，在构建辅助线时如无法捕捉某些特征点，如圆心点。这时就可以使用同步建模中的优化面功能对其进行优化处理。

345

01> 打开所图20-15所示模型文件（此模型来自企业，因涉及某些问题，所以未向读者提供），此时可见其原始坐标系并不利于直接进行数控工序的创建。

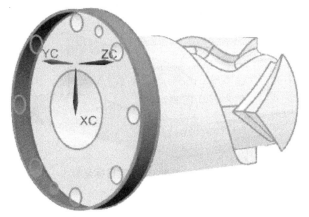

图20-15　坐标系不适宜创建工序

02> 由于绘制辅助直线（轴线）时无法捕捉圆心，所以选择【信息】→【对象】，并将过滤设置为"面"，选择其圆柱底座侧面（图20-15中所示高亮显示面）后，信息结果显示为修剪的旋转面，如图20-16所示。

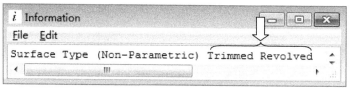

图20-16　通过信息查看对象属性

03> 选择同步建模中的Optimize Face（优化面）命令对圆柱底座侧面进行优化处理，如图20-17所示。

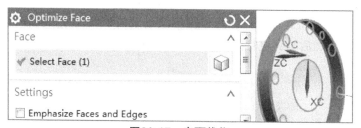

图20-17　表面优化

04> 选择【信息】→【对象】，对模型进行查看，此时的信息结果为"非参的柱面"，参见图20-18。

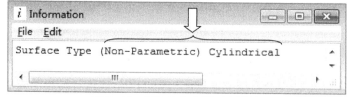

图20-18　通过信息查看对象属性

05> 这时再绘制直线时就可以很方便地捕捉到底座圆心，如图20-19所示。

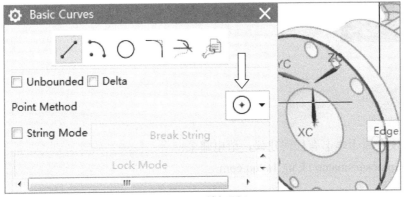

图20-19　捕捉圆心

20.3　小结

　　在NX系统中，CAD和CAM都有着强大的功能，既有许多专业的工艺辅助功能，也有很多非专业的工艺辅助功能，因此能达到一个目的的方案可能有多种。在遇到问题时，用户可按最适合自己的方法来解决。

附 录

如果读者关于本书有任何建议，请电邮至：
unigraphics@sina.cn 或 ug.1@qq.com

如欲咨询西门子工业软件相关信息或购买相关软件产品，请访问：
www.tjld.net

如欲详细了解NX新版本的所有新功能，请访问：
http://www.plm.automation.siemens.com/zh_cn/products/nx
http://www.plm.automation.siemens.com/zh_cn/support/gtac/

如欲详细了解NX10的所有新功能，请访问：
http://www.plm.automation.siemens.com/zh_cn/products/nx/10/index.shtml

如欲详细了解Siemens PLM Software的产品和服务，请访问：
www.siemens.com.cn/plm

Siemens PLM Software官方微博地址：
http://e.weibo.com/chinasiemensplm